中国赛宝智库 CEPREI　　　　APP 工业技术软件化产业联盟

工业软件百问

王蕴辉 等◎编著

人民邮电出版社
北京

图书在版编目（CIP）数据

工业软件百问 / 王蕴辉等编著. -- 北京 : 人民邮电出版社，2024.1
ISBN 978-7-115-63292-0

Ⅰ. ①工… Ⅱ. ①王… Ⅲ. ①工业技术－软件开发－问题解答 Ⅳ. ①TP311.52-44

中国国家版本馆CIP数据核字(2023)第241028号

内 容 提 要

本书通过问答的形式简明扼要地回答了工业软件领域的关键问题，共分为 8 章，涵盖了工业软件的基本概念、产品研制、所需 IT 资源、产品应用、产业发展、人才培养、生态建设以及与新兴技术的交汇与融合等内容。本书旨在进一步提高产业界对工业软件及其相关概念的理解，凝聚全社会对发展工业软件产业的紧迫性和重要性的共识。

本书适合工业软件产业政策制定者、工业软件供给侧和需求侧企业工作者、相关金融投资者以及在校学生和对工业软件感兴趣的读者阅读。

◆ 编　　著　王蕴辉　等
　责任编辑　李　强
　责任印制　马振武
◆ 人民邮电出版社出版发行　　北京市丰台区成寿寺路 11 号
　邮编　100164　　电子邮件　315@ptpress.com.cn
　网址　https://www.ptpress.com.cn
　北京市艺辉印刷有限公司印刷
◆ 开本：720×960　1/16
　印张：23　　　　　　　　2024 年 1 月第 1 版
　字数：386 千字　　　　　2024 年 1 月北京第 1 次印刷

定价：99.80 元

读者服务热线：(010) 81055493　印装质量热线：(010) 81055316
反盗版热线：(010) 81055315
广告经营许可证：京东市监广登字 20170147 号

本书编写组

组织单位： 工业技术软件化产业联盟、中国赛宝智库

主　　编： 王蕴辉

副 主 编： 赵　敏　施战备　唐　滨　田　锋　陆云强

顾　　问： 杨春晖　郎　燕　阎丽娟

编写专家组成员：

梅敬成　丁海强　王　晨　朱铎先　何　强　吴健明　盛玲玲　孙桂花　刘俊艳
冯升华　毕绍洋　张　钊　宋华振　田春华　李　锋　刘玉峰　李　震　刘　奇
赵　堃　王渊彬　邢　军　谢春生　杨　良　于万钦　石金博　郑炳权　郭朝晖
罗　明　胡胜军　陈诗雨　赵祖乾　刘　锋　李晨鹏　林剑玮　陈　平　卞孟春
张宝林　韩邢健　李书玮　谭震鸿　罗　银　于　敏　相里朋　刘　务　袭　安
朱　笛　程广明　徐　巍　徐天昊　刘茂珍　谢梦珊　余晓蕾

资料提供单位：

工业和信息化部电子第五研究所
参数技术（上海）软件有限公司
哈尔滨工程大学
青岛数智船海科技有限公司
山东山大华天软件有限公司
清华大学
索为技术股份有限公司
浙江远算科技有限公司
青岛科技大学
天津大学
贝加莱工业自动化（中国）有限公司
中国船舶第七〇二研究所
广州中望龙腾软件股份有限公司
麒麟软件有限公司
浪潮通用软件有限公司
北京亚控科技发展有限公司
走向智能研究院
安世亚太科技股份有限公司
西门子工业软件（上海）有限公司
安似科技（上海）有限公司
北京兰光创新科技有限公司
西北工业大学
鞍钢德邻工业品有限公司
达索系统（上海）信息技术有限公司
苏州同元软控信息技术有限公司
昆仑智汇数据科技（北京）有限公司
中车青岛四方车辆研究所有限公司
东莞市李群自动化技术有限公司
华泰证券股份有限公司
合肥斯欧互联科技股份有限公司
上海优也信息科技有限公司

序一

当今世界正经历百年未有之大变局，新一轮科技革命和产业变革深入发展，我国新型工业化发展面临的国际形势日益严峻复杂。从外部看，发达国家纷纷推进“再工业化”，抢占竞争制高点，夺取发展主动权；从内部看，我国正处于从工业大国向工业强国迈进的重要关口期，保障制造业产业链供应链韧性及安全成为关键，我国高端制造业如何突出重围，工业软件已成为重中之重。

在当今智能时代，“芯片是核心，软件是灵魂”“软件定义一切”。工业软件作为工业技术和知识的程序化封装，随着“软件定义”不断赋能实体经济变革，航空、航天、汽车、重大装备、钢铁、石化等行业企业纷纷加快软件化转型，工业软件逐渐成为“软零件”“软装备”嵌入众多工业品之中，大大提升了产品智能水平及附加值，在推动工业产品创新和企业数字化转型中发挥着不可替代作用。

近年来，工业软件逐渐被产业界重视，但大家对于工业软件“是什么？”“为什么？”“如何做？”尚未达成共识。《工业软件百问》一书汇聚各家所长，从基本概念出发，小至技术产品研制，大至产业生态构建，对工业软件常见疑问进行回答，不奢求结论精准，只为引导读者对工业软件有一个初步、正确的认识，抛砖引玉，引发共鸣。

本书作为国内第一本工业软件“百科”类书籍，成书过程颇为艰难，其中最为困难的就是统一认识、达成共识，编写组克服种种困难，广泛征求意见，组织四十余位业界专家共同编写，只为将此书打造成为一本可信度高、有重要参考价值的“工具书”，精神可嘉、难能可贵，为此点赞。

“百问不是全部，此书不是终点”，希望有更多关注工业软件发展的有识之士，参与到《工业软件百问》的后续写作之中，为工业软件的发展与应用贡献力量。

中国工程院院士
刘永才
2023 年 9 月 18 日

序二

工业软件是数字化工业的核心要素，它不仅是计算系统软件，而且凝聚着工业知识精髓。工业软件发展水平和能力，决定了现代工业发展水平和竞争能力，决定了新工业革命的成效。

对于工业软件的讨论，在国内多个专业领域进行得如火如荼。但是将工业软件分门别类地列出行业关注的重点问题，系统而深入地研究，给出比较专业的答案，似乎还没有见过。工业和信息化部电子第五研究所开了一个好头。工业软件有百问，并且给出百答，形成了《工业软件百问》这部科普著作，这是几十年以来，中国工业软件领域第一次完成的行业专家群体协作活动。

工业软件有百问，又何止于百问！千问、万问也不能尽其之问。工业软件源自工业领域，为满足工业需求而发展。工业门类成千上万，一本百问百答，并不能枚举所有问题，也不能给出终极完美的答案。但是，一个良好的开端是重要的，所有工业软件利益攸关方群体的协作是重要的。

《工业软件百问》，全书内容有问有答，构成了一个工业软件问答集。提出这些工业软件问题并不容易，而精确回答问题更是有难度的。从本书现有内容来看，编者团队是下了很大的功夫的，汇集的问题是比较全面的，给出的答案可信度是比较高的，相信本书对关心工业软件的各行业读者都能有所启发和收益。

该书的意义更在于启发读者对工业软件健康发展的思索，希望所有关心、支持中国工业软件发展的人，都能在读后深思，读后自省，读后发奋，读后建立对工业软件的一份情感，或者读后提出更多、更新、更全面的问答，这是我所期盼的效果，若能如此倍感欣慰。

是以为序。

国家信息中心原主任

中国互联网协会原常务副理事长

高新民

2023 年 9 月 2 日

前言

在我国从“制造大国”向“制造强国”迈进的过程中，工业化和信息化融合不断向纵深跃进，制造业数字化转型不断提速。工业软件深刻改变着研发设计、生产制造、经营管理等制造业全生命周期各环节，是制造业转型升级的关键要素，对于我国制造强国建设意义重大。工业软件的自主可控被视为产业发展与安全的重要基础。从国家急迫需要和长远需求出发，习近平总书记2021年在中国科学院第二十次院士大会、中国工程院第十五次院士大会、中国科协第十次全国代表大会的讲话中指出:“要从国家急迫需要和长远需求出发，在石油天然气、基础原材料、高端芯片、工业软件、农作物种子、科学试验仪器设备、化学制剂等方面关键核心技术上全力攻坚。”工业和信息化部《“十四五”软件和信息技术服务业发展规划》明确提出，推动软件产业链升级的主要任务之一是重点突破工业软件，推广工业技术软件化。

近年来，随着国家软件发展战略深入实施，我国工业软件进入快速发展期，工业技术软件化基础能力进一步夯实。产业各界充分认识到工业软件的重要性，以及对产业的撬动和赋能作用。工业软件也受到资本的追捧，成为媒体与社会大众关注的热点。但是，工业软件的种类、构成、特征、应用等方面与传统社交软件和管理软件不尽相同，导致产业界对工业软件的认知并不统一。因此，工业技术软件化产业联盟组织了“产、学、研、用、金”等几十位专家和学者，开展了本书的编撰工作，旨在进一步加深产业界对工业软件及其相关概念的理解，凝聚全社会对发展工业软件产业的紧迫性和重要性的共识。

本书定位为帮助读者快速了解工业软件相关概念的科普手册。按照工业软件的基本概念、产品研制、所需IT资源、产品应用、行业发展、人才培养、生态建设、与新兴技术的交汇和融合等维度，将本书分为8章，以问答的形式，简明扼要回答读者关切的问题。在阅读本书时，读者可以结合自身问题，将本书作为查找特定问题解释的工具书，也可以按顺序逐章阅读，对工业软件进行相对全面的了解。

在本书的编写过程中，有许多人为它贡献了智慧、时间和努力。每一章的内容都得益于不同领域专家和学者的付出，他们的贡献使得本书得以呈现多样的观点和深度的探讨。本书各章的主要内容如下。

- 第 1 章，工业软件基本概念，全面介绍工业软件的定义、分类及特点，重点辨析工业软件与互联网软件、工业互联网、工业 APP、系统工程、知识工程等关系。
- 第 2 章，工业软件产品研制，从产品视角解读工业软件的开发、运维，以及如何推广应用。
- 第 3 章，工业软件所需 IT 资源，从工业企业视角介绍如何科学规划工业软件的应用路线，如何用好工业软件等问题。
- 第 4 章，工业软件产品应用，重点阐述了工业软件的应用路线、集成应用、应用效益等内容。
- 第 5 章，工业软件产业发展，从产业视角描述当前工业软件竞争格局并提出产业发展预判及建议。
- 第 6 章，工业软件人才培养，从人才角度回答工业软件人才培养方面的问题。
- 第 7 章，工业软件生态建设，从生态打造的视角，分析工业软件在“政、产、学、研、用、金”生态打造过程中发挥的作用及面临的困境。
- 第 8 章，工业软件与新兴技术的交汇与融合，展望新一代信息技术如何赋能工业软件，并思考工业软件所面临的挑战和趋势。

本书的目标读者群体较为广泛，既包括工业软件产业政策制定者、工业软件供给侧和需求侧企业、相关金融投资者，也适用于在校学生和对工业软件感兴趣的读者。无论您是工作中需要开发或应用工业软件的从业者，还是想了解这一领域最新发展情况的读者，本书都将为您提供一份宝贵的参考。

最后，本书的顺利出版离不开杨春晖、郎燕、阎丽娟三位顾问的辛勤付出，同时得到中国赛宝智库工业软件 / 工业互联网领域各位研究员的大力支持，在此向他们一并表示感谢！由于本书研究的领域较为宽泛，编写组受限于知识的广度和研究的深度，问题难免挂一漏万，文章中表达的观点和相关阐述源于编者对问题的理解和业内学者观点的引用，不妥之处在所难免。恳请各位专家、广大读者朋友批评指正！

编著者

目录

第1章 工业软件基本概念

第2章 工业软件产品研制

第 3 章

工业软件所需 IT 资源

第4章

工业软件产品应用

第5章

工业软件产业发展

第 6 章

工业软件人才培养

第 7 章
工业软件生态建设

第 8 章
工业软件与新兴技术的交汇与融合

第1章 工业软件基本概念

本章全面介绍工业软件的定义、分类、特点及产业发展历程，重点辨析工业软件与互联网软件、工业互联网、软件工程、知识工程、数字经济、新型工业化等相关概念的关系。

题1-1：
什么是工业软件？

目前，业界基于不同维度和侧重点，对工业软件有多种定义和界定。例如，国内业界专家倾向于从工业软件本身属性和实际工业生产过程出发对工业软件进行定义，欧美地区及国家则通常从应用场景和功能出发，将工业软件定义为专门为工业自动化和制造领域设计和开发的软件，它们具有在工业生产和制造过程中实现自动化控制、数据采集和分析、流程管理等功能。本书综合对工业软件的认知和各类定义，从工业软件的自身属性、应用场景、作用效果角度给出综合定义。

一、工业软件的定义

根据工业技术软件化产业联盟发布的《工业技术软件化白皮书（2020）》的研究结论，业界的基本共识是：工业软件是工业技术软件化的成果。基于此共识，本书采用《中国工业软件产业白皮书（2020）》对工业软件的定义：工业软件是工业技术/知识、流程的程序化封装与复用，能够在数字空间和物理空间定义工业产品和生产设备的形状、结构，控制其运动状态，预测其变化规律，优化制造和管理流程，变革生产方式，提升全要素生产率，是现代工业的“灵魂”。

二、工业软件的属性

根据工业软件的定义可以看出，首先，工业软件的第一属性是工业属性，工业软件源于工业、用于工业、优于工业、赋能工业，是对工业领域研发、工艺、装配、管理等工业技术/知识的积累、沉淀与高度凝练，与工业密不可分。其次，工业软件的第二属性是复合学科属性，工业软件不同于一般意义的软件，它是基础学科、工业工程、软件工程的融合，不仅是先进工业技术和先进软件技术

本篇作者：王蕴辉、卞孟春

的交汇融合，还需要数学、物理、化学等基础学科的发展作为基础。前面两个属性是显性的，工业软件同时还有隐形属性，例如，服务属性，购买工业软件买的不仅仅是许可证，更重要的是服务，工业软件的服务特征比其他工业产品更明显。

三、工业软件的判定

为了帮助各位读者更好地界定工业软件的边界、判断哪些软件属于工业软件，下面将从以下几个方面进一步扩展阐述，需要明确的是，只有同时符合构成内容、服务对象、发挥作用各项要求的软件才属于工业软件。

1. 构成内容

工业软件是工业技术 / 知识和信息技术的结合体，除包含过程开发语言、编译器、编译环境等信息技术外，还包含工业领域知识、行业知识、专业知识、工业机理模型、数据分析模型、标准和规范等工业技术 / 知识。由此可见，Microsoft Office、WPS Office、微信、钉钉及视频工具、图片工具等软件，不属于工业软件范畴。

2. 服务对象

工业软件应用于工业领域，服务的对象是工业企业，工业企业即直接从事工业性生产经营活动（或劳务）的营利性经济组织，包括制造业、能源业和采矿业等企业。例如，飞机制造企业中用于设计制造飞机发动机的设计仿真软件属于工业软件，但是证券公司使用的数据库软件，其服务的对象是金融服务行业，就不能归类为工业软件。

3. 发挥作用

工业软件能提高工业企业研发、制造、生产管理水平和工业装备性能（工业装备是指为国民经济各部门简单再生产和扩大再生产所提供的技术装备），能直接为工业过程和产品增值。

综上所述，工业软件是为了满足工业产品设计、制造、售后服务等领域的需求而设计和开发的软件，能直接为工业过程和产品增值，工业软件具备天然的工业基因，具有特定的功能和技术特点，同时具备服务属性，需要充分考虑用户需求，以便为用户提供更好的工业软件产品。

专栏 延伸阅读

（1）走向智能研究院执行院长赵敏、中国航空工业集团信息技术中心原首席顾问宁振波在《铸魂：软件定义制造》一书中提出，工业软件是以工业知识为核心、以CPS（信息物理系统）形式运行、为工业品带来高附加值的、用于工业过程的所有软件的总称；安世亚太高级副总田锋在其著作《智能制造时代的研发智慧：知识工程2.0》中提出，工业软件一般指融合工业相关的基础学科原理、工业机理以及工业知识，用于工业的一类软件。中国工程院院士李培根在2019（第八届）中国智能制造高峰论坛上提出，工业软件是工业知识创新长期积累沉淀并在应用中迭代进化的工具产物。中国工程院院士孙家广在2018年提出，高端工业软件也称为制造业核心软件，是指支持制造业设计开发、生产制造、经营管理、运维服务和再制造等产品全生命周期和企业运行全过程集成及优化的支撑软件，是制造、信息和管理等技术交叉融合发展的产物。

（2）欧盟网络安全局（ENISA）将工业软件定义为“专门为工业自动化和制造领域设计和开发的软件，它主要用于自动化控制、数据采集和分析、流程管理等方面”。美国国家标准与技术研究院（NIST）将工业软件定义为“专门用于工业自动化和制造领域的软件，主要用于自动化控制、数据采集和分析、流程管理等方面。这些软件通常使用工业自动化技术、过程控制技术、数据采集和分析技术等”。

题 1-2：工业软件行业发展概况？

工业软件的发展是持续的、渐进的、分阶段的。工业软件的发展大致可分为 3 个阶段。

一、工业软件发展早期

第一阶段是工业软件发展早期（20 世纪 50 年代到 70 年代），工业软件主要为了解决工业设计和制造中的复杂计算和控制问题，如 CAD（计算机辅助设计）软件可以帮助工程师进行图形绘制和参数化设计；CAE（计算机辅助工程）软件可以在产品设计过程中优化设计方案、提升产品性能、大幅减少试验次数、提升研发效率等；EDA（电子设计自动化）通过运用计算机对 PCB（印制电路板）进行设计，代替电子产品设计中布图、布线这类劳动；CAM（计算机辅助制造）软件可以帮助工程师进行数控编程和加工仿真，生产控制软件可以让离散或流程制造业的生产过程精准可控。

工业软件起源于美国，业界比较公认的第一款工业软件是 1957 年出现的一款名为 PRONTO 的数控程序编制软件，由“CAD/CAM 之父”Patrick J. Hanratty 博士在美国 GE（通用电气）公司工作时开发。20 世纪 60 年代，美国麻省理工学院的 Ivan Sutherland 和他的团队开发出了第一款 CAD 软件 Sketchpad，用于绘制和修改图形。美国也是全球最早开始 CAE 软件开发的国家，美国国家航空航天局（NASA）于 1966 年提出发展世界第一套泛用型的有限元分析软件 Nastran，并在 1969 年推出第一个版本。EDA 工具起源于 20 世纪 70 年代，电路布线布局等工具开始出现，70 年代初期电气工程师 Randy Reed 在加州大学伯克利分校开发了一款名为 Auto-Router 的软件，可以帮助工程师快速、准确地将电路设计方案转换为 PCB 布局。世界上第一款 CAM 软件 NX（UG）开始于 1972 年，起初叫 UNIAPT，1978 年发布 UG R1 版本，这一款软件最终被西门子收购。

20 世纪 50 年代到 70 年代诞生了很多知名工业软件，基本上是航空、航

本篇作者：赵敏、郎燕

天类工业巨头企业或汽车类工业巨头企业根据自己产品研制的迫切需求而自己开发或重点支持的。如美国洛克希德·马丁公司开发的CADAM，美国通用电气公司开发的CALMA，美国波音公司支持的CV，法国达索系统公司开发的CATIA，法国马特拉公司开发的EUCLID，NASA支持的I-DEAS，德国大众公司开发的SURF系统，美国福特公司开发的PDGS系统，法国雷诺公司开发的Unisurf系统等。多种类型的工业软件是从工业领域实际需求和应用中诞生的，并由工业巨头主导整个市场。

二、工业软件进入生产和管理领域时期

第二阶段是工业软件进入生产和管理领域时期（20世纪80年代到21世纪初），虽然工业软件起源于美国，但现代工业却发源于欧洲，这一阶段，欧洲发达的工业化与深厚的知识积淀孕育出许多优秀工业软件，水平整体上与美国相当。一方面，在这一阶段，以工业软件发展早期的CAD、CAE、EDA、CAM等研发设计类工业软件为基础，形成了包括生产制造类、经营管理类工业软件等在内的不同相关学科领域、不同生产环节的工业软件，工业软件产业生态逐渐扩大。如PLC（可编程逻辑控制器）软件可以帮助工程师对工业设备动作进行可编程的逻辑控制，PDM（产品数据管理）软件可以帮助企业实现工业软件所生成的产品数据的统一管理和共享，PLM（产品生命周期管理）软件可以帮助企业实现产品全生命周期的管理和优化，ERP（企业资源计划）软件可以帮助企业实现资源的规划和调度。20世纪80年代是三大EDA软件Mentor、Cadence、Synopsys集中诞生的年代；1981年AspenTech公司成立，专注开发用于工厂生命周期的设计、运营和维护的Aspen软件；1987年Wonderware公司开发出第一套基于微软操作系统的工业及过程自动化领域人机视窗组态软件InTouch；20世纪90年代，SAP和Oracle推出以财务、人力、生产制造为核心模块的软件产品，同时也出现了PDM软件Metaphase（2002年升级为Teamcenter）、Windchill、MatrixOne、Agile、Enovia等，PDM软件可以实现产品数据的统一管理和共享；进入21世纪，PDM软件普遍升级为PLM软件。

在这一阶段，工业软件的商业化发展逐渐成熟。无论是CAD、CAE、EDA、PLM，还是工业控制软件、管理软件领域的工业软件供应商或工业自动化企业，从这一时期开始都走上一条资本兼并与重组之路，产生了达索系统、PTC、ANSYS、

Synopsys、SIEM ENS、Rockwell、ABB、SAP、Oracle 等欧美工业软件领域的巨头。

三、工业软件全面发展新时期

第三阶段是从 21 世纪 10 年代至今，工业软件发展进入了新工业革命时期，工业云平台、工业互联网、工业 APP、SaaS（软件即服务）、数字孪生等新型软件和服务模式的出现和应用，实现了工业流程的数字化、智能化和网络化。在这一时期，工业软件主要是为了实现工业流程的数字化、智能化和网络化，如工业云平台可以帮助企业实现云端的数据存储、计算、分析和服务，工业互联网平台和工业 APP 可以帮助企业实现设备、人员、物料等的互联互通和协同作业，数字孪生可以帮助企业实现虚拟与现实的映射和交互，AI（人工智能）、物联网、区块链等新技术可以帮助企业实现智能识别、预测、优化和创新。例如，21 世纪初期，出现了第一代工业云平台 Predix、MindSphere 等，可以实现云端数据存储、计算、分析和服务；之后两三年，出现了第一代工业互联网平台 ThingWorx、UCloud、Predix 等，可以实现设备、人员、物料等的互联互通和协同作业；再之后两三年，出现了第一代数字孪生平台 3DEXPERIENCE、Simcenter 等，可以实现虚拟与现实的映射和交互；21 世纪 20 年代，出现了第一代 AI、物联网、区块链等新技术应用平台 TensorFlow、Azure IoT Hub、Hyperledger Fabric 等，可以实现智能识别、预测、优化和创新。

纵观工业软件行业，历经 60 多年的发展，全球工业软件已经形成了相对稳定的行业格局。工业软件大河缓缓向前，无数浪花起落，偶有大浪涌现。我们仅仅是采撷了其中的几朵浪花，让读者对工业软件有一个大致印象。更详细的工业软件“浪花众生相”，还有待业内专业人士共同来描绘。

题 1-3：
工业软件如何分类？

进入新世纪，工业软件无论在功能还是在门类上，都发展迅速，由于工业门类复杂，种类繁多，工业软件的分类维度和方式一直呈现多样化趋势，目前国内外均没有公认使用的统一分类方式。但就体系化的研究工作来说，以某种维度和视角来对其进行分类是必须要做的工作，故本书用一定篇幅来介绍若干种主流的工业软件分类方式。

一、国家标准提出的工业软件分类方法

国家标准 GB/T 36475—2018 将工业软件（F 类）分为工业总线、计算机辅助设计（CAD）、计算机辅助制造（CAM）、计算机集成制造系统、工业仿真、可编辑逻辑控制器（PLC）、产品生命周期管理（PLM）、产品数据管理（PDM）、其他工业软件 9 大类。

二、工业和信息化部给出的工业软件分类

2022 年 11 月，经工业和信息化部制定、国家统计局批准的《软件和信息技术服务业统计调查制度》，将工业软件划分为产品研发设计类工业软件、生产控制类工业软件、业务管理类工业软件，如表 1-1 所示。

表 1-1　工业软件分类

软件代码	名称	备注
E101040000	1.4 工业软件	
E101040100	1.4.1 产品研发设计类工业软件	用于提升企业在产品研发工作领域的能力和效率。包括3D虚拟仿真系统、计算机辅助设计（CAD）、计算机辅助工程（CAE）、计算机辅助制造（CAM）、计算机辅助工艺规划（CAPP）、产品数据管理（PDM）、产品生命周期管理（PLM）、建筑信息模型（BIM）、过程工艺模拟软件等

本篇作者：王蕴辉、李书玮、韩邢健

续表

软件代码	名称	备注
E101040200	1.4.2 生产控制类工业软件	用于提高制造过程的管控水平，改善生产设备的效率和利用率。包括工业控制系统、制造执行系统（MES）、制造运行管理（MOM）、操作员培训仿真系统（OTS）、调度优化系统、先进过程控制（APC）等
E101040300	1.4.3 业务管理类工业软件	用于提升企业的管理治理水平和运营效率。包括企业资源计划（ERP）、供应链管理（SCM）、客户关系管理（CRM）、人力资源管理（HRM）、企业资产管理（EAM）、商业智能系统（BI）等

三、基于存在形式的分类方法

基于工业软件的存在形式，可以将工业软件分为嵌入式工业软件和交互式工业软件两种类型。嵌入式工业软件是嵌入在硬件中的工业软件。交互式工业软件是安装在通用计算机或者工业控制计算机中的工业软件。

四、基于软件架构的分类方法

基于软件架构的不同，工业软件分为传统架构工业软件和新型架构工业软件。传统架构工业软件基于单机或局域网本地部署，遵从 ISA95 的五层体系，软件采用紧耦合单体化架构，软件功能颗粒度较大，同时功能全面且强大。新型架构工业软件往往基于 Web 或云端部署，从五层体系渐变为扁平化体系，采用松耦合多体化微服务架构，软件功能颗粒度较小，同时功能简明或单一。目前部署在工业互联网平台上的工业 APP 或云架构软件就属于新型架构工业软件。

五、基于产品生命周期的聚类分类方法

如果基于产品生命周期的业务环节进行划分，可以将传统架构工业软件大致划分为研发设计类工业软件、生产制造类工业软件、运维服务类工业软件和经营管理类工业软件（如表 1-2 所示），这是一种在业界较为常用的聚类划分方法，在本书后续章节中也会频繁使用。

表 1-2　工业软件基于产品生命周期的聚类分类

类型	包含软件
研发设计类	CAD、CAE、CAPP、PDM、PLM、EDA、应用生命周期管理（ALM）、仿真/试验数据管理（SDM/TDM）、实验信息管理系统（LIMS）等
生产制造类	PLC、分布式数字控制（DNC）、分散控制系统（DCS）、监控与数据采集系统（SCADA）、高级计划与排程（APS）、设备管理系统（EMS）、MES、制造运营管理（MOM）等
运维服务类	资产性能管理（APM）、维护维修运行管理（MRO）、故障预测与健康管理（PHM）、服务备件管理、现场服务管理等
经营管理类	ERP、项目管理（PM）、SCM、CRM、HRM、EAM、知识管理（KM）等

六、基于工业软件基本功能的分类方法

在《铸魂：软件定义制造》一书中，作者按照工业软件基本功能，将工业软件分为工研软件、工制软件、工管软件、工维软件、工量软件、工试软件、工标软件等，这也是一种可以参考的划分方式，如表 1-3 所示。

表 1-3　工业软件基本功能分类及内涵解读

软件类别	软件功能或作用
工研软件	以广义仿真为主导的CAE，包含CAD、CAT（计算机辅助测试）等软件
工制软件	面向生产制造的加工、工艺、工装等软件，如CAM/CAPP/MES/3D打印等软件
工管软件	以企业管理为主导的工业管理软件，如PLM/ERP/WMS（仓库管理系统）/QMS（质量管理体系）等软件
工维软件	维护、修理、大修、故障预测与健康管理等软件，如MRO/PHM等软件
工量软件	工业计量、测量或探测等软件
工试软件	工业试验、实验或测试用软件
工标软件	工业标准与规范软件
工控软件	工业过程控制软件、组态软件、设备嵌入式软件等
工链软件	企业供应链、工业物流、生产物流软件，如SCM等
工互软件	工业云、工业物联网、工业互联网、工业互联网平台软件
工应软件	工业自用、工业APP软件
工采软件	工业矿山、油田开采（勘探、采矿、采伐、筛矿）类软件
工材软件	工业材料类软件等
工能软件	工业能源、能量、能耗管理软件等
工安软件	工业信息安全软件（杀毒、拒黑客、阻后门、密钥等软件）

续表

软件类别	软件功能或作用
工数软件	工业数据分析软件、工业大数据软件等
工智软件	工业智能软件、工业用AI软件等
其他	其他类型工业软件

七、基于企业经营活动特征的分类方法

通常企业的经营具有 3 个维度，分别为业务执行维、业务管理维和业务资源维，3 个维度的各个阶段、各个领域及各种资源都具有相应的工业软件来支撑，如表 1-4 所示。

表 1-4　工业软件基于企业经营活动特征的分类

<table>
<tr><th colspan="2">大类/子类</th><th>内容</th><th colspan="2">备注</th></tr>
<tr><td rowspan="2">业务执行类</td><td rowspan="2">业务操作工具</td><td>需求工具软件</td><td colspan="2">需求分析（RA）工具</td></tr>
<tr><td>研发工具软件</td><td colspan="2">包括CAD、CAE、EDA、系统建模（SysM）、系统分析（SysA）等</td></tr>
<tr><td rowspan="10">业务执行类</td><td rowspan="4">业务操作工具</td><td>制造工具软件</td><td colspan="2">包括CAM、PLC、APS等系统</td></tr>
<tr><td>营销工具软件</td><td colspan="2">卖场运行（SO）系统</td></tr>
<tr><td>供应工具软件</td><td colspan="2">WMS</td></tr>
<tr><td>运维工具软件</td><td colspan="2">设备管理系统（EMS）</td></tr>
<tr><td rowspan="6">业务过程系统</td><td>需求过程系统</td><td colspan="2">需求工程（RE）系统</td></tr>
<tr><td>研发过程系统</td><td colspan="2">包括研发管理系统、MBSE（基于模型的系统工程）等</td></tr>
<tr><td>制造过程系统</td><td colspan="2">包括MES、ALS等系统</td></tr>
<tr><td>营销过程系统</td><td colspan="2">CRM系统</td></tr>
<tr><td>供应过程系统</td><td colspan="2">SCM系统</td></tr>
<tr><td>运维过程系统</td><td colspan="2">MRO系统</td></tr>
<tr><td colspan="2" rowspan="5">业务管理类</td><td>数据管理系统</td><td>PDM系统</td><td rowspan="5">PLM是各分系统集成而成的平台形态</td></tr>
<tr><td>需求管理系统</td><td>需求管理（RM）系统</td></tr>
<tr><td>质量管理系统</td><td>QM系统</td></tr>
<tr><td>项目管理系统</td><td>PM系统</td></tr>
<tr><td>市场管理系统</td><td>市场管理（MM）系统</td></tr>
</table>

续表

大类/子类	内容	备注	
业务资源类	知识管理系统	KM系统	ERP是各分系统集成而成的平台形态
	设备管理系统	EAM系统	
	采购管理系统	采购管理系统（PMS）	
	人力资源系统	HRM系统	
	成本管理系统	成本管理系统（CMS）	
	财务管理系统	财务管理系统（FMS）	

八、其他工业软件分类方法

业内专家往往将工业软件按照行业属性进行划分，分为对原材料勘探、测量、分析、加工的软件，对电力、燃气、生物等能源进行管理、检测、维修的软件，对物料、工具、技术、人力、信息和资金等制造资源进行加工、管理的软件等。如果按照算法的不同来划分工业软件，也可以将其分为常规算法软件和人工智能算法软件；如果按照工业软件信息化与自动化的程度来划分，可将其分为工业 IT 软件和工业 OT 软件等。

综上所述，工业软件基于不同的维度和侧重点有不同的分类方法，没有统一的标准，业界一般根据使用目的和应用场景选择适用的分类方法，但基于词语相对简明、内涵容易理解、业界经常使用的原则，目前最为常用的工业软件分类方法有基于产品生命周期的聚类分类方法、基于存在形式的分类方法、基于软件架构的分类方法。

题 1-4：典型工业软件有哪些？

工业软件按用途及表现形式，一般可以分为研发设计类、生产制造类、经营管理类、运维服务类等。

一、研发设计类工业软件

研发设计类工业软件主要应用于电子计算机等设备，协助工程技术人员完成产品设计和制造，提升产品研制效率、降低研制成本、缩短研制周期、提高产品质量。主要包括 CAD、CAM/CAPP、CAE、EDA 及新兴的系统级设计与仿真软件等。

1. CAD

CAD 是指利用计算机及其图形设备帮助工程技术人员完成产品设计过程中的各项工作，如草图绘制、零件设计、装配设计等。国内 CAD 代表性软件主要有中望 CAD、浩辰 CAD、CAXA、天河 PCCAD、SINOVATION、CrownCAD、新迪 3D、CurrentCAD 等，国外 CAD 代表性软件主要有 AutoCAD、DraftSight、ProE、CATIA、UG、SOLIDWORKS 等。

2. CAM/CAPP

CAM 一般有狭义和广义两个定义。狭义的 CAM 一般指数控程序的编制，包括刀具加工路线的制定、刀位文件的生成、刀具加工轨迹的仿真及数控加工代码的生成等，即 CAPP。广义的 CAM 扩展了狭义 CAM 的内容，包含了产品生产过程从毛坯到产品的制造过程中所有相关的活动，利用计算机对产品的制造过程（从原材料开始到加工结束的全过程）进行监控，如原材料需求计划的编制、生产计划制订、物流过程的控制、计算机辅助工艺设计、数控加工代码编制、计算机辅助工时的制订、材料定额的编制及质量控制等。国内 CAM/CAPP 的代表性软件主要有中望 3D、CAXA 线切割、开目 CAPP、Extech CAPP、华天软件 CAPP、InteCAPP 等，国外 CAM/CAPP 的代表性软件主要有 Creo CAM、SOLIDWORKS CAM、CATIA CAM 等。

本篇作者：王蕴辉、袭安、张钊

3. CAE

CAE一般是指利用数值模拟分析技术对工程或产品开展性能与安全的可靠性分析，模拟其工作状态和动态行为，从而能够尽早发现设计缺陷，验证产品功能和性能的可用性与可靠性，实现产品的优化，如有限元分析、优化设计、可靠性分析、系统动态分析、虚拟样机技术等软件。国内CAE的代表性软件主要有HAJIF、EastWave、FastCAE、NaViiX、TF-QFLUX、MWORKS等，国外CAE的代表性软件主要有ANSYS、ABAQUS、Nastran、MARC、ADAMS、MATLAB等。

4. EDA

EDA是指利用计算机辅助设计软件来完成超大规模集成电路芯片的功能设计、综合、验证、物理设计（包括布局、布线、版图、设计规则检查等）等流程的设计方式。国内EDA的代表性软件主要有Vayo、Xpeedic、HeroEDA、Empyrean等，国外EDA的代表性软件主要有Altium Designer、Cadence Allegro、Multisim、Proteus、OrCAD、Design Compiler、Verilog Compiled Simulator等。

5. PLM

PLM软件是指对产品从需求、规划、设计、生产、经销、使用、维修保养，直到回收再利用或报废的全生命周期中的信息与过程进行管理，是实现制造业信息系统过程集成应用的重要环节。国内PLM的代表性软件主要有Extech PLM、InforCenter PLM、鼎捷PLM、CAXA PLM、用友PLM等，国外PLM的代表性软件主要有Teamcenter、ENOVIA、Windchill、Autodesk Fusion Lifecycle、SAP PLM等。

二、生产制造类工业软件

生产制造类工业软件主要用于提高生产制造过程中的管控水平，改善生产设备的效率和利用率，其中生产控制类工业软件（如PLC、SCADA、DCS）和制造执行类工业软件（如MES）是生产制造类工业软件的主体。

1. PLC

PLC是专门为在工业环境下应用而设计的数字运算操作电子系统，通过可编程的存储器执行逻辑运算、顺序控制、定时、计数与算术操作等面向用户的指令，并通过数字式或模拟式输入/输出控制各种类型的机械或生产过程。国内PLC的代表性软件主要有和利时LE-PLC/LK-PLC、中控技术GCS G5、亚控科技KingIOServer、汇川技术AC700等，国外PLC的代表性软件主要有西门子 STEP7、三菱 GX works、欧姆龙 CX-Programmer、Delta WPLSoft 等。

2. SCADA

SCADA 系统是以计算机为基础的生产过程控制与调度自动化系统，可以对现场的运行设备进行监视和控制，广泛应用于电力、冶金、石油、化工、燃气、铁路等领域。国内 SCADA 的代表性软件主要有和利时 HiaSCADA、中控技术 InPlant SCADA、亚控科技 KingView/KingSCADA、上海宝信的宝信智能数据采集软件等，国外 SCADA 的代表性软件主要有 SIMATIC WinCC、InTouch、iFix、Cimplicity 等。

3. DCS

DCS 是以微处理器为基础，采用控制功能分散、显示操作集中、兼顾分而自治和综合协调的设计原则的仪器控制系统，采用控制分散、操作和管理集中的基本设计思想，以及多层分级、合作自治的结构形式，在电力、冶金、石化等行业中应用广泛。国内 DCS 的代表性软件主要有和利时 HOLLiAS / HOLLiAS MACS、中控技术 Webfield ECS-700、南京科远 NT6000 等，国外 DCS 的代表性软件主要有三菱 DCS MELTAC-N plus R3、Areva TXP-T2000 DCS、Westinghouse Ovation DCS 等。

4. MES

MES 是面向制造企业车间执行层的生产信息化管理系统，一般位于上层 ERP 与底层的工业控制之间。MES 是管理和监测产品从分收工单、生产、设备管理、保养、质量管理到出入库、进出货等流程整合的控制系统。对原材料上线到成品入库的整个生产过程实时采集数据、控制和监控，是实现工厂智能化的核心软件之一。国内 MES 的代表性软件主要有宝信 MES 软件、鼎捷 MES、兰光 MES、能科股份卫星制造 MES、赛意信息 SMES 等，国外 MES 的代表性软件主要有 Honeywell MES、西门子 SIMATIC IT、GE Proficy、ABB Ability MES、DELMIA、Factory Talk Performance 等。

三、经营管理类工业软件

经营管理类工业软件主要针对企业经营中的具体业务环节进行电子化操作，从而提高管理水平，主要以 ERP、SCM、CRM 等软件为代表。

1. ERP

ERP 是企业物资资源管理、人力资源管理、财务资源管理、信息资源管理集成一体化的管理信息系统，其核心思想是对供需链进行有效管理。国内 ERP 的代表性软件主要有用友 NC/U8、浪潮海岳 GS Cloud、金蝶云苍穹等，国外 ERP 的代表性软件主要有 Oracle ERP、SAP S/4HANA Cloud 等。

2. SCM

SCM 软件执行供应链中从供应商到最终用户的物流的计划和控制等职能，通过整合整个供应链信息及规划决策从而实现整个供应链的最佳化。国内 SCM 的代表性软件主要有用友供应链云、金蝶云苍穹等，国外 SCM 的代表性软件主要有 Oracle SCM、SAP SCM、Delmia Quintiq 等。

3. CRM

CRM 软件是用于分析销售情况、市场营销效果、客户服务以及应用等流程的自动化软件系统，用于缩短销售周期和减少销售成本、增加收入、寻找扩展业务所需的新的市场和渠道，提高客户的价值、满意度和忠实度。国内 CRM 的代表性软件主要有金蝶 CRM、简道云 CRM 等，国外 CRM 的代表性软件主要有 Salesforce CRM、SAP CRM、Dynamics CRM、Oracle CRM 等。

四、运维服务类工业软件

1. MRO

MRO 软件是用于维护、维修、运营设备的物料和服务的软件，国内 MRO 的代表性软件主要有灵芝 SuperCare、CEPREI MRO 等，国外 MRO 的代表性软件主要有 MAXIMO 等。

2. PHM

PHM 软件是为了满足系统自主保障、自主诊断的要求被开发出来的，强调资产设备管理中的状态感知，监控设备健康状况、故障频发区域与周期，通过数据监控与分析，预防故障的发生，从而大幅度提高运维效率。国内 PHM 的代表性软件主要有 iEAM、CEPREI PHM SYSTEMS、REACH PHM 等，国外 PHM 的代表性软件主要有 Pronostics Framework 等。

题 1–5：
工业软件有何特点？

工业软件兼具软件属性和工业属性，从软件属性看，工业软件与普通软件一样具有知识保护难度大的特征。从工业属性上看，工业软件既是研制复杂产品的关键工具和生产要素，也是工业机械装备中的“软零件”“软装备”，是工业品的基本构成要素。这些都决定了工业软件不同于普通意义的软件。下面介绍工业软件的基本特征。

一、工业软件是基础学科、工业技术、软件技术的融合

1. 工业软件需要有良好的数学、物理、化学等基础学科知识的积累

CAE、EDA、工业控制等软件需要利用多种计算数学理论和算法，求解线性方程组、非线性方程组、偏微分方程、特征值和特征向量、大规模稀疏矩阵等。以仿真分析软件 CAE 为例，其求解器包含多种物理算法，每个专业领域都有众多问题的求解算法，不同领域如电磁、结构、流体、热力、空气动力等的求解器处理机制往往不同，无法通用。

2. 工业软件是工业技术/知识的最佳“容器”

工业软件是工业技术 / 知识的最佳“容器”，其源于工业领域的真实需求，是对工业领域研发、工艺、装配、管理等工业技术 / 知识的积累、沉淀与高度凝练，是对工业属性的极度彰显和高效匹配。工业技术 / 知识包含工业领域知识、行业知识、专业知识、工业机理模型、数据分析模型、标准和规范、最佳工艺参数、广泛的材料属性数据等，是工业软件的基本内涵。没有丰富的工业技术 / 知识和经验积累，难以研发出先进的工业软件。

3. 工业软件是先进软件技术的融合

工业软件不仅仅是先进工业技术的集中展现，更是各种先进软件技术的交汇融合。软件工程、软件架构、开发技巧、开发环境、部署环境，还是图形引擎、约束求解器、图形交互界面、知识库、算法库、模型库、高级语言、编译器、

本篇作者：赵敏、韩邢健

过程开发语言、测试环境、云存储 / 云计算等的进步，都会加速工业软件发展。60 多年来，每当软件工程领域取得技术进展，这些技术都会被迅速吸收并融汇到工业软件中。以工业软件的图形用户界面（GUI）为例，早期图形用户界面采用“借用屏幕”（如阿波罗工作站）模式，一旦进入软件交互界面就无法执行其他操作，多窗口技术出现后，工业软件迅速发展成为多窗口交互；Web 技术发展成熟后，部分工业软件从 C/S（客户 / 服务器）部署发展到 B/S（浏览器 / 服务器）部署；云计算成熟后，部分工业软件发展到基于云的订阅模式，等等。先进的软件技术利用工业技术 / 知识不限时空的复用性极大地增强了工业软件对物理实体赋值、赋能、赋智作用，有效地提升工业经济的规模效益。

二、工业软件与工业发展息息相关

1.工业软件源于工业需求

业界比较公认的第一款工业软件，是 1957 年出现的一款名为 PRONTO 的数控程序编制软件，由“CAD/CAM 之父”Patrick J. Hanratty 博士在美国通用电气公司工作时开发。20 世纪 60—70 年代诞生了很多知名工业软件，绝大部分是工业企业根据自身产品研制的迫切需求，自行开发或重点支持的，如表 1-5 所示。

表 1-5　工业企业支持的工业软件

开发（或支持）工业软件的工业企业	软件名称
美国洛克希德 · 马丁公司	CADAM
美国通用电气公司	CALMA
美国波音公司	CV
NASA	I-DEAS
美国麦道公司	UG
法国达索系统公司	CATIA
德国大众汽车公司	SURF
美国福特汽车公司	PDGS
法国马特拉公司	EUCLID

续表

开发（或支持）工业软件的工业企业	软件名称
John Swanson、西屋核电	Ansys
NASA	Nastran

2. 工业软件用于工业场景

工业软件作为数字化的产品创新工具，不断吸收最新工业技术、信息通信技术和智能技术，按照工业场景需求反复迭代，持续在工业各个细分领域得到快速部署和应用。没有交互式工业软件就没有复杂工业品的设计、制造与维护，没有嵌入式工业软件就没有复杂工业设备的高效生产与运行。

3. 工业软件优于工业打磨

工业软件是开发出来的，也是在实战中磨炼出来的。工业企业不断使用软件并反馈软件问题，工业软件企业进而迭代优化软件产品。没有工业界用户对工业软件的充分应用，就很难发现其在设计、模型和算法等方面的缺陷，无法获得工业 Know-how（诀窍）型知识，软件就难以迭代升级。

三、工业软件研发难度大、投入成本高、成功难复制

工业软件研发不同于一般意义的软件，具有研发难度大、研发周期长、迭代速度慢等特点。研发难度主要体现在体系设计复杂、技术门槛高、复合型研发人才紧缺、可靠性要求较高等方面。一般情况下，大型工业软件的研发周期为 3 ～ 5 年，被市场认可需要 10 年左右。此外，工业软件研发投入非常高，例如全球最大 CAE 供应商 ANSYS 每年研发投入在 20 亿元人民币左右。高额研发投入构成了较高行业壁垒，强者恒强，巨头难以被超越。

另外，工业软件成功经验很难复制，并不是有了足够的研发经费，工业软件企业就可以复制某个巨头的成功过程。

四、工业软件对可靠性与可控性要求提高

在一套工业软件几百万、几千万行代码的程序海洋中，一行代码也许微不足道，但是软件的特点决定了一行代码的错误就可能导致整个软件的运行结果错误，进而造成软件失效、系统宕机，甚至是某种运行装备的停工停产。

工业软件作为生产力工具服务于工业产品的研制和运行，在功能、性能效

率、可靠性、安全性和兼容性等方面有着极高要求。工业软件应用于工业生产、经营的过程，计算、记录并存储工业活动所产生的数据，工业软件可控程度直接影响工业数据安全。使用国外的工业软件或随设备附带的工业软件，国外巨头工业企业可随时掌握用户关键工程领域核心数据、知识产权信息、产品生产制造等商业信息。随着国际形势不断变化，我国企业在使用国外工业软件时将会面临较大的数据泄露风险，存在极大的安全隐患。

题 1-6：
如果没有工业软件会怎么样？

工业软件具有两大工具要素，即它既是研制复杂产品的关键工具和生产要素，也是工业装备中的“软零件”“软装备”，是工业品的基本构成要素。没有工业软件，既无法开发复杂工业产品，也无法让机器设备正常运行。基于软件的研发手段实现产品开发，已经是工业领域的常态。如果离开各类工业软件的辅助开发，产品的结构复杂程度、技术复杂程度以及产品更新换代的迭代速度，仅仅依靠人力是不可能实现的。

一、研发设计类工业软件

开发任何复杂产品，都离不开研发设计类工业软件的支撑，如果没有 CAE 软件，则飞机、卫星、航母、高铁等根本开发不出来。在飞机制造领域，早年复杂产品采用“以图纸为基础、以样机为驱动”的串行研发模式。极其复杂的飞机结构设计图纸，是由千千万万的设计工程师一笔一画地手工绘制出来的。但是，这样传统的研发模式，研发迭代缓慢、周期长、手工操作疏漏较多，经常因为一个错误而不得不重复开发产品。

当引入了基于三维计算机辅助设计（3D CAD）软件的数字化设计手段之后，彻底改变了飞机的研发过程。基于 CAD 的三维数字化技术让飞机研发过程逐渐演变到“以模型为基础，以仿真为驱动”的并行研发过程。很多非常复杂的产品结构，都能够在三维 CAD 软件中得到清晰表达。复杂且不可见的零部件力学状态，都可以用 CAE 软件予以可视化展现。如果没有研发设计类工业软件，开发如此复杂的飞机会成为不可能的事情。

二、生产制造类工业软件

1. 高级计划排程软件

在离散制造业，车间级的高级计划与排程（APS）软件是在车间生产资源

本篇作者：赵敏、张钊

与能力约束的基础上，对生产过程知识进行高度抽象，通过各种优化算法进行生产管理的工业软件。在原材料、加工能力、交付期、工装等各种约束条件下，通过先进算法（如神经网络算法、遗传算法、模拟退火算法等）以及优化、模拟技术，从各种可行方案中选出一套最优方案生成详细生产计划，从而对生产任务进行精细而科学的计划、执行、分析、优化和决策管理，较好地解决在多品种、小批量生产模式和在多约束条件下的复杂生产计划排产问题，实现负荷均衡化生产。

如果没有 APS 软件所定义的设备能力、最优生产计划和生产质量管理等内容，所有的机床、生产线等制造设备，不可能按照给定的计划来有序、高效地组织生产，整个制造过程将会陷于难以管理的混乱、无序状态。

2. 工业控制系统软件

工业控制系统软件是用于工厂、电气、水、石油、天然气等领域的工业软件。在工业生产和关键基础设施中常用的工业控制系统有 PLC、SCADA 和 DCS 等。广义上说，工业控制系统中的工业控制软件，包含了数据采集、人机界面、软件应用、过程控制、数据库、数据通信等内容，突出硬件特点，相对封闭和专用。现代工业设备的正常运转和精准工作，都离不开工业控制系统软件，假如没有工业控制系统软件，设备就会瘫痪。

三、运维服务类工业软件

任何先进的机器设备，如果不及时、恰当地维护、维修与保养，就会经常出毛病甚至变得无法使用。例如一架先进战机，如果在停机坪上放半年，基本上就不能飞了。因此，对机器设备定期实施有效的维修与保养，不仅可以提高设备运行效率、保持设备精度、延长设备寿命、降低生产成本，还能避免设备事故的发生。业内统计数据表明，60% 以上的设备维护费用是由突发的故障导致的，即使在维护技术发达的美国，每年对设备进行维护的直接开销也超过了 2000 亿美元，由意外停机造成的间接损失也是该金额的数倍。

四、嵌入式工业软件

嵌入式工业软件已经大举进入了机器，成为机器中的“软零件”“软装备”，进而成为机器的大脑和神经，主宰了机器世界的运行逻辑。在那些看得见或看不见的角落里，工业软件都在发挥着积极的作用。在这些设备中，工业软件“体量”或大或小，从几十行代码到几十万行代码不等。有些特殊机器设备中的软件代码行数量，已经达到了令人咂舌的地步。例如，智能网联汽车中的软件代码数量已经接近 2 亿行。任何一行软件代码的错误，都可能造成严重事故。

工业软件种类非常多，以上只列举了几种代表性的工业软件。假如现在突然没有了工业软件，很多工业场景中的基本业务环节不仅无法实现，还可能会造成生产瘫痪，影响社会稳定。

题 1–7：
工业软件与互联网软件的差异？

“工业”与“互联网”两种应用场景的不同是导致两类软件巨大差异的根源，其在需求特点、功能特点、研发模式等方面的侧重点都有所不同。

一、需求特点

需求来自软件面向的对象，对象主要包括客户和用户。客户是软件产品、服务的购买者，而用户是软件产品、服务的使用者。

互联网软件面向的对象有两种情况。第一，客户与用户重叠，即购买、使用产品和服务的是同一个人（如付费会员等），他们的核心需求是提升个体生活便利度及幸福度。因此，用户体验是软件成败的决定性因素之一。第二，客户与用户不一致，对于一些以广告为主要收入来源的免费软件供应商（如免费搜索引擎）等，其客户是投放广告的企业，用户是个人。在这种情况下，广告收益与用户的数量是强关联的，因此，这类软件为了吸引更多的用户同样关注用户体验。

工业软件的服务对象主要是制造企业，工业软件本质是一个由“人、机、料、法、环、测”等元素组成的复杂系统，制造企业的核心需求是企业整体的提质、降本、增效、创新。工业软件面向的客户和用户通常是不一致的，一般客户为企业的管理层，而用户通常包含不同部门的企业员工。因此，对工业软件而言，用户个体的体验很多情况下不再是强需求，需要更加关注的是企业的整体收益，以及跨部门、跨领域协同作业的效率，其核心是流程、数据的合理性与规范性，因此工业软件有时会牺牲局部功能使用的便利性来提升全局效率。例如，MES 通常要求每个工人完成阶段任务后即时报工，对现场员工个体而言增加了一道操作，但是管理人员能够更准确获取生产状态信息，从而在整体生产调度方面获得更高的全局收益。

二、功能特点

在运行环境方面，互联网软件的运行环境相对统一，通常在开放性的网络

本篇作者：王渊彬

环境中使用，以网页、APP 的形式运行，功能相对独立，对其他软硬件的依赖性较弱，用户个人即可完成部署安装与使用。工业软件则更加复杂，首先，在网络环境方面，为保证信息安全，通常以企业内部的局域网为主，因此在一些场景中需要考虑网络的布局与通信方案的设计，当然，随着云计算的普及推广，其安全性逐渐得到企业认可，工业软件的云部署或 SaaS 化能大幅降低企业运维成本，正在成为新的发展趋势。在软硬件的依赖性方面，大部分工业软件都需要与其他各类系统、设备进行数据交换，如 SCADA 需要与大量不同年代、不同品牌型号、不同接口、不同数据标准的设备进行数据交互，MES 更是要集成各个系统中的订单、采购、仓库、生产等相关数据，为生产管理调度提供决策支撑。

在建模方法方面，互联网软件主要针对个体用户的行为喜好建模，其建模手段以大数据分析与挖掘为主，最核心的是用户数据。工业软件所面向的场景更加关注企业各个环节的整体运行效率，其标准的作业规范弱化了用户的个人偏好，同时引入了复杂的设备运行机理及管理知识经验，因此更注重数据、机理、知识的融合。例如，仿真软件中需要引入大量的物理、化学等机理，真实测试数据的反馈能够进一步优化模型；ERP 中需要融入大量的财务、管理知识，同时根据企业数据分析企业运营状态；PHM 需要结合设备的实时数据及其运行机理分析设备的状态。

在性能要求方面，用户对互联网软件的主要需求是功能与服务的响应速度，关注的是产品体验感。由于互联网软件同类产品较多，用户可选择性强，转移成本低。但是，工业软件通常具有很高的锁定效应和转移成本，如 ERP、MES 等系统的使用与生产管理方式是强绑定的，软件故障可能造成很大的生产管理损失，对软件的稳定性提出了更高要求。同时，工业软件的主要价值之一体现在对生产管理决策的支撑，因此对数据采集的准确性、频率、规范性等要求很高。

三、研发模式

互联网软件的研发模式以快速迭代的方式为主，根据用户的使用反馈，通过频繁的版本升级不断优化软件功能，同时提升用户的新鲜感。

工业软件则正相反，不同行业的制造业企业存在诸多差异且难以统一，因此工业软件的研发不但需要提炼共性模块，而且通常需要针对客户实际情况进行大量的定制化开发工作，实施周期长。另外，工业场景对稳定性的要求高，对在使用过程中不断迭代版本来完善软件功能的方式接受度不高，用户通常要求软件在实施时已经比较成熟稳定且能带来明确的价值收益。工业软件与互联网软件差异对比如表1-6所示。

表1-6 工业软件与互联网软件差异对比

<table>
<tr><th colspan="3">要素</th><th>互联网软件</th><th>工业软件</th></tr>
<tr><td rowspan="2">需求特点</td><td colspan="2">对象</td><td>个体/企业</td><td>制造企业</td></tr>
<tr><td colspan="2">核心需求</td><td>用户体验</td><td>全局收益</td></tr>
<tr><td rowspan="8">功能特点</td><td rowspan="2">运行环境</td><td>网络环境</td><td>开放</td><td>封闭</td></tr>
<tr><td>对其他软件的依赖性</td><td>弱</td><td>强</td></tr>
<tr><td rowspan="3">建模方法</td><td>数据</td><td>强</td><td>强</td></tr>
<tr><td>机理</td><td>弱</td><td>强</td></tr>
<tr><td>知识</td><td>中</td><td>强</td></tr>
<tr><td rowspan="3">性能要求</td><td>用户体验</td><td>高</td><td>低</td></tr>
<tr><td>稳定性</td><td>中</td><td>高</td></tr>
<tr><td>数据质量</td><td>中</td><td>高</td></tr>
<tr><td rowspan="2">研发模式</td><td colspan="2">定制化程度</td><td>低</td><td>高</td></tr>
<tr><td colspan="2">版本迭代</td><td>高</td><td>低</td></tr>
</table>

综上所述，因服务对象、应用场景等不同，工业软件和互联网软件在需求特点、功能特点、研发模式等不同方面都存在明显的区别。

题 1-8：
工业软件技术评价应包含哪些要求？

从软件工程角度来说，软件技术评价主要关注功能要素和性能要素，但考虑工业软件的特殊性，我们尝试从参考物的确定、功能规格、性能指标、分类等 4 个方面探讨工业软件技术评价要求。

一、参考物的确定

参考物的确定是进行工业软件技术评价的前提。通常情况下，确定参考物方法是指定一款对标软件，梳理该软件的功能规格及性能指标，形成目标软件相应规格和指标评价基线，再寻找几款同类工业软件进行相对性评价，得到各类技术要素领先或落后的结论。当前，我国工业和科技水平与国际先进水平相比，有较大差距，简单地以国外先进工业软件产品作为参考物和基线，并将我国工业软件与之对比评价，并不能给用户企业的产品选型提供指导。我们建议确定参考物应充分考虑用户所属行业的通用需求，结合企业专用实际需求进行综合考量，由专业机构梳理并形成相应检测与评估规范，开展比对评价工作。

二、功能规格

功能规格是工业软件技术评价的首要对象。功能规格与一款软件的研发目的、使命和需求高度相关，即使对于工业软件这样一个看似狭窄的领域，提出一套标准的功能规格仍然很难。

软件有基础功能和高级功能。基础功能通常由软件所属门类决定，在同一类软件中，基础功能基本上是相近的。高级功能是软件开发商为了适应市场竞争的需要进行差异化或个性化功能的扩展，是软件产品的柔性功能规格。

工业软件归属于应用软件大类，具有较为丰富的行业属性功能。以 CAD 产品为例，CAD 基础功能有几何造型、特征计算、绘图等功能，高级功能包括数据格式交换、模型资源库等。

本篇作者：田锋

三、性能指标

与功能规格相比，工业软件之间的性能指标差异化就要小得多。根据《系统与软件工程 系统与软件质量要求和评价（SQuaRE）第 10 部分：系统与软件质量模型》（GB/T 25000.10-2016），系统 / 软件产品的性能效率分为时间特性、资源利用性、容量、性能效率的依从性等，这些特性完全适用于工业软件。

在对工业软件进行性能指标评价时，在关注上述指标特性的同时，仍需进一步实例化工业软件的应用场景并结合用户需求，重点关注计算精确性、单核计算效率、并行计算效率、计算数据的 I/O 效率、图形操作的流畅性、大模型传输的速度等。

四、分类

正如前文提到的，工业软件种类繁多，技术差异较大，采用通用的评价方式，对全品类的工业软件进行技术评价效果不好。在此，我们建议按照技术特点将工业软件分类，并对其进行技术评价。

因为不同软件所蕴含的技术差异巨大，所以有必要对它们采取分类评价的方式。理论上讲，软件分类的方法有无穷多种，基于不同目的有不同的分类维度，于是就有不同的分类方案。

每类工业软件所侧重的技术属性不同，评价的重点也应该相应调整。例如，CAD、CAE 等工业软件侧重内核技术，如算法引擎、图形引擎、交互技术等。ERP、MES、PCM 类工业软件更加侧重大量数据存储、大量流程运行、多人多组织并发、软件架构等。

综上所述，工业软件的技术评价应在设置参考物的前提下进行，并基于不同类别的工业软件为各指标设置相应的权重，并在此基础上，对工业软件的功能规格和性能指标进行评价。

案例：CAE软件的技术评价

作为一种典型的工业软件，CAE 软件与其他工具软件，如 CAD 软件的技术指标仍然有较大差别，即使工具类中的科学计算类细分领域中，不同的 CAE 软件之间也有一定差异，特别是求解器功能规格，如表 1-7 所示。

表 1-7　CAE 软件的技术评价

主项	分项	细分项	主项	分项	细分项
求解器	功能	求解功能	前后处理	功能	材料模型及材料库
		一级分解A			几何接口与建模能力
		一级分解B			几何修复与网格能力
		一级分解N			边界条件设置能力
	性能	计算精度			求解设置能力
		计算效率			后处理能力
		计算规模			定制化开发能力
		收敛性		性能	稳健性和鲁棒性
		稳健性和容错性			易用性
		大规模并行能力			兼容性（OS、硬件、数据库）

题 1-9：工业软件与工业互联网 / 工业 APP 的关系？

工业 APP 是工业软件发展的新形态，常常以微服务的方式运行在工业互联网平台，根据不同工业场景的个性化需求提供不同的服务。工业 APP 与工业软件都归属于工业应用程序大类，但在部署方式、工业软件要素完整性、体量及操作难易程度、解耦以及解决问题的类型等方面存在明显的区别。

一、什么是工业 APP

1. 工业APP的概念

《工业 APP 白皮书（2020）》给出了工业 APP 的定义："工业 APP 是基于松耦合、组件化、可重构、可重用思想，面向特定工业场景，解决具体的工业问题，基于平台的技术引擎、资源、模型和业务组件，将工业机理、技术、知识、算法与最佳工程实践按照系统化组织、模型化表达、可视化交互、场景化应用、生态化演进原则而形成的应用程序，是工业软件发展的一种新形态。"

2. 工业APP的用途

工业 APP 是为了解决特定的具体问题、满足特定的具体需要而将实践证明可行和可信的工业技术知识封装固化后所形成的一种工业应用程序。工业 APP 只解决具体的工业问题，而不是抽象的问题。例如，齿轮设计工业 APP 只针对某种类型的齿轮设计问题，而不是将齿轮设计抽象成面向一般几何体设计的点、线、面、体、布尔运算等设计问题，后者是一般工业软件解决的问题。

3.工业APP的特征

工业 APP 是一种特殊的工业应用程序，是可运行的工业技术知识的载体，工业 APP 中承载了解决特定问题的具体业务场景、流程、数据与数据流、经验、算法、知识等工业技术要素，每一个工业 APP 都是一些具体工业技术与知识要素的集合与载体。工业 APP 典型特征如图 1-1 所示，它具有 6 方面，即特定工

本篇作者：何强

业技术知识载体；特定适应性；小轻灵，易操作；可解耦 / 可重构；依托平台；集群化应用。

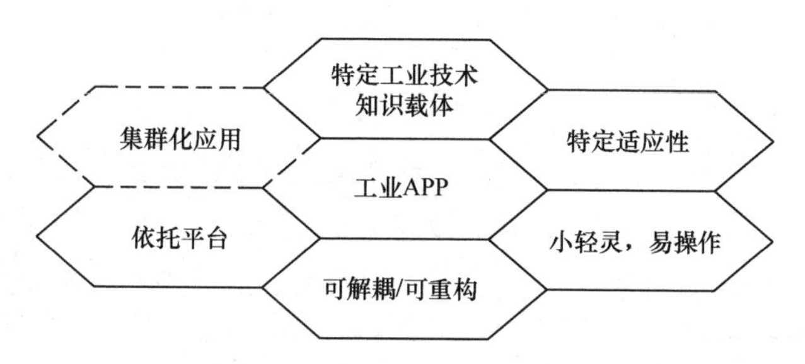

图 1-1　工业 APP 典型特征

二、工业软件与工业 APP 的关系

工业软件既包括传统的工业软件，也包括云化工业软件，还包括工业 APP 这种新形态的工业软件。工业 APP 与工业软件的关系如图 1-2 所示。

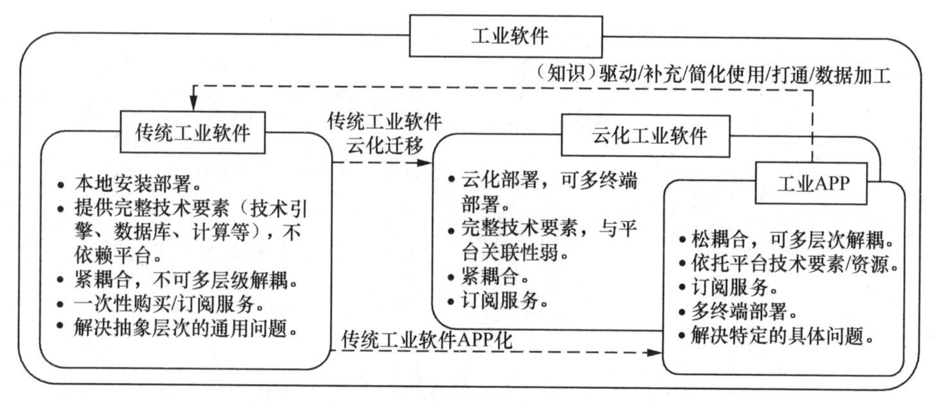

图 1-2　工业 APP 与工业软件的关系

传统工业软件可以通过云化迁移成为云化工业软件，也可以通过 APP 化成为工业 APP 集合。工业 APP 与传统工业软件在部署方式、工业软件要素完整性、体量及操作难易程度、解耦以及解决问题的类型等方面存在明显的区别，二者的区别如表 1-8 所示。

表 1-8　工业 APP 与传统工业软件的区别

工业APP	传统工业软件
多种部署方式	通常在本地安装部署

续表

工业APP	传统工业软件
必须依托平台提供的技术引擎、资源、模型等完成开发与运行	包含完整工业软件要素，如技术引擎、数据库等
小轻灵，易操作	体量巨大，操作使用复杂，需要具备某些专业领域知识才能使用
可以多层次解耦	可以分模块运行，不可多层级解耦
只解决特定的具体的工业问题	解决抽象层次的通用问题

工业 APP 与传统工业软件虽然存在区别，但两者既不互斥，也不相互孤立，工业 APP 不是要替代传统工业软件或者企业现有的信息系统，两者可以相互促进。传统的工业软件不仅可以通过 APP 化形成工业 APP 集，工业 APP 也可以通过多种方式促进传统工业软件的应用，图 1-3 中描述了工业 APP 从 4 个方面对传统工业的促进作用——知识驱动、简化使用、异构集成、数据挖掘。

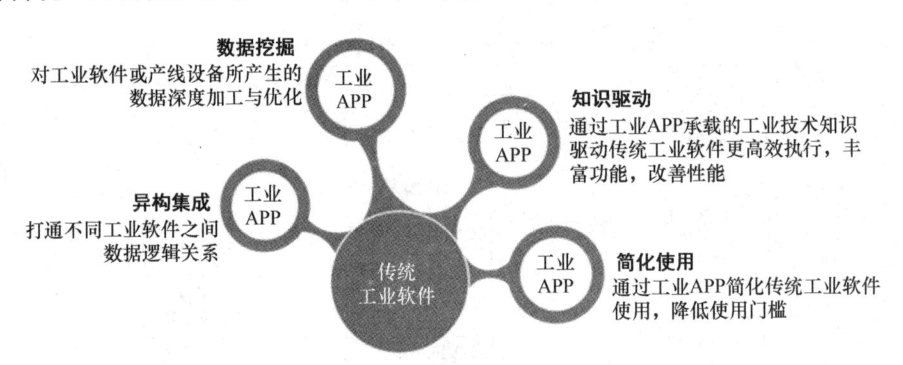

图 1-3　工业 APP 促进传统工业软件应用

三、工业 APP 与工业互联网的关系

从世界范围的技术发展趋势看，大型工业软件平台与工业互联网平台将逐渐趋于统一，未来的工业互联网平台将能够提供从研发设计、生产制造、维修服务、经营管理及跨产业链协同应用的不同技术引擎和技术资源服务。

在我国当前的技术条件下，工业互联网平台在边缘层实现设备的接入和数据采集，在平台层实现对不同工业软件与工具软件的整合，通过工业互联网平台整合不同的工业软件和工业数据，让不同形态的工业软件以全新的架构为工业提供基础技术服务，结合特定领域的工业技术知识，利用可视化工业应用开发环境，构建面向产品研发设计、工艺设计与优化、能耗优化、运营管理、设备监控、健康管理、质量管控、供应链协同等不同种类的工业 APP。

工业 APP 在新工业革命中的地位日渐重要，图 1-4 中描述了工业 APP 在工业互联网平台参考体系架构 2.0 的定位与重要性。工业互联网平台参考体系架构 2.0 明确了工业 APP 的关键定位：边缘层是基础，平台层是核心，应用层是关键，实现最终工业价值。

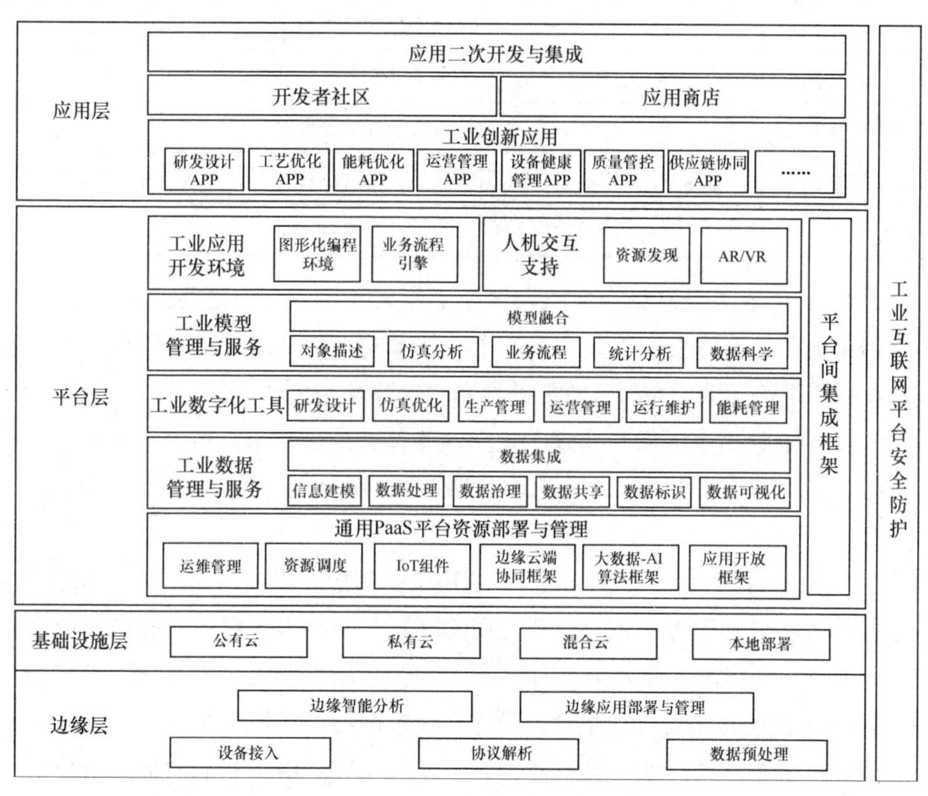

图 1-4　工业 APP 在工业互联网平台参考体系架构 2.0 的定位

综上所述，工业 APP 作为工业软件发展的一种新形态，有其特有的开发、部署、应用方式和场景，其与传统工业软件既存在区别，又相互促进、相互依存。随着大型工业软件平台与工业互联网平台逐渐趋于统一，不同形态的工业软件以全新的架构为工业提供基础技术服务，实现最终工业价值。

延伸阅读 利用微信小程序开发的软件属于工业APP吗？

通常来说，利用微信小程序开发的应用（APP），基本是消费APP，而不是工业APP。这涉及消费APP与工业APP的关系。表1–9列举了工业APP与消费APP的区别。

表1–9 工业APP与消费APP的区别

消费APP	工业APP
小轻灵，易操作	继承小轻灵，易操作特征
基于信息交换	基于工业机理
针对个人用户（to C）	针对企业用户（to B）
服务对象是消费者（非专业用户）	服务对象是产品设计、生产、经营者（专业用户）
工业APP与消费APP分别支撑产业链前、后端，二者需要整合	

消费APP是基于信息交换的，但是工业APP是基于工业机理的。工业应用有因果关系，这些表达因果关系的工业技术知识常常通过机理模型、经验模型、数据模型等承载，是企业重要的数据资产和核心价值。

消费APP针对个人用户（to C），解决个体的通用需求，多应用在流通、服务等环节，面对非专业用户，提供流通和服务过程中的流程、信息、资金、评价等应用。

工业APP针对企业用户（to B），解决工业问题，多应用在工业产品的研发设计、制造、维修服务与企业经营管理等环节，面对专业用户，提供企业产品设计、制造、维修等专业应用。因此，这些专业用户是设计产品、生产产品的。工业APP承载的也是设计、生产产品等专业领域的工业技术知识。

在某些工业领域，如食品工业、服装加工业等，由于产品的最终用户是一般消费者，通常会将面向用户（一般消费者）的消费APP与面向企业的工业APP打通，形成产业链上的应用闭环。在这种情况下，如果利用微信小程序所开发的应用，一端连接终端用户，另一端连接企业应用程序，打通了产业链应用闭环，此类APP属于工业APP。

题 1-10：工业软件与系统工程的关系？

“系统工程”思想，是指从系统的观点出发，以最优化方法求得系统整体最优的综合化的组织、管理、技术和方法的总称，是一种具有普遍意义的科学方法。发展工业软件也是一个系统工程。

一、系统工程的概念和内涵

系统工程是一种使系统能成功实现的跨学科的方法和手段。其在开发周期的早期阶段，就定义客户需要与要求的功能性，将需求文件化，内容覆盖运行、成本、进度、性能、培训、支持、试验、制造和退役处置等问题，并同时考虑完整问题，最终进行设计综合和系统确认。系统工程涉及多种学科和专业群体，形成从概念到生产再到运行的结构化开发流程。系统工程以提供满足用户需求的高质量产品为目的，同时考虑所有客户的业务和技术需要（系统工程国际委员会 INCOSE，2004）。

系统工程使用系统思维去考虑问题，既要考虑整体，又要考虑局部及其相互关系，还要考虑系统与环境之间的交互。其次，系统工程具有一套解决问题、工程化实现的流程，系统工程流程保证了在工程化过程中的高度可重复性。再次，系统工程需要一系列专业技能和能力支撑，技能和能力的获得需要通过一系列的学习与实践。

二、工业软件与系统工程的关系

工业软件是工业机理、技术和知识结合各种信息技术，通过软件化手段形成的工业应用程序，是工业工程、知识工程与软件工程融合的产物。工业软件涉及机械、电子、流体、控制、物料、布局、经营管理等诸多学科，涉及结构、电磁、温度、压力等多个专业领域机理，涉及不同行业、不同业务对象、不同业务环境和不同人员形成的复杂多变应用场景，涉及工业软件之间、工业软件

本篇作者：何强

与人之间、工业软件与设备之间、工业软件与环境之间的复杂交互。这就使得人们在研究和发展工业软件这个复杂对象时，必须采用系统工程的有关理论与方法来应对其复杂性。

现代工业工程以运筹学和系统工程作为理论基础，以计算机作为先进手段，兼容并蕴涵了诸多新学科和理论技术。而对于软件工程与系统工程，在诸多国际标准中，通常都将软件工程与系统工程作为一个对象来描述，如在ISO/IEC/IEEE 15288软件与系统生命周期过程标准中，将软件作为系统工程的一个领域特例对象来处理。

具体到工业软件来说，工业软件与系统工程之间的关系可以从以下3个维度来阐述。

1. 工业软件作为产品系统生命周期的使能工具

将工业软件作为产品系统生命周期的使能工具应用到不同的业务环节，在这种情况下这是一个工程应用问题，工业软件作为使能要素赋能产品系统工程过程。在此过程中，通常会采用系统分析方法，以赋能产品系统工程过程为目标，综合考虑如何选择性价比更优的工业软件（类），用最优的效率、最优化的组合配置、最合理的工业软件投入产出比实现最有效产品系统生命周期应用。此时需要考虑的是工业软件的种类、数量、性能、成果质量、成本、使用方式、数据可交互性、人机交互性和可操作性、使用效率和使用效果等要素。工业软件的购买方式从过去传统的购买许可到租用工业软件许可，再到基于工业互联网平台的SaaS，这就是工业软件使用方式的一种演进结果。

2. 工业软件作为一个具体的系统对象

将工业软件作为一个具体的系统对象来看，工业软件是系统工程的研究对象，重点研究工业软件的生命周期过程。这是一个典型的软件和系统生命周期过程，是针对某一个特定工业软件从最初的概念构想到产品实现、应用迭代并不断完善的过程。在这一过程中，将以工业应用需求为牵引，充分研究工业软件市场、竞品、工业和IT发展趋势、政策、法规、标准，研究和储备核心工业机理、逻辑、算法与建模技术，研究不同相关方的不同应用场景，明确技术路线和未来运用模式，转换、分解、细化与派生工业软件系统需求，基于已有或新的各项技术基础构建工业软件产品架构，并逐渐完成代码开发、测试、应用验证与持续迭代等过程。

3. 工业软件作为一个复杂的事业

将工业软件纳入实现供应链与数据安全的战略高度来看，发展工业软件是一个复杂且长期的事业，是一个复杂的系统工程。在这种情况下，需要从系统的观点出发，基于国家工业软件发展总体战略考量，以最优化方法求得工业软件产业整体发展最优的综合化思考，落实并持续推进。将重点考虑基础技术突破与布局、专业人才与复合型人才培养、工业软件产业发展布局、产业政策机制、投融资导向、工业应用牵引与市场策略等宏观要素。例如，在工业软件发展过程中倡导“工业技术软件化”理念，就是充分考虑我国庞大的工业人群体、完整的工业体系和现有的技术基础后得出的一种有效的工业软件发展路径。

总之，系统工程理念纳入工业软件的使用、工业软件生命周期过程及工业软件事业后，可以在工业软件的不同层面发挥指导性作用，使得工业软件在多个层次实现整体最优效果。

题 1-11：
工业软件与工业技术软件化的关系？

工业技术软件化是一种充分利用软件技术，实现工业技术 / 知识的持续积累、系统转化、集智应用、泛在部署的培育和发展过程，其成果是产出工业软件，推动工业进步。工业技术软件化要点在于，既要将某些事物或要素（如工业技术 / 知识）从非软件形态变成软件形态，又要用软件去定义、改变这些事物或要素的形态或性质。

一、工业技术软件化的提出

今天，中国工业的高速发展，既要基于传统的土地、矿产、人力等物质生产要素，也要基于现代的工业技术 / 知识、数据、模型、算法等知识生产要素，更要基于新型的工业软件、工业互联网平台、工业 APP 等数字生产要素。这些数字生产要素的形成，是得于 60 多年前开始的“工业技术软件化”所形成的结果。从工业经济到知识经济是一次巨大的跨越，而从知识经济再跃迁到数字经济，是以知识增加和技术创新作为社会发展的要素，以工业技术软件化作为工业使能技术实现的，由此而让经济获得全新发展动能。

工业技术软件化，酝酿于第二次世界大战期间各国对军事 / 国防技术的强烈需求，开始于 1957 年第一个 CAD 软件诞生，兴盛于 20 世纪 80 年代工业软件的爆发。第三次工业革命以来，工业技术软件化一直是工业化进程中一个先导的、主要的、基础性的组成部分。在工业技术软件化进程中，诞生了工业软件、自用软件、定制软件、工业 APP、工业互联网平台、数字孪生等工业“软零件”“软装备”成果。在我们所熟悉的多种术语概念中，如制造业信息化、企业信息化、企业软件化、两化融合、工业 4.0、智能制造、工业互联网、数字化转型等，都隐藏着工业软件的身影，突显工业技术软件化的大趋势。

由此可以看出，工业技术软件化是工业化进程中一项隐性的、难度量的、无法一蹴而就的重要工作。因此在识别、规划、管理上有较大难度。站在历史的、

本篇作者：赵敏

发展的视角上看工业技术软件化与工业软件的关系，会得出一些更为客观的结论，找到一些规律性的认识。经过深入研究，工业技术软件化揭示了工业技术、数字化 / 信息化技术、智能技术等融合发展的内涵，符合新型工业化的总体趋势，是一场延续了几十年客观存在的工业活动。

二、工业技术软件化与工业软件密不可分

工业技术软件化属于“人类知识软件化”。

人类知识软件化涉及复杂的过程和内容，带动了各行各业知识的软件化。工业技术软件化是与工业知识有关、紧紧围绕工业发展的一个主干。在这个主干上，伴随着传统架构工业软件（交互式、嵌入式）实用化、工业装备 / 过程孪生化、传统架构工业软件云化、工业 APP 实用化等过程，同时伴随着“软件技术工业化”（GUI 交互技术、软件工程、架构等）的发展路径。此外，数学、物理、化学知识的软件化也在蓬勃发展，不断形成诸如图形引擎、几何约束、网格划分、求解算法、分子动力学等成果，融入各种类型的工业软件中。因此，工业技术软件化是一种综合了知识工程、软件工程及其他基础科学成果来开发工业软件的技术发展趋势。知识软件化总趋势如图 1-5 所示。

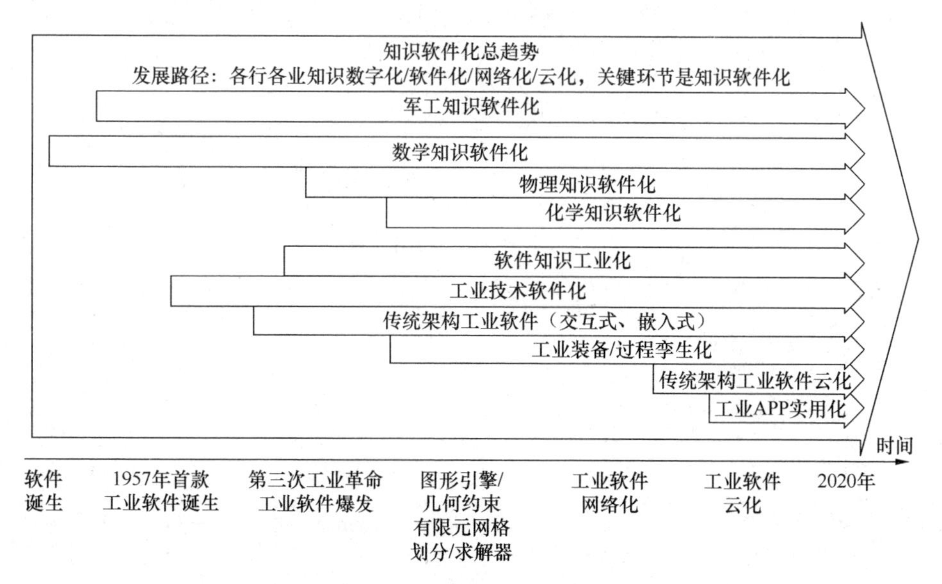

图 1-5　知识软件化总趋势

（摘自《工业技术软件化研究报告》，赵敏，2020 年）

总体上，工业技术软件化反映了一种人类工业活动发展规律，伴随着生产要素的迭代升级、机器构成的不断创新，这种规律是一种必须放在人类发展的历史长河中，才能看清其意义和活动过程的规律。对工业技术软件化的判断、研究存在一定的复杂性和技术难度。

题 1-12：工业软件与知识工程的关系？

知识工程是以知识为处理对象，借用工程化的思想，利用人工智能的原理、方法和技术，设计、构造和维护知识型系统的一门学科。知识工程包括知识获取、知识表示与知识利用三大过程。工业技术知识和应用知识及工程实践转化为工业软件的软件工程的过程与转化为知识工程的过程基本重叠，因此可以说工业软件与知识工程紧密耦合。

一、工业软件的技术基础

工业软件从诞生之初，至今已经发展 60 多年，纵观工业软件发展历程，在工业应用的需求牵引下，基础技术、计算机硬件、操作系统等 3 方面关键的技术驱动力量推动了工业软件的发展。此外，互联网、AI、交互技术等新技术的发展，为工业软件注入了新的活力。工业软件发展的技术驱动力量如图 1-6 所示。

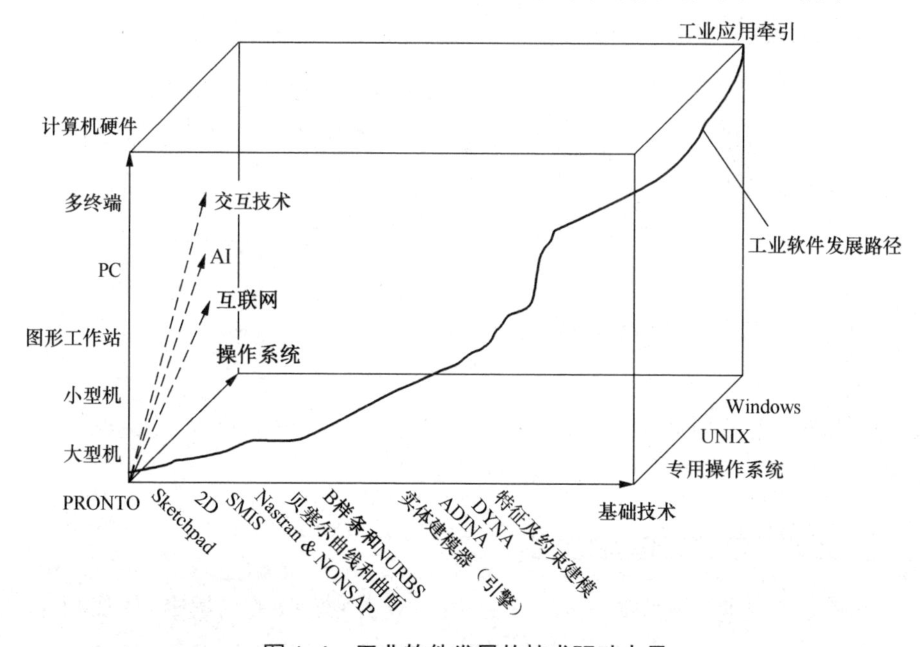

图 1-6　工业软件发展的技术驱动力量

本篇作者：何强

工业软件是基于核心基础科学研究成果与IT发展成果，经过工程技术与工程应用知识不断转化并实践验证后形成的应用软件。工业软件主要服务于产品生命周期业务过程和企业经营管理各项活动，用于提高企业核心业务能力和经营水平，改善工业产品功能与性能。

工业软件开发有4个基础：基础科学研究成果，IT发展成果，工业技术和工程应用知识转化，以及工程实践验证，4方面缺一不可。基础科学研究成果与IT发展成果是工业软件的技术基础，工业技术和工程应用知识转化是工业软件的关键，工程实践验证是工业软件持续成长的“磨刀石”，工业软件在工业领域的持续应用，在应用中发现问题并解决问题，从而螺旋式发展。

从前文对工业软件的描述来看，工程技术与应用知识转化，以及工程实践是工业软件核心要素，通过将工业技术知识、工程应用知识和工程实践等知识，按照知识工程的逻辑，结合信息技术进行软件化转化，形成不同形态的工业软件并在工程实践中不断验证和持续改进。

二、知识工程的内涵

知识工程的概念是美国斯坦福大学的爱德华•费根鲍姆在1977年第五届国际人工智能联合大会上提出的。他认为“知识工程是人工智能的原理和方法，对那些需要专家知识才能解决的应用难题提供求解的手段。恰当运用知识的获取、表达和推理过程构成与解释知识系统，是设计基于知识的系统的重要技术问题”。

知识工程是以知识为处理对象，借用工程化的思想，利用人工智能的原理、方法和技术，设计、构造和维护知识型系统的一门学科，通常认为知识工程是人工智能的一个应用分支。知识工程包括知识获取、知识表示与知识利用三大过程。

三、工业软件与知识工程的关系

在将工业技术与知识通过软件化手段形成工业软件的过程中，知识工程所包含的知识获取、知识表示和知识利用等三大过程被嵌入和应用到软件（软件工程）中，工业软件与知识工程紧密耦合，两者的关系如图1-7所示。

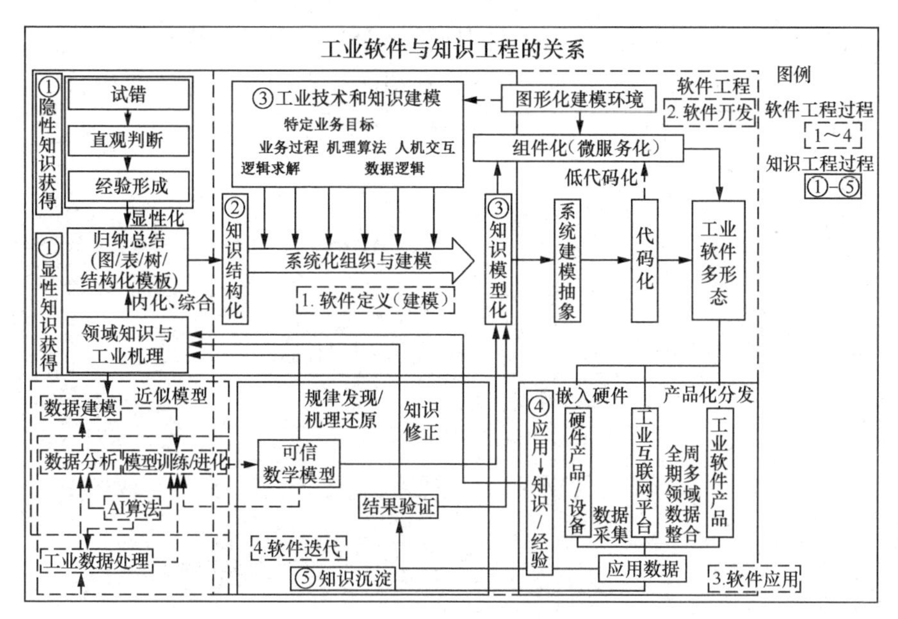

图 1-7　工业软件与知识工程的关系

在图 1-7 中，1 ～ 4 所标示的是软件工程的基本过程，从软件定义到软件开发，再到软件应用，以及根据应用中的问题进行软件迭代；①～⑤所标示的是知识工程的基本过程，通过获得隐性知识或显性知识，对知识的内化、验证与显性化及对知识进行结构化和模型化表示，对软件建模、抽象和代码化，形成多种形态的工业软件。知识工程过程是为了将工业技术知识转化为软件的一个特殊的定义过程，在工程应用实践中不断地获得相关的数据和经验，通过算法推理、规律发现、机理还原等步骤，不断修正知识模型，完成对工业技术知识的持续验证、迭代修正和知识沉淀，以及对实践经验的总结，形成工程应用和实践知识，沉淀形成新的工业技术知识。

从上文可以看出，将工业技术知识和应用知识及工程实践转化为工业软件的软件工程过程与知识工程过程基本重叠。因此，工业软件在形成过程中需要知识工程过程支撑。

知识的模型化是将工业技术知识转化为软件的一个特殊的定义过程。在这个过程中，需要基于特定的业务目标，对相关的工业技术（知识）进行系统化组织与建模，利用图形化建模环境，完成过程建模、业务逻辑建模、机理算法建模、数据逻辑建模以及人机交互界面封装建模等知识模型化工作，再通过系统建模抽象后用于软件化实现。这个知识建模过程也是软件定义的过程，通过对知识的建模和抽象定义，形成了工业软件的主体架构和核心内容。因此，知识工程的工业知识要素和知识建模过程是工业软件的核心。

题 1–13：工业软件与智能制造的关系？

随着科技的发展，工业软件和智能制造已经成为现代工业生产中不可或缺的组成部分。工业软件与智能制造之间存在着密切的联系，工业软件为智能制造提供了必要的技术支持，使得生产过程能够更加精细化、高效化和智能化，智能制造也为工业软件的发展提供了广阔的应用空间。

工业和信息化部发布的《智能制造发展规划（2016—2020 年）》提出，智能制造是基于新一代信息通信技术与先进制造技术深度融合，贯穿于设计、生产、管理、服务等制造活动的各个环节，具有自感知、自学习、自决策、自执行与自适应等功能的新型生产方式。从智能制造的定义来看，动态感知、实时分析、自主决策、精准执行等功能是智能制造的核心特征。

动态感知采用各种传感器和传感器网络，对制造过程、制造装备和制造对象的相关状态参数进行采集、转换、处理和传输，获取反映智能制造设备运行工作状态的数据，形成制造大数据或工业大数据。实时分析通过机器自主认知和人工协同认知有效获得系统目标所需知识，主要利用工业软件，对智能制造系统状态感知数据进行实时统计分析、数据挖掘、特征提取、建模仿真和预测预报等处理，为趋势分析、风险预测、监测预警、优化决策等提供数据支持。自主决策指通过机器智能决策和人机协同决策，以评估系统状态并确定最优行动方案。精准执行指通过机器智能控制和人机协同控制，依据决策结果对系统进行操作调整，解决系统自身以及环节的不确定性问题。

以智能加工为例，智能加工借助数字仿真等手段实现对加工过程的建模、仿真、预测，并通过获取机床、加工、工况、环境等有关信息对加工系统进行监测与控制，同时集成加工知识，加工系统能够根据实时工况自动优选加工参数，调整自身状态，获得最佳的加工性能与加工质量。例如，在航空发动机整体叶盘智能加工过程中，针对刀具 - 工件界面的强热力耦合作用以及材料 / 结构 / 工艺 / 过程强相关性导致整体叶盘加工过程形 - 性 - 稳难以协同控制的问题，

本篇作者：张钊

在零件加工过程中，首先采用各类传感器对切削力、切削区域温度、刀具磨损/变形/振动、工件振动/变形等物理量进行高精度在线检测，为实时分析和制造过程自主决策提供支撑。在检测加工过程的时变工况之后，分析工况、界面耦合行为与工件品质直接的映射关系，建立描述工况、耦合行为和工件品质映射关系工艺知识模型，通过工艺知识的自主学习理论，实现知识积累和工艺模型的自适应进化。通过将工艺知识融入装备控制系统决策单元，根据在线检测识别加工状态，由工艺知识对参数进行在线优化并驱动生成加工过程控制决策指令，对主轴转速及进给速度等工艺参数进行实时调控，使装备工作在最佳状态，提高产品质量。同时将获得的工艺知识通过物联网、CPS 等新一代信息网络技术接入智能制造云平台，基于大数据深度分析与评估技术，实现制造工艺的全局优化、制造装备的智能维护、制造过程的能源节约及制造装备间的协同工作。

如果用人体比喻智能制造系统，那么五官及神经末梢就是视觉、触觉、听觉等各类传感器，骨骼是网络基础，血液相当于数据流、物流，四肢是工业机器人和各类智能装备等执行系统，大脑则是由各类控制器以及各类算法、数字化模型构成的工业软件。工业软件支撑并定义了智能制造，构造了数据流动的规则体系。

另外，小批量、多批次的个性化定制是未来制造发展方向，个性化定制的工业产品工艺越来越复杂，从而会导致一系列问题，如成本如何降低、质量问题如何解决、交货期如何缩短等，这些问题进一步加剧了企业生产的复杂性、多样性和不确定性。智能制造通过数据的自动流动解决复杂系统的不确定性、提高资源配置效率，为解决上述问题提供了有效的技术手段。但是企业只有实现了自动化与信息化，才能确保智能制造技术的长足发展。在实现数字自动化生产控制的过程中，需要从根本上合理配置各类过程控制软件，将设计研发、生产调度、经营管理、市场营销与服务分析环节系统流程化与数字化以后，才可以保证按不同的信息化要求将相关数据流进行系统的整合利用。因此，工业软件以信息技术、通信技术、运营技术融合为基础，建立了数字自动流动规则体系，是数据流通的桥梁，更是工业制造的“大脑”。

总之，工业软件与智能制造之间存在着密切的联系。两者相辅相成，共同推动现代工业生产的发展。

题 1-14：
工业软件与新型工业化的关系？

工业是立国之本，强国之基。最近几十年，我国工业化发展迅猛，取得了举世瞩目的成就，从一个贫穷落后的农业国转变为世界性的工业大国。但是我国工业“大而不强、全而不优”的问题还较为突出，浅层次、数量型、粗放化的发展模式问题依然存在，先进制造业的产值贡献与发达国家相比偏低。在这种背景下，党的二十大报告提出到 2035 年基本实现新型工业化的重要目标。工业软件是工业化和信息化深度融合的重要支撑，是推进我国工业化进程的重要手段，工业软件在推进新型工业化发展中发挥的主要作用如下。

一、赋能赋智，推动 IT 和 OT 融合发展

工业软件广泛应用于绝大多数工业领域的核心环节，是两化融合的切入点、突破口，也是推进新型工业化的重要力量。随着“软件定义”不断赋能实体经济变革，航空、航天、汽车、重大装备、钢铁、石化等行业企业纷纷加快软件化转型，工业软件作为“软零件”“软装备”嵌入众多工业品之中，大大提升产品智能水平及附加值，在推动工业产品创新和企业数字化转型中发挥不可替代的作用。工业软件可以促进工业创新和转型升级，通过集成数据、算法、模型等数字资源，通过数字化设计、仿真、优化、控制等技术，支持开放式创新、协同创新和快速迭代，提高工业生产的效率、质量和安全性，实现制造技术、材料、工艺等产业链短板的突破，实现工业过程的智能化、自动化和柔性化。

二、重构生产方式，推动产业数字化转型

要想推进新型工业化的发展，就要实现实体经济的数字化变革，需要对各行业的发展规律进行机理分析和模型构建，而工业软件蕴含大量与行业相关的机理模型、工艺参数、专业算法等知识，核心优势就是能高效、最优复用模型。因此工业软件必将在向实体与虚拟融合的生产方式转变的过程中发挥重要支撑

本篇作者：王蕴辉、陈平

作用。工业软件能够帮助企业实现制造流程与生产资源的数字化管理，推动企业数字化转型。各类工业软件的集成化、平台化还会进一步推动信息流、物流和生产设备的互联互通，推动企业实现全生产过程的高效协同与协作。

三、融合发展，助力产业集群转型升级

工业软件和工业互联网融合发展，可以帮助产业集群实现供应链可视化、透明化，通过数字化手段建立供应链信息平台，实现供应链协同和优化，从而提高生产效率、降低成本和提高产品质量；可以通过数字化手段实现生产过程自动化、信息化和智能化，提高产业的技术含量和附加值；可以帮助产业集群搭建产业生态圈，整合生产要素和资源，协同创新和共享创新成果，从而提高集群的创新能力和核心竞争力。基于工业软件的赋能，工业互联网能够通过开放的工业级网络平台把设备、生产线、工厂、供应商、产品和客户紧密地连接和融合起来，极大拓展生产效率优化的范围，构建技术共享、信息共享、资源共享、产业协同、互利共赢的新型制造网络，促使工业制造由“生产驱动”转变为“数据驱动”，促进产业链各环节之间的协调发展，实现生产效率的整体提升。

四、协同创新，激发新型工业化创新发展新动能

近年来，一是随着我国关键软件领域的优质开源项目创新迭代、生态拓展和国际化发展，涌现出了一批典型开源项目应用案例，展现出广阔的发展前景，借助开放、平等、协作、共享的开源模式突破工业软件底层核心技术，为企业提供了一种替代商业软件的选择，推动产学研用各方共同参与软件的开发、测试和维护，在加快新型工业化进程的同时推动软件技术的快速发展和创新。二是人工智能、大数据、云计算等新一代信息技术的发展，为工业大数据、工业APP、云化工业软件等技术的实现提供了有力支撑。工业互联网作为新一代信息技术与制造业深度融合的关键底座，为工业 APP 的发展带来了强大的活力和增长机遇，使得工业互联网平台成为工业软件领域快速发展的新赛道，成为我国制造业场景复杂、高端生产能力欠缺、自主可控能力不强等问题的突破口，为新型工业化有序推进带来了新动能。

第2章 工业软件产品研制

本章从产品视角解读工业软件。通过阅读本章，读者可以清晰直观地了解一款工业软件是如何被开发出来的，以及它如何在工业企业中被部署应用。

题 2-1：国产工业软件与国外一流工业软件差距？

工业软件研发不同于一般意义的软件，研发难度大、体系设计复杂、技术门槛高、硬件条件开销大、复合型研发人才紧缺、对可靠性要求较高，导致研发时间长、成本高、成功难复制。美国的工业软件在全球有着绝对的垄断地位，特别是在研发设计类领域，如 CAD 供应商欧特克（Autodesk）、PLM 供应商参数技术公司（PTC），EDA 供应商三家巨头新思科技（Synopsys）、铿腾电子（Cadence）和明导（Mentor），全球最大的 CAE 供应商 ANSYS、MSC 软件公司和 Altair 公司等，还有开发了科学计算工具 MATLAB 的迈斯沃克（MathWorks）公司、流程行业的艾斯本技术（AspenTech）有限公司等，均为具有行业影响力的知名工业软件企业。欧洲则有全球领先的 PLM 和 MOM 软件与服务供应商西门子（SIEMENS），研发设计类工业软件供应商法国达索系统公司、瑞典海克斯康集团、英国剑维软件（AVEVA）、西班牙 SENER 集团，生产制造类工业软件供应商瑞士 ABB 集团，经营管理类工业软件供应商德国思爱普（SAP）公司等。在国产工业软件发展艰难的大背景下，我国虽涌现了一批有代表性的软件，但是与国外商业软件相比，还存在一定差距。

一、研发设计类工业软件

近年来，国内涌现出一批优秀的研发设计类工业软件企业，部分拥有自主核心关键技术的供应商受到资本的广泛关注与追捧。

在 CAD 领域，国产二维 CAD 产品技术相对成熟，部分供应商产品与美国 AutoCAD 软件基本接近。但是，国产三维 CAD 产品与德国西门子的 UG、法国达索系统公司的 CATIA、美国参数技术公司的 Creo 等产品差距较大。

在 CAE 领域，国内商用 CAE 企业更是屈指可数，国外 CAE 软件在结构、

本篇作者：施战备、李锋

流体、电磁、振动噪声等评估领域具有绝对垄断地位，有限元前后处理与求解器软件一直被美国研发的 ANSYS、STAR-CCM+、瑞典的 SHIPFLOW、MSC. Patran/Nastran 和挪威的 SESAM 等主流 CAE 软件占据市场，国内 CAE 与国外 CAE 工业软件间约有 10 年的技术差距。

在 PLM 领域，经过多年发展国产 PLM 已经有了长足的进步，但与国外先进的 PLM 平台，如 PTC 的 Windchill、西门子的 Teamcenter、达索系统的 3DE XPERIENCE 等平台在体系架构、信息模型、三维模型管理、功能模块、行业解决方案包、二次开发生态和实施方法论等方面仍有差距。以三维模型管理为例，国产 PLM 尚以文档、流程和 BOM（物料清单）管理为主，无法实现基于模型的在线协同，以及基于配置的数字样机等功能，导致国产 PLM 尚无法应用于复杂装备行业。

总体而言，国产研发设计类工业软件在国内市场份额较低，2022 年约占 9%。目前，这类国产软件工业机理简单、系统功能单一，主要应用于行业复杂度低的领域，如模具、家具家电、通用机械等行业。

二、生产制造类工业软件

在生产制造类工业软件应用方面，国内制造企业已推广应用了计划管理、场地管理、质量管理和加工设备管理等软件系统或功能模块，在一定程度上提高了制造效率和产品质量。但是这些软件系统或功能模块绝大多数是多年来企业针对特定具体应用需求而实施上线的，由于跨越时间长、软件开发商不同，缺乏统一平台顶层架构设计，相关制造数据结构标准差别较大，影响了数字化制造系统应用的一致性、重用性和可扩展性，也不能满足制造全生命周期数字化技术发展的需求。

此外，生产制造类工业软件基础组件，特别是图形引擎、流程引擎、仿真引擎、几何内核、WebGL 控件、甘特图等，各家企业重复开发，水平参差不齐。生产制造类工业软件基础服务模块，如 BOM 管理、工艺定义、计划编排、资源定义、WP/WO 管理等也存在类似问题。数字化生产装备工艺定义、规划和实施软件工具的缺乏，进一步导致生产装备工艺集成度较低，制约了制造产线整体效率和产品质量的提高，国产生产制造类对标国外同类工业软件至少有 10 年技术差距。

三、运维服务类工业软件

运维服务类工业软件面向产品运营维护过程中不同方面、不同维度的应用需求，呈现出产品种类繁杂、行业差异性大等特点。目前，运维服务类工业软件主要有服务手册管理、服务备件管理、EAM、PHM、预测性维护、现场服务管理、BIM 管理等。国外软件已经逐渐形成平台化产品体系，如 PTC 基于其 2022 年底收购的现场服务管理供应商 ServiceMax，整合了 Windchill 的 SBOM（软件物料清单）管理、ArborText 的服务手册编制和发布、Thingworx 的设备互联，以及 Vuforia 的交互式 AR（增强现实）手册等产品能力，打造了以设备资产为核心的，以设备实时工况为驱动的，从预测分析、故障诊断、备件计划、服务派工和现场服务等完整闭环的一体化解决方案，并利用数字孪生技术可以实现数据驱动的仿真验证和设计迭代。而国内软件主要关注数据采集、监控等简单能力，缺少成熟的工程应用，缺乏数据和经验的积累，与国外相比还有 5 ～ 10 年的技术差距。

四、经营管理类工业软件

从产品角度看，目前用友、金蝶等国产 ERP 供应商在核心模块的功能上与海外供应商基本已无差距，并开始大力推进云转型。从市场角度看，2019 年用友、金蝶等国产供应商已经占据了国内 ERP 市场 50% 以上的份额，市场占有率实现反超。而在国产化潮的历史性机遇下，用友等企业也开始向上进攻高端市场，抢占 Oracle、SAP 在大型企业，尤其是国有企业市场的份额。可以说目前国内的 ERP 市场国产供应商已经占据上风，而在 CRM 领域，由于国内外企业需求的差异，暂时还未成长出能够与 Salesforce 对标的企业。

总体来讲，工业软件与工业发展息息相关，源于工业需求，用于工业场景，优于工业打磨，带有天然的工业基因。工业软件本质上来说是将工业实践中的经验和模式固化成模型，然后借助信息技术按照实际需求快速调用，是信息化与工业化的融合剂。因此一个国家的工业化进程和现代化工业水平极大影响了工业软件的发展程度，尤其是对工业属性更强的研发设计类工业软件的影响更大。

题 2-2：
自用工业软件商业化需要经历哪些步骤？

纵观国外工业软件的发展历程，我们不难发现，全球顶尖的工业软件基本起源于军工企业或汽车企业。20 世纪 60 年代，军工企业和汽车产业进入了蓬勃发展时期，人工制图已经无法满足越来越复杂的产品需求，这些领域的很多巨头企业纷纷开始依据自身需求开发工业软件。尤其是冷战时期，美国为了缩减昂贵的军用软件开支，开展军民融合，洛克希德 • 马丁等公司借机进入了工业软件领域。这一时期比较典型的工业软件代表，包括美国洛克希德 • 马丁公司投资开发的 CADAM，美国麦道公司开发的 UG，法国达索系统公司开发的 CATIA，西屋电气太空核子实验室开发的 ANSYS，NASA 开发的著名的有限元分析软件 Nastran 等。事实上，洛克希德 • 马丁公司是美国最大的工业软件公司。这一时期开发的工业软件基本是企业自用，开发人员基本来自企业内部，对企业的需求了如指掌，并在其持续应用过程中不断迭代和打磨。随着企业内部的规模化应用，以及多年的迭代升级，这些工业软件逐渐成熟。企业逐渐从中发现了商机，于是将工业软件部门独立出来，或者专门成立公司，将这些工业软件推向市场，开启了商业化进程。

基于工业软件客观发展规律，结合国外先进经验，一款工业软件从诞生到商业化应用通常需要经历以下 3 个阶段。

一、软件开发阶段

工业软件具有投资大、周期长、技术门槛高、应用和维护复杂等特点。国外工业软件企业每年都要拿出不菲的资金，少则上千万美元，多则几亿美元，用于软件的研发、技术更新与功能升级等。2021 年，全球领先的工业软件公司研发费用占比几乎都高于 10%，更有甚者达到 35%。以 EDA 行业为例，摩尔定律的演进推动着芯片制造工艺不断升级，从 28nm 到 14nm，再到现在的 2nm，这对 EDA 设计软件的要求也越来越高。EDA 软件企业需要持续投入研发费用，使得软件能满足先进制程芯片的设计需求。全球 EDA 巨头 Synopsys

本篇作者：施战备、李锋

研发费用占比在2011—2021年连续10年超过20%。另外，工业软件是工业技术的软件化，一款优秀的工业软件不但需要有深厚的工业技术积累，还需要有培育工业软件的沃土，即高度工业化的行业领军企业。

由此可见，想要在工业软件领域建立和保持竞争壁垒，企业就需要紧贴工业需求，跟进工业发展现状，以及持续的研发投入。企业在决定自主研发工业软件前，需要认真审视自身的工业技术积累、投资规模、应用前景等因素。然后，再深入分析业务需求和应用场景，明确业务目标和产品路标，设计相应的软硬件技术架构，制订详尽的开发计划，再依此逐步开发实现。

二、应用迭代阶段

工业软件服务于制造业，随着工业技术的不断发展，要求工业软件持续迭代和更新，以匹配最新的工业需求，这也是工业软件保持生命力的关键所在。从欧美工业软件的发展历程来看，几乎每一款顶尖的工业软件背后都有一个与之陪跑的制造业巨头，例如，达索系统的CATIA三维设计软件和达索航空一起成长，最后成为飞机设计的全球标准软件。只有工业软件与制造业实际业务紧密结合，并在实际应用过程中持续为产品或业务带来价值，逐渐为企业和最终用户所接受和认可，才有可能持续打磨和并得到迭代升级的机会。

对于一款企业自主研发的新工业软件，这一过程尤为关键。企业本身就是一块良好的试验田，应采用由点到面，由浅入深，分阶段按计划部署应用，从软件功能、技术架构、系统性能、易用性等多维度全方面进行验证，再历经多年的持续迭代和改进，最终才能打磨出一款稳定、可靠又实用的工业软件。

三、商业化阶段

企业自主研发的工业软件，只有在企业内部得到充分验证，将自身打造为一个样板工程后，才有可能被市场接受，迎来商业化的契机。实现商业化的手段非常多样，可以投资成立子公司用于孵化商业化工业软件，可以成立合资公司进行商业化运作，甚至采用被商业公司收购等方式。进入商业化阶段后，需要将焦点从企业内部转移到企业外部，从一个行业逐渐延伸到跨行业，从一个工业软件产品衍生出多个产品，逐渐形成产品生态。在这一过程中，工业软件仍然需要与工业紧密结合，通过持续的研发投入，保持软件产品的持续迭代和创新，从用户中来，回到用户中去，为企业数字化转型持续赋能。

综上可以看出，自用工业软件要想实现商业化，两个要素是必不可少的，一是软件产品本身的功能特性能够满足客户需求，二是要有一套行之有效的商业化运作机制和商业模式，只有真正在市场上验证了产品的价值，才算是实现了产品的商业化。

题 2-3：推动工业软件发展的外部需求？

当前工业软件的发展，需要立足工业产业链供应链安全需求，响应工业技术发展大趋势，融合科研机构和人员的探索，并服务于行业和企业的迫切需求。因此，工业软件的需求大致来源于以下 4 个方面。

一、工业产业链供应链安全需求

工业软件被列为当前科技攻关最紧急、最迫切的问题，同时关乎国家急迫需要和长远需求，与基础原材料和高端芯片等并列，彰显了巨大的战略价值。我国军工领域的一些企业曾被美国禁止购买一些细分行业的专用工业软件。例如，美国政府从 STK 7.0 版本开始对中国实施禁运，美国 EDA 软件暂停对华为的授权和更新等。此外，我国工业发展过程中积累了海量的工业知识数据，正在被国外软件企业收集，一旦被滥用将危害信息安全和国防安全。因此，为更好支撑制造强国发展战略，我国密集推出了促进工业软件发展的政策，极大促进了我国工业软件产业的发展。

二、工业技术发展的推动需求

工业软件作为信息技术一个重要分支，是工业技术软件化的产物，是先进技术的融合体现。工业、数学、物理、计算机科学等知识或技术的革新，都会促进工业软件的更新迭代。例如，Web 技术的发展和成熟，使得工业软件从 C/S 部署发展到 B/S 部署；云计算的发展重构了软件的开发模式和运维模式，推动了工业互联网的发展，使工业软件可以基于云端提供服务，工业 APP 应运而生。人工智能技术和大数据技术的快速发展，使得工业软件从基础的数据收集和手动应用转向更加“智能化”的操作，提高了数据分析能力和智能决策能力。此外，传感器技术、物联网技术的发展，使得数字孪生成为可能，推动了 MES 和数字化工厂等软件中“虚实”融合的发展趋势。

本篇作者：梅敬成

三、工业领域发展的业务需求

工业软件的生命力来源于软件与工业需求深度融合和应用数据的大量积累。从国内外高端工业软件企业发展历程来看，知名工业软件都来源于各个工业领域，起源于行业业务需求，并通过工业实践的总结推动工业应用持续迭代改进，在大量工业企业用户的使用与反馈中发展壮大。例如，研发设计类工业软件CATIA，起源于航空航天行业，其最大的标志性客户为美国波音飞机；UG软件起源于美国麦道飞机公司，成熟于美国通用汽车公司。因此，工业软件应用于各种工业行业的软件技术和产品，只有深耕行业、熟悉行业细分流程、透彻理解行业知识、把握行业市场发展趋势，工业软件产品才能具有很强的生命力，这也是工业软件企业做强之道。

四、科研机构和人员的探索需求

近年来，工业软件的“短板”问题不断引起各方重视，加快工业软件的国产化呼声四起。据分析，国产工业软件在工业设计、仿真、测试和生产制造类工业软件方面，与国际第一梯队相比差距较大。因此，工业软件的发展，必须同国家需要、市场需求相结合，完成从科学研究、软件开发、推广应用的三级跳，发挥科研机构、高校、高科技企业资源优势，积极推进“产、学、研、用”相结合的模式，推动工业软件技术前沿化、市场化、国际化，实现国产工业软件的跨越式发展。

题 2-4：工业软件与互联网软件开发思维有何不同？

自 1994 年我国正式接入国际互联网，中国互联网经历了从信息建立与传输阶段（1994—2000 年）的四大门户时代，到信息应用与网民崛起（2000—2008 年）的网游时代，再到社交与移动互联网（2008—2014 年）的智能手机时代，最后到应用与概念并行、智能化兴起的时代，30 年波澜壮阔的飞速发展，彻底改变了人们的生活方式。中国互联网飞速发展的背后，互联网软件开发思维功不可没，那么我们能否在工业软件领域复制互联网思维，实现工业软件的高速发展呢？我们归纳了工业软件和互联网软件开发思维的六大差异，具体如下。

一、业务思维与用户思维

业务思维是研发工业软件的首要因素，工业软件是为辅助人们进行工业产品设计、生产制造、运行维护而生的，其主要目标是满足工业流程和业务的要求。例如，CAD 软件用于提高工程设计制图效率；CAE 软件用来分析或优化复杂工程产品的多学科性能；工业嵌入式软件应用在数控装置、可编程逻辑控制器、工业机器人等领域，解决数据采集、控制和通信等问题。工业软件开发人员始终把解决工业领域的业务问题摆在首位。

互联网软件则更加注重用户思维，强调深入了解用户的痛点和欲望，并不断改进产品和服务以满足用户的期望。用户体验和用户满意度直接关系到产品能否成功。例如，短视频软件为了迎合用户在碎片化时间的娱乐需求，投入了大量的人力、物力，提升用户观看视频的体验，持续监测用户反馈和数据，不断优化其推荐算法和产品功能。

二、标准思维与创新思维

标准化是现代工业设计的基础，任何一个 M12 型号的螺母都可以和放在世

本篇作者：刘奇、赵祖乾、李晨鹏、胡胜军

界任何一个角落的 M12 的螺丝拧在一起，一台机器在世界任何一个角落都可以标准化组装。有了这个基础，手工业作坊才有可能转变为大工业生产。因此，工业软件在设计和开发时，要时刻考虑行业内的标准规范。系统设计仿真软件开发时应考虑行业内建模语言的标准规范支持，如 SysML 语言规范、Modelica 语言规范；汽车行业软件研发要考虑对 ISO 26262、AUTOSAR 等流程、架构规范的支持。支持标准的工业软件会受到市场更高的认同。

互联网则更注重创新，鼓励创新实验，尝试新功能、新技术，打破现有模式，颠覆传统，以寻求更好的市场机会。

三、可靠思维与敏捷思维

工业软件开发在所属领域中帮助用户完成设计、编程、监控、管理等内容，追求运行稳定性、数据可靠。软件产生的微小数据偏差会极大地影响后续制造、生产等流程。另外，嵌入式工业软件需要实时与硬件进行交互，保持和现实世界时间的统一，因此工业软件开发时需要考虑高度可靠性和实时性。例如，为追求软件的稳定性，MATLAB 一年只发布 2 个版本；为保障可靠性，嵌入式工业软件严格控制内存的申请和释放。

互联网追求一个“快”字。先上线、后迭代，快速推出最小可行版本，之后根据用户需求和反馈进行软件产品动态调整。软件开发通常采用敏捷开发模式，以用户的需求为核心，采用迭代、循序渐进的方法进行软件开发。典型案例就是小米公司的产品，从一开始就让用户参与进来，然后不断地更新和优化产品。

四、可控思维与变化思维

工业软件特别强调可控。不但要求运行结果可控，开发过程也要可控，追求全生命周期的可预测性。工业软件对使用的场景、运行的环境都有明确的预判，对组件的技术成熟度、操作的流程都有严格的要求，追求不变量或变量要少，要进行充分的变化影响性分析，考虑各种极端情况，确保处理措施安全。

互联网软件开发强调适应和应对变化。企业相信变化可以带来机遇和创新，更加积极主动地寻求新的解决方案，勇于尝试新的方法。例如，互联网软件采用的框架、组件、部署方式等每隔一两年就会革新一次，这在传统工业软件研发中是不可想象的。

五、专业思维与大众思维

工业软件面向的是各领域的专业用户，他们之间进行沟通交流会使用专业的术语和符号。软件开发时不仅要实现专业的功能、性能，还要考虑软件中文字、视图表达的专业性，软件操作要符合行业习惯。

互联网软件通常要面向最广大的用户，要从最广大用户的角度思考问题，软件要避免过多的复杂功能和冗长的操作流程，提供最简单易用的界面，让用户能够快速上手并可轻松使用。

六、设备化思维与社会化思维

工业软件更多面向机器设备和生产，并与机器交互，如内存的申请释放、寄存器的操作、机械手的控制等。设计时往往需要了解硬件的参数、极限值，考虑机器的稳定性及其他各项性能等，在满足业务的情况下保持高性能。

互联网软件更注重社交网络服务（SNS）、社群经济、“圈子”。由于社交化产品有着良好的商业拓展性，而且有着可观的商业变现潜质，通过社交关系所创造出的模式能不断和互联网其他行业结合，并产生价值。互联网软件更多考虑社交性，打通用户的传播通道，吸引更多用户，例如，拼多多的邀请好友、微信的朋友圈分享、抖音的在线直播等功能。

虽然工业软件和互联网软件开发思维各有所侧重，但并不是非此即彼的二元对立关系。工业界可以借助互联网的特征，以网络为基础、平台为中枢、数据为要素、安全为保障，进行工业数字化、网络化、智能化的变革。工业软件可以借鉴互联网的思维优点，形成新的“工业互联网思维”，例如，利用互联网平台思维，打造通用的工业软件平台，融合工业生态；学习互联网的极致思维，把产品服务和用户体验做到极致，增强用户黏性，提升我国工业软件的竞争力。

题 2-5：研发一款工业软件所需工业资源？

工业软件不能脱离工业企业而存在，其来源于工业需求的驱动，依赖于工业数据的训练，茁壮于工业知识的凝练，优化于工业应用的反馈，工业软件的资源输入如图 2-1 所示。因此，研发一款工业软件离不开工业需求、工业数据、工业知识和工业应用的资源输入。

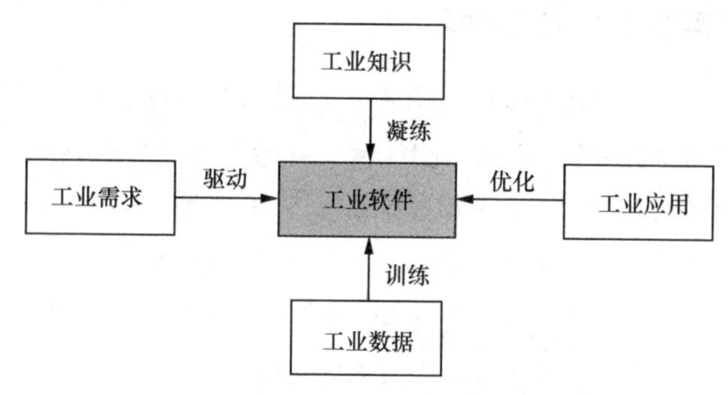

图 2-1　工业软件的资源输入

一、工业软件需要工业真实需求的输入

工业企业自身的产品设计、生产制造与经营管控等复杂需求催生并推动了工业软件的发展。工业软件一般起源于高端制造业的真实需求，并随着解决更多的需求场景而不断进行更新、迭代，逐渐演变成了今天门类众多的工业软件市场格局。20 世纪 60 至 70 年代，随着计算机开始应用，诞生了很多知名工业软件，这些工业软件基本上都是工业巨头企业根据自己产品研制上的迫切需求而自己开发或重点支持的，这些软件的成长都离不开工业需求的驱动作用。国内的工业软件研发也具有相同的发展历程，例如山东山大华天软件有限公司的 PLM、CAPP 等系列产品也起源于福田汽车的真实需求，并在制造企业的成长过程中，不断响应新的工业需求而迭代升级。

本篇作者：梅敬成

二、工业软件需要工业数据的输入

工业软件应用于工业生产经营过程，计算、记录并存储工业活动所产生的数据。工业软件承载着工业数据采集和处理的任务，在一些高端研发系统中，如CAE分析所需的材料数据、风洞实验数据等工业数据都是经过多年积累并不断修正得到的，能保证产品研发质量并有效缩短产品研制周期，它是工业软件的价值所在。特别是在大数据时代，工业数据已经成为决定工业软件价值的战略性资源。

三、工业软件需要工业知识的输入

工业软件源于工业领域的真实需求，是对工业领域各类知识的积累、沉淀与高度凝练。工业软件是工业知识的最佳“容器”，工业知识包含工业领域知识、行业知识、专业知识、工业机理模型、数据分析模型、标准和规范、最佳工艺参数等，它们组成了工业软件的基本内涵。只有将高端制造业的工业知识融入工业软件之中，这款工业软件才能由雏形进化到羽翼丰满，并具备一定的先进性。从工业软件的研发角度而言，只掌握计算机专业知识却没有丰富的工业知识和经验积累，是难以研发出先进的工业软件的。

四、工业软件需要工业应用的输入

工业软件是用出来的，任何一款工业软件，如果没有工业界用户的深入应用，就很难成熟。例如，很难发现顶层设计缺陷、机理模型的算法缺陷，很难获得适合于某种专业性的潜在研发改进需求，很难获得工业界新出现的Know-how（诀窍）型知识等。通过工业软件企业和工业企业深度互动，工业企业不间断地使用工业软件，反馈各种软件问题和改进建议，工业软件企业有序地根据需求和缺陷去优化软件代码和程序，从而实现工业软件的快速迭代优化。例如，CATIA诞生于幻影飞机的研制过程，并一直在达索航空的主导下发展，达索航空既是需求提供者、使用者，又是软件的开发者。在国内，中国航空工业集团原首席顾问宁振波提到采用PC版的CATIA V5开展飞豹设计时的场景，仅在2000年一年就发现了CATIA V5版本的900多个问题，达索系统及时给予解决，“从这个意义上来讲，三维设计软件是用出来的，在用的过程中不断地发现问题、解决问题、版本升级，这个软件就成熟了”。

除上述资源输入以外，研发一款工业软件，还需要大量的资金、设备、人员等资源，特别是需求分析师、软件架构师、开发工程师、测试工程师等高端人力资源。

题 2-6：模型和算法对工业软件的重要性？

工业软件的主要功能有 3 个，分别为输入数据、计算数据、输出数据。输入数据、输出数据，需要按照指定的数据格式、参数数量等来完成。计算数据，需要按照事先给定的模型、算法和推理规则等来执行。如果没有映射工业过程中各种业务属性和基本作业规律的模型和算法，工业软件就失去了为工业过程或工业产品赋能的基本作用。

一、模型是工业软件的灵魂

模型是工业软件的生命力所在，没有模型就没有工业软件。模型来源于工业实践过程，来源于具体的工业场景，是对客观现实事物某些特征与内在联系的一种模拟或抽象，往往以数学或物理公式的方式展现出来。模型由与其分析问题有关的因素构成，体现了各有关因素之间的关系。工业软件核心优势是对模型类知识的高频复用。

无论是传统架构还是新型架构的工业软件，或者是近年兴起的工业互联网平台 / 工业 APP 软件，都会用到各种形式的数据模型、算法、推理规则、标准、数据等可复用知识。这些深藏在工业软件中的数字化知识，承载于比特数据流中，根据软件定义的规则，在网络上高速流动，通过对各种系统赋能而形成先进的数字生产力。

模型可以分为数学、逻辑、结构、方法、程序、数据、管理、分析、系统、实物等类别。除去实物模型，其他模型都可以用目标、变量、关系来表达，以特定算法的形式写入工业软件。工业软件常用模型为机理模型和数据模型。机理模型是根据对象、生产过程的内部机制、物质流的传递机理等方式建立起来的精确数学模型。机理模型表达明确的因果关系，是工业软件中最常用的模型。数据模型是在大数据分析中通过降维、聚类、回归、关联等方式建立起来的逼近拟合模型。数据模型表达明确的关系，在大数据智能兴起之后，也经常以机

本篇作者：赵敏

器学习算法的形式被应用于工业软件和工业互联网之中。

在复杂的工业过程中，由于某些条件的限制，单独使用机理模型未必能达到最佳效果，因此在不少业务场景中，企业往往把机理模型和数据模型结合使用。关于模型的应用，业界专家是有共识的——能用线性模型解决问题的，就不要用非线性模型；能用简单模型解决问题的，就不要用复杂模型；能用机理模型解决问题的，就不要用数据模型。模型需要在实际应用中反复打磨和调优，机理模型与数据模型相互融合是一个发展趋势。

二、算法是工业软件的精髓

算法是计算机解决问题的清晰指令，是在有限步骤内求解某一问题定义的明确规则。例如，形成明确的解题思路是推理实现的算法，编写计算机程序是操作实现的算法。只要能够给出规范的输入，在有限时间内即可通过算法获得所要求的输出。因此算法比模型更加具体，更加接近计算机的实际操作，而模型更抽象，更加接近各种数理化原理与公式。

36 氪曾刊发一篇标题为"失控的算法：自己写下的代码，却进化成了看不懂的样子"的文章，作者这样介绍算法："从根本上来说，算法是一件小而简单的事情，是一种用于自动处理数据的规则。如果 a 发生了，那么做 b；如果没有，那就做 c。这是传统计算的'如果 / 那么 / 否则'逻辑。从本质上讲，计算机程序就是这种算法的捆绑包，一种处理数据的配方。"从上述描述来看，算法是最容易写入软件程序，同时又反映了人类的思考过程，并且可以一直快速更新的一种事物，如人们经常提到的 AI，就是一种智能算法。

三、推理是工业软件的思辨

推理是人类智力思考（人智）的基本形式之一，是由一个或几个已知的判断（前提）推出新判断（结论）的过程。在形式上有直接推理、间接推理、正向推理和反向推理等。推理规则是指把相关领域的专业知识形式化地描述出来，形成系统规则。在数理逻辑中，推理规则是构造有效推论的方案。这些方案建立在一组叫作前提的公式和叫作结论的断言之间的语义关系上。这些语义关系用于推理过程中，从已知结论推导出新结论。推理所用的语义关系与推理计算机编程高级语言中的语义关系完全一致，因此，可以很容易把人的思考过程，嵌入工业软件中去。

综上所述，模型、算法和推理之间的基本关系是，推理会用到算法，算法包含了模型。它们彼此之间更复杂的关系不在此展开论述。以模型、算法、推理规则及关键数据设定好的工业软件程序，是对人的思考过程的模仿、增强与超越式呈现，是对大自然客观规律在数字世界的精准刻画、优化迭代和孪生式复现。模型、算法和推理让工业软件具有了类人的智能思考能力。

题 2-7：工业软件常见开发模式？

工业软件类型众多，开发模式也不尽相同，常用的开发模式有瀑布式开发模式、敏捷式开发模式、螺旋式开发模式、微服务开发模式、云原生开发模式等。各种开发模式不是天然分割的，只是针对不同业务各有侧重，在不同的设计阶段根据市场情况、需求功能、团队能力进行融合应用。

一、瀑布式开发模式

在工业软件发展过程中，瀑布式开发模式是早期被广泛采用的软件开发模型，要求有明确的需求，按照需求一步步做好规划，每一阶段工作的完成是下一阶段工作开始的前提，每一阶段都要进行严格的评审，保证各阶段的工作做得足够好时才允许其进入下一阶段，它适用于需求明确的软件开发，如常见CAD/CAE 软件中的求解器、编译器、工具箱等模块。

瀑布式开发模式为软件开发提供了流程化的开发方法，遵照线性顺序工作，如图 2-2 所示。

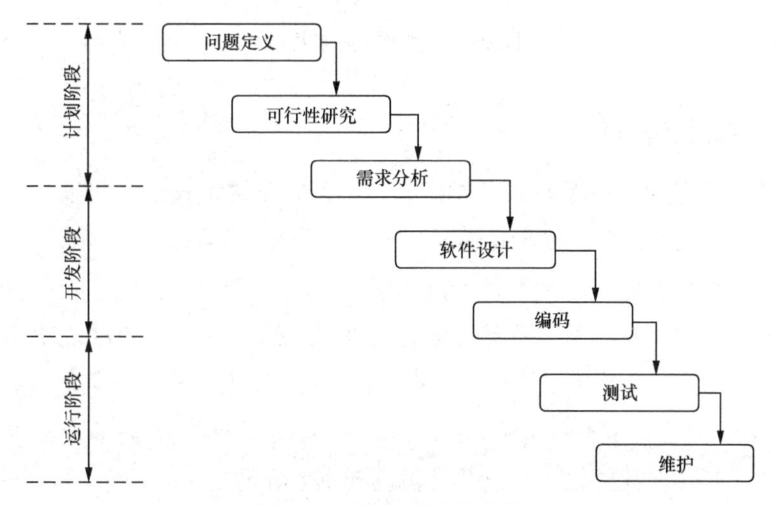

图 2-2　瀑布式开发模式

本篇作者：刘奇

二、敏捷式开发模式

敏捷式开发模式是一种应对快速变化的需求的一种软件开发能力。相对于"非敏捷",它更强调程序员团队与业务专家之间的紧密协作、面对面的沟通（认为比通过书面的文档进行沟通更有效），能够频繁交付新的软件版本。这种紧凑而自我组织型的团队能够很好地适应需求变化进行代码编写和团队组织，也更注重软件开发中人的作用。

敏捷式开发模式采用迭代 / 增量开发的过程模型。它是一种以人为核心、迭代、循序渐进的开发方法。组织上，软件项目的构建被切分成多个子项目，各个子项目的成果都经过测试，具备可集成和可运行的特征。时间上，相对于传统的瀑布式开发，迭代开发把软件生命周期分成很多个小周期（一般不大于 2 个月，建议 2 周），每一次迭代都可以生成一个可运行、可验证的版本，并确保软件不断地增加新的价值，敏捷式开发模式如图 2-3 所示。

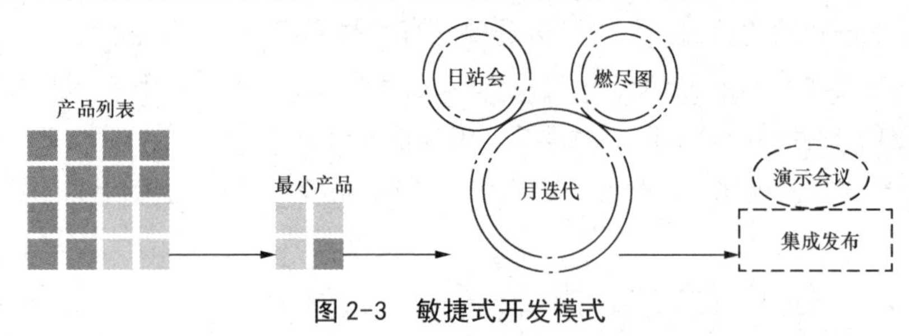

图 2-3　敏捷式开发模式

三、螺旋式开发模式

螺旋式开发模式将瀑布式开发模式和敏捷式开发模式结合起来，强调了被其他模型忽视的风险分析功能，特别适合于大型复杂的系统。

螺旋式开发模式尤其注重风险分析阶段，适用于庞大且复杂、高风险的项目，"螺旋模型"的核心就在于不需要在刚开始的时候就把所有事情都定义得清清楚楚。软件开发初期只定义最重要的功能并实现它，然后听取客户的意见，之后再进入下一个阶段。这个过程不断循环重复，直到得到满意的最终产品，如图 2-4 所示。

螺旋式开发模式的软件开发通常由以下 4 个阶段组成。

（1）制订计划：确定软件目标，选定实施方案，梳理项目开发的限制条件。

（2）风险分析：分析评估所选方案，考虑如何识别和消除风险。

（3）实施工程：实施软件开发和验证。

（4）客户评估：评价开发工作，提出修正建议，制订下一步计划。

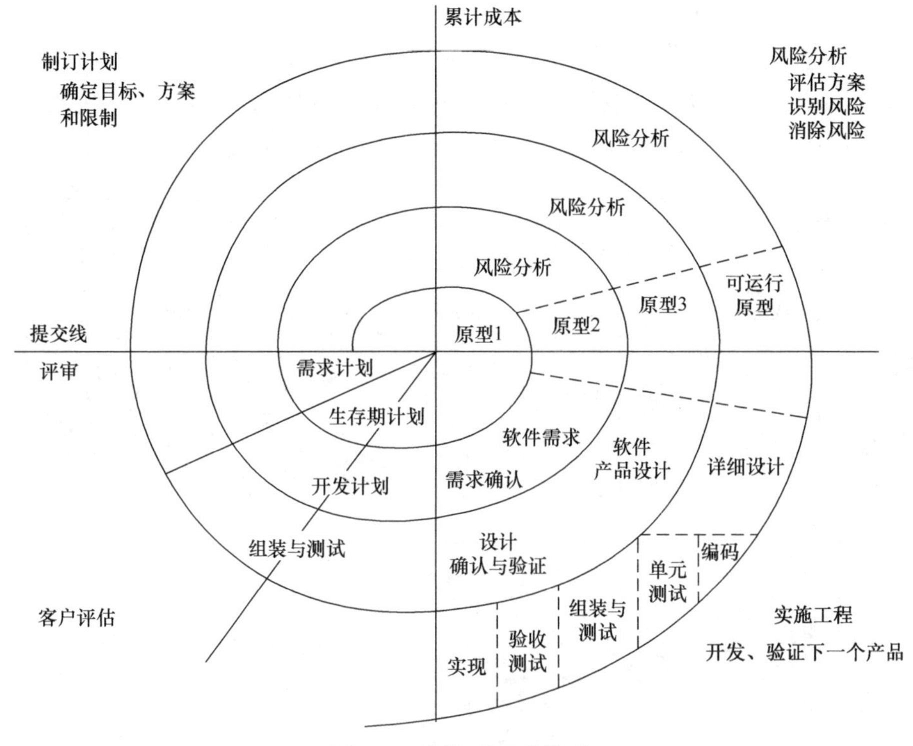

图 2-4　螺旋式开发模式

四、微服务模式

微服务是一种软件架构风格，它是以专注于单一责任与功能的小型功能区块为基础，利用模块化的方式组合出复杂的大型应用程序，各功能区块使用与语言无关的 API（应用程序接口）集相互通信。

为了满足企业动态多变的业务需求、提高开发效率和业务扩展能力，软件工程的从业者在单体架构的基础上提出了面向服务的软件开发方法。这一新方法使用相互独立的服务作为构建应用程序的基本单元，可以在不影响系统运行的情况下对服务进行增删和修改，从而实现软件产品的快速构建和动态调整。此外，每个服务都可以选用最合适的技术体系进行独立开发，有助于提升软件开发和维护的效率。

微服务模式是面向服务软件开发的趋势，通常采用去中心化的服务管理方式，在传统面向服务开发模式的基础上进一步降低了系统的耦合度。微服务还充分借鉴了云计算、容器技术以及 DevOps 等新的实践方式，提高了每个服务的可伸缩性，能实现服务的快速部署和更改。

微服务平台开发基于微服务架构，微服务平台通过将功能分解到离散的各个服务当中，从而降低系统的耦合性，并提供更加灵活的服务支持。传统系统架构如图 2-5 所示，基于微服务平台的系统架构如图 2-6 所示。

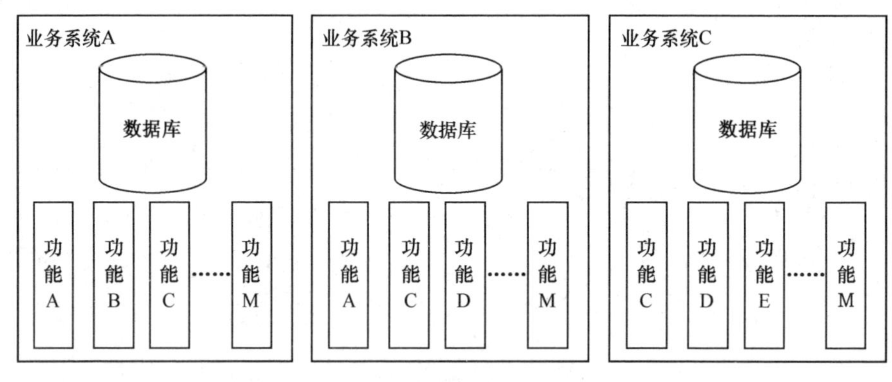

图 2-5　传统系统架构

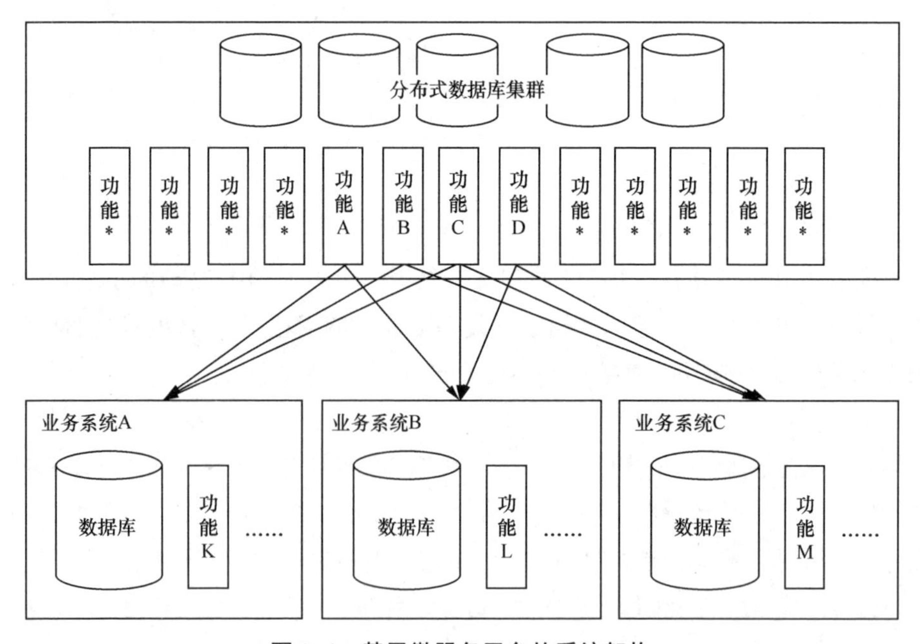

图 2-6　基于微服务平台的系统架构

基于微服务平台的系统架构提供了基础组件，基础组件最初用于代码重用，功能相对单一且独立，在整个系统中的代码层次上位于最底层，被其他代码所依赖，所以说组件化指纵向分层。企业可根据提供的基础组件及核心业务需求，定制化开发出符合要求的业务组件，并在项目中实现高可复用性。

五、云原生开发模式

云原生开发模式基于云原生架构开发，云原生架构是一种创新的软件开发方法，专为充分利用云计算模型而设计。它使组织能够使用微服务架构将应用程序构建为松散耦合的服务，并在动态编排的平台上运行它们。因此，基于云原生应用程序架构构建的应用程序是可靠的，可构成一定规模和满足性能需求，缩短上市时间。

企业使用云原生架构能够在公有云、私有云或混合云等动态环境中构建和运行可扩展的应用。代表技术包括容器、服务网格、微服务、不可变基础设施和声明式 API。这些技术能够构建容错性好、易于管理和便于观察的松耦合系统。结合可靠的自动化手段，云原生技术使工程师们能够轻松地对系统作出频繁和可预测的重大变更。

通常，开发软件系统代码包含三部分，即处理业务逻辑的代码、第三方依赖代码、处理非功能特性的代码。这三部分中只有处理业务逻辑的代码真正产生业务价值，另外两个部分都只算附属物。软件规模越大、非功能特性要求越复杂，非业务代码开发量越大，复杂度越高，系统迭代会越来越缓慢，成本业务越来越高。所以，在软件规模较大、功能复杂的情况下又要保证敏捷迭代，就需要将非业务代码尽可能剥离出来，利用可靠的第三方托管服务来提升开发效率和系统质量。而云平台提供了用于处理非功能需求丰富的服务和组件，所以利用云原生架构即可充分利用云平台上的各类资源，可以很好解决这方面的问题。

综上，传统的研发设计类的软件如 CAD、CAE 软件标杆 ABAQUS、ANSYS 和传统的生产设计软件标杆 SCADA 系统都是以瀑布式开发模式对软件主体进行设计，但随着时间的推移和技术的进步，体积庞大的软件也不得不使用螺旋式开发模式或敏捷开发模式来应对模块化及定制化要求。现阶段云原生设计模式的推出，更是满足了云设计、云仿真、云工艺、云制造、云运营、云管理等需求，使得工业设计、生产、经营全面进入云原生时代。

题 2-8：
工业软件常用典型架构？

工业软件架构就是工业软件的基本结构，描述了构成一个系统的主要元素及它们之间的主要关联，这些元素和关联能够反映该系统的本质特征。工业软件架构至少包括两个不同的子架构，即横向的业务功能架构和纵向的技术架构。

一、业务功能架构

业务功能架构是从软件使用的角度进行定义的，业务功能架构图是一种表达业务层级和关系的工具。

业务功能架构服务于业务目标，通过描绘业务上下层关系，梳理一整套完整、简单的业务视图，降低业务系统的复杂度，提高客户理解度，最终给客户最佳的业务体验。

CAX 工业软件业务功能架构由操作系统、组件 / 中间件、应用软件等构成，如图 2-7 所示。

二、技术架构

技术架构则是从软件的实现上进行定义的，如 B/S 结构、*N* 层体系结构等，每种结构都有其表现形式。经典的架构模式超过 20 种，设计模式更多，常用的技术架构如下。

1. 分层架构

分层架构是最常见的软件架构，也是事实上的软件标准架构。分层架构将软件分成若干个水平层，每一层都有清晰的角色和分工，最常见的是 4 层结构，如图 2-8 所示。

2. 事件驱动架构

事件驱动架构就是通过事件进行通信的软件架构，状态发生变化时，软件发出通知，触发相关的操作，如图 2-9 所示。

本篇作者：李锋、陆云强

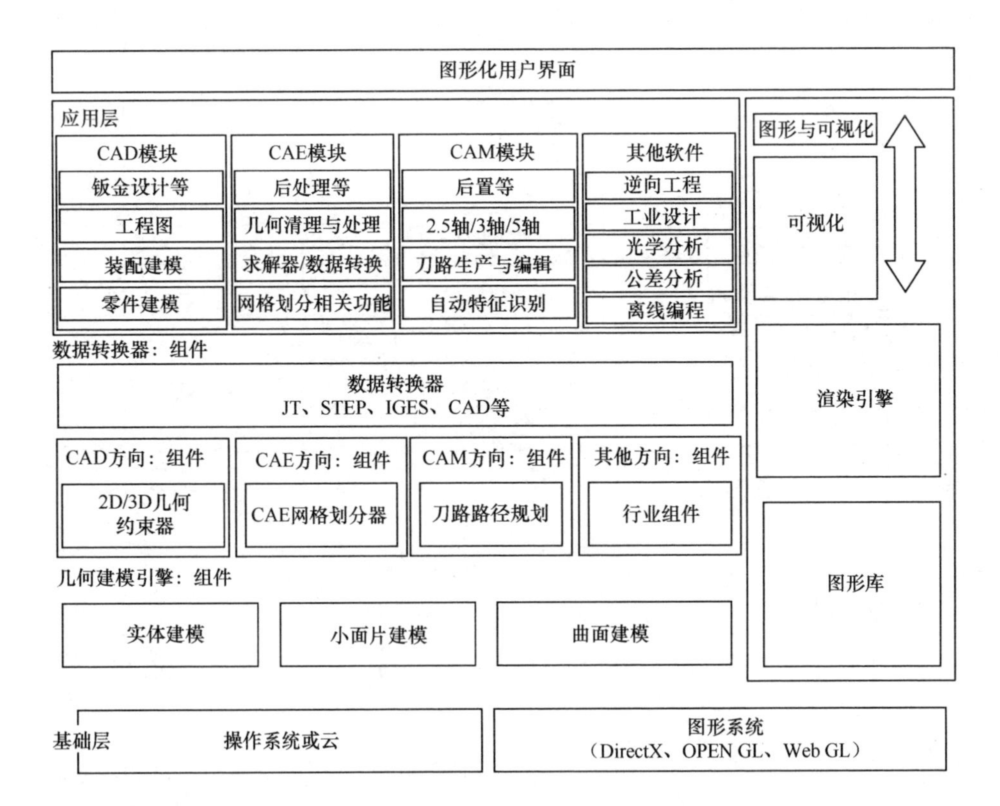

图 2-7　CAX 工业软件业务功能架构

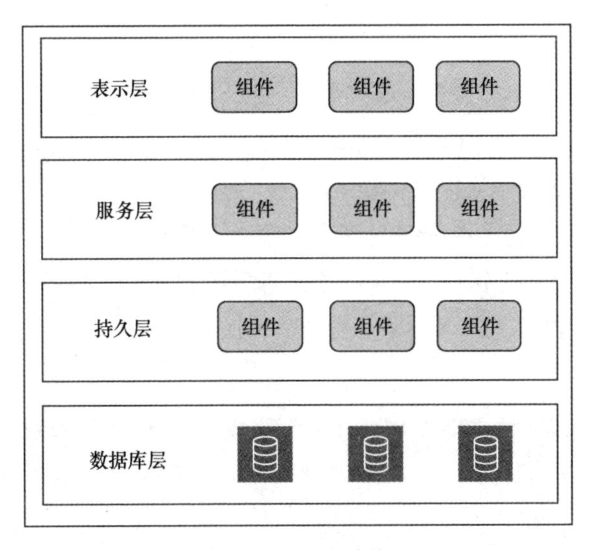

图 2-8　4 层结构

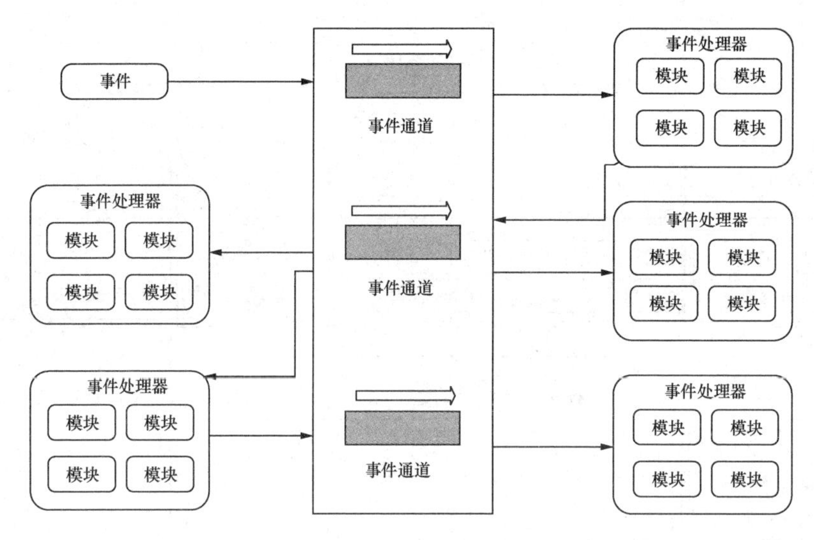

图 2-9　事件驱动架构

3. 微核架构

微核架构又称为"插件架构"，指的是软件的内核相对较小，其主要功能和业务逻辑都通过插件实现，如图 2-10 所示。

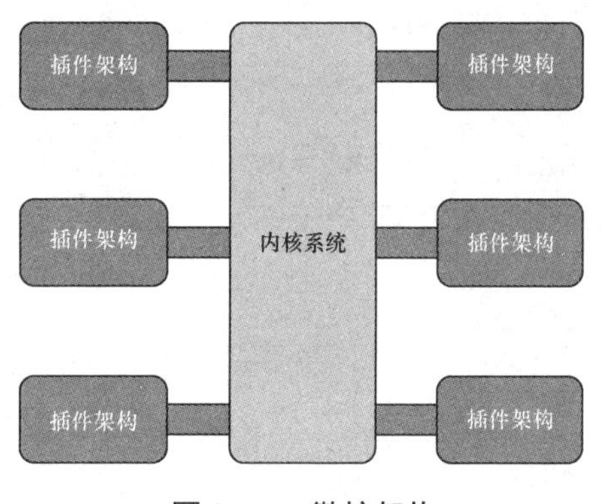

图 2-10　微核架构

4. 微服务架构

微服务架构是面向服务的体系结构（SOA）的升级。每一个服务就是一个独立的部署单元。这些单元都是分布式的，互相解耦，通过远程通信协议联系。微服务有很多好处，每个微服务功能相对独立，低耦合，易于实现系统功能的组件化和服务化，组件化指独立出来的组件可以单独部署、维护和升级且不会影响其他组件，服务化指以服务为中心、松耦合的服务化架构，如图 2-11 所示。

5. 云架构

云架构是最容易扩展的架构，主要解决扩展性和并发的问题。云架构的核心是数据库去中心化，数据变成可复制的内存数据单元。业务处理能力封装成一个个处理单元，如图 2-12 所示。

对于云架构，大家应该会经常看到 3 个非常相似的缩写，IaaS（基础设施即服务）、PaaS（平台即服务）和 SaaS（软件即服务），这是云计算的 3 种服务模式。

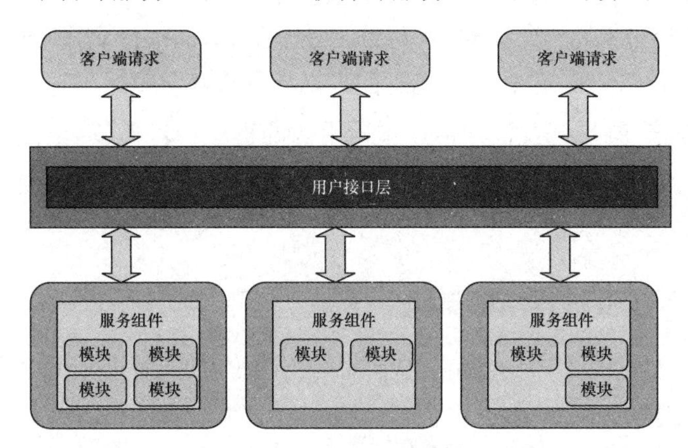

图 2-11　微服务架构

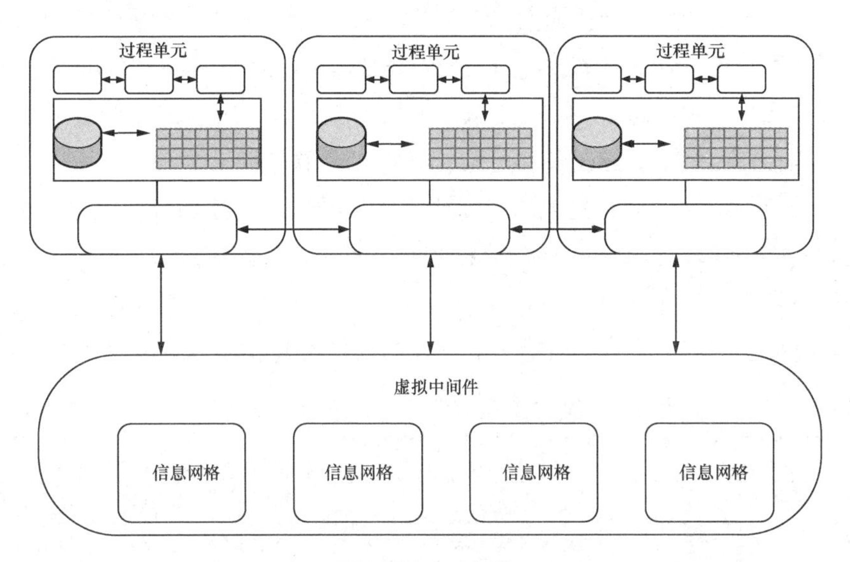

图 2-12　云架构

IaaS：如果把云计算理解为一栋大楼，那么 IaaS 就是这栋大楼的底层部分。IaaS 主要提供托管的 IT 基础架构、供用户调配的处理能力、存储、网络和其他基础计算资源。IaaS 提供商运行并管理此基础架构，用户可以在此基础架构上运行选择的操作系统和应用程序软件。

PaaS：PaaS 是"云计算大楼"的中层部分，通过其名称可以知道这是为用户提供一个平台来开展工作的云计算。PaaS 为用户提供一整套工具软件，可以让开发人员便捷地开发程序应用，不用花费巨资购置整套软件，只需要对软件的使用付费即可。并且也不需要担心软件的配置维护等问题，这些云服务商都会替用户解决。

SaaS：SaaS 位于“云计算大楼”的顶部，是云计算市场中最大的细分市场。简单来讲，SaaS 就是把我们日常在本地用到的程序、软件放到云上运行，将应用作为服务提供给用户，用户不必进行安装等繁杂的操作，仅需要通过 Web 浏览器访问就可以使用。

三、不同类别工业软件常用架构

工业软件的网络结构从最初的单机，经过了 C/S（有两层 C/S 和三层 C/S）架构阶段，发展到 B/S 架构，目前已经衍生到混合结构，如 APP、云端等。

研发设计类工业软件（如 CAD/CAE/EDA）绝大部分采用的是分层架构，网络结构以单机和 C/S 架构为主，部分 PDM 采用 B/S 架构，采用云架构的较少；生产制造类工业软件（如 CAM、CAPP、MES、DCS/PLC 等）大多采用分层架构或微核架构，网络也多采用 C/S 和 B/S 混合架构，部分客户端会采用 APP 或小程序；运维服务类工业软件和经营管理类工业软件两者类似，多采用微服务架构或云架构，网络结构也多用 B/S 架构和 APP；目前还涌现一批如云架构的新型架构类工业软件，新型架构类工业软件往往是基于 Web 或云端部署的，从五层体系渐变为扁平化体系，采用松耦合多体化微服务架构，软件功能颗粒度较小同时功能简明或单一，各类工业软件的软件架构和网络结构如图 2-1 所示。

表 2-1　各类工业软件的软件架构和网络结构

软件名称	软件架构	网络架构
研发设计类	分层架构为主	单机、C/S、B/S为主，少量云端
生产制造类	分层架构、微核架构	C/S和B/S混合结构，少量APP
运维服务类	微服务架构或云架构	B/S、APP为主，少量云端
经营管理类	微服务架构或云架构	B/S、APP为主，少量云端
新型架构类	云架构	APP、云端

无论工业软件采用分层架构等传统架构还是新型架构，都在扮演着极其重要的工业基础和工业赋能器的角色，都是现阶段工业产品研发和生产不可或缺的数字化生产要素，未来会逐渐进入两种架构的工业软件长期并存的时期。

题 2-9：
如何保证工业软件开发质量？

工业软件是工业技术/知识、流程的程序化封装与复用。工业技术/知识所包含的工业领域知识、算法库、模型库等技术内容，是工业软件开发的核心价值所在。工业流程来源于工业实践过程、具体的工业场景，将工业软件的某些特征与它们的内在联系抽象成机理模型或者数据分析模型，实现模型的高效最优复用，也是工业软件的核心内容。任何一款工业软件，如果没有工业人员参与开发，就难以明白行业的真正需求，获得领域知识及实践经验，也就很难真正成熟。

一、保证工业软件的开发质量需要选择合适的开发模式

传统的开发模式有瀑布式开发模式、敏捷式开发模式、螺旋式开发模式等。当传统开发模式的单体应用架构无法解决当前工业软件产品开发的技术需求时，可以选择如微服务开发模式、云原生开发模式等。微服务开发模式围绕业务领域组件来创建应用，可独立地开发、管理和迭代这些应用。在分散的组件中使用云架构和平台式部署、管理和服务功能，使产品交付变得更加简单。云原生开发模式利用云计算模型来加快应用开发和交付速度，提高部署灵活性和质量，同时降低部署风险。这种方法在充分利用容器和微服务等创新技术的同时，还能从敏捷开发、DevOps和持续集成/持续部署(CI/CD)等实践中获益。

二、保证工业软件的开发质量需要领域知识经验的管理和传承

工业软件是工业技术/知识和信息技术的沉淀与高度凝练，源于工业领域的真实需求。为了减少重复工作，推动行业高效发展，应该让工业领域的专家与企业宝贵的知识及经验充分共享。知识与经验的管理需要充分考虑知识生产、知识转化、知识应用、知识传承、知识保护等关键环节。在知识的传承过程中，还需要对知识进行迭代验证、试验验证、应用验证，紧跟工业领域潮流，推陈出新。

本篇作者：罗银、朱笛、余晓蕾

三、保证工业软件的开发质量需要严格遵守标准规范

一是应遵守开发过程管理规范，按照软件工程和知识工程要求，加强开发过程的控制管理，包括流程管理、计划管理、文档管理、知识管理等，减少无效返工，提高项目效率和成功率。二是应遵守软件需求规范，按照统一的规范体系编写需求文档，明确工业技术 / 知识、流程的文档要求，相应的业务需求、用户需求、功能需求、非功能需求及工业软件的特定需求规格，确保需求本身的正确性、完整性、一致性、可理解性及可验证性，保证产品的设计有一个正确的、受控的起点。三是应遵守软件设计规范，工业软件设计的优劣在根本上决定了工业软件系统的质量，软件设计规范需要对软件设计过程、设计方法、设计工具及设计要做到的程度进行规定；同时对逻辑设计和物理设计进行详细规定。四是应遵守编码规范，明确编码命名规范、注释原则、编码风格原则、版本管理等要求，降低软件维护过程中的资金成本和时间成本、减少工作交接的交流成本、提高代码质量，为工业软件持续优化打好基础。五是应遵守配置管理规范，做好工业软件开发中各项工作成果（即配置项）的版本管理，以便对其查阅、修改和追溯，配置项主要有两大类：一类是产品的组成部分，如需求文档、设计文档、源代码等；另一类是管理过程中产生的文档，如各种计划、报告等。

四、保证工业软件的开发质量需要选择适合的工具和技术

开发工业软件在采用传统工具和技术的同时，可以根据不同类别工业软件的特点选取新的高效的工具和技术，提高开发效率、保障开发质量。例如，DevOps 重视软件开发人员和 IT 运维人员之间的沟通协作，通过自动化“软件交付”和“架构变更”的流程，使得构建、测试、发布软件能够更快捷和更可靠，并将产品规划、开发编码、构建、QA 测试、发布、部署和维护一体化提升软件交付速度、管控开发全生命周期和质量。有观点认为，低代码开发将是云计算之后的下一场 IT 革命，其只需少量代码或无须编码就可以快速生成应用程序，使得软件开发仅通过“拖、拉、拽”的方式就可以完成，能让掌握工业技术的人员成为工业软件开发人员，为工业软件开发降本增效，是企业数字化发展的强大助力。

五、保证工业软件的开发质量需要建立完善的质量保障体系

高水平工业软件需要企业建立完善的质量保障体系，可有效提高软件产品的质量，降低开发成本和风险，提高用户满意度和市场竞争力。完整的质量管理体系主要包括质量目标、计划、流程等。质量保证即通过对软件开发过程中的各个环节进行质量监控和审核，确保软件开发过程的规范符合质量标准；质量控制即通过质量测量、测试和评估等手段，确保软件产品的质量符合预期要求，并及时发现和纠正质量问题；缺陷管理即建立一套缺陷管理流程，包括缺陷的发现、记录、分析、修复和验证等，以确保及时处理和解决软件缺陷；配置管理即建立一套配置管理体系，包括版本控制、变更控制、配置项管理等，以确保软件开发过程中的各个配置项的正确性和一致性；测试管理即建立一套测试管理体系，包括测试计划、测试用例设计、测试执行和测试评估等，以确保软件产品的测试覆盖和测试效果；过程改进即通过对软件开发过程的评估和分析，发现问题和潜在风险，并制定改进措施，以不断提高软件开发过程的效率和质量。

六、保证工业软件的开发质量需要掌握工业技术 / 知识的工业人员深度参与

在传统的软件开发中，需要需求分析师、系统架构师、数据库管理员、项目经理、软件开发人员、测试工程师、视觉体验工程师等。但在工业软件的开发中，重要的是掌握工业软件领域技术 / 知识的专家、“懂行人”及工程工艺“老师傅”们深度参与整个工业软件开发过程。

总体来讲，通过选择合适的开发模式、管理和凝炼工业知识与经验、严格遵守标准规范、建立严格的质量控制和测试流程、保证复合型人才的参与等措施，可以确保工业软件的开发质量。

题 2-10：
开展工业软件测评的重点？

工业软件测评应重点关注功能、性能、安全性、易用性、可靠性等质量特性是否满足工业用户的需求和预期。基于现有工业软件的标准规范、检测工具与环境支撑能力，建议从以下几个方面开展工业软件的检测与评估。

一、工业软件产品技术来源检测

工业软件产品技术来源检测是指通过特定的方法和工具，对工业软件的技术来源进行检测、分析、识别和溯源，以确保软件技术成分使用的合法性、合规性和安全性。在工业软件开发过程中，常常会使用第三方的软件技术和组件，这些技术和组件可能来源于开源社区、商业公司或个人。其中，开源组件的使用需要遵守开源许可证要求，商业闭源组件的购买和升级需要依托对应组件所属公司，并遵照公司所在国家的法律规定进行合规使用。通过建立工业软件专业样本库，借助软件成分检测分析工具，开展版权、开源许可证、开源代码成分、闭源二进制成分、供应链管理等检测，有效识别工业软件产品组成成分的技术来源，进而综合评估工业软件供应链的安全风险。

二、工业软件产品适配验证测试

工业软件运行环境具有多样性、复杂性，软硬件适配验证需求迫切。从工业软件的软件运行环境来看，工业软件运行在操作系统之上，运行过程需要调用数据库、中间件等基础软件；从工业软件的硬件依赖来看，工业软件依赖于CPU（中央处理器）、显卡、内存、硬盘、通信设备（如串口、并口、网卡等）等硬件。因此，需要开展面向各工业软件与基础软件、硬件设备组合，从“纵向”系统架构方向的垂直软件栈适配验证测试，解决国产工业软件在组合运行环境下的兼容问题。

工业软件在各行业的应用场景差异较大，产品对行业场景的适用能力亟须

本篇作者：徐天昊、余晓蕾

验证。面向行业典型场景，开展水平工具链适配验证，打通研发设计、生产制造、经营管理、运维服务等生命周期环节的数据格式、软件接口、文件格式等，解决国产工业软件在“横向”业务流、数据流的互联互通问题。

三、工业软件产品质量测试

工业软件作为现代工业技术和 ICT 相互融合的成果，对推动工业产品创新发展、确保产业安全、提升国家整体技术和综合实力，起着至关重要的作用。对一套几百万、几千万行代码规模的工业软件来说，一行代码也许微不足道，但即使是一行代码的错误，就可能导致整个软件的运行结果错误，进而造成软件崩溃，系统宕机，甚至是某种运行装备的停工停产。因此，工业软件在功能性、可靠性、安全性、兼容性和可维护性等方面有着极高的质量要求，特别是应用在军工电子和工业控制等领域的嵌入式类工业软件，对可靠性、安全性、实时性要求极高。

在工业软件研发过程中需进行单元测试、集成测试、系统测试等多个阶段的测试，验证各阶段成果是否符合相应的需求，减少软件故障、安全漏洞等缺陷引入。在产品阶段，需要对工业软件产品的功能性、性能效率、可靠性、安全性、兼容性和维护性等质量特性进行全面测试。同时，工业软件源于工业真实需求，“工业属性”是必须保证的最重要属性，必须对工业软件的“工业属性”进行工程化应用验证，即在实际工业应用场景中对工业软件程序化封装的工业技术和知识等进行系统性的测试，从而验证工业软件是否符合用户实际使用需求，确保工业软件产品可用、好用、易用。

四、工业软件产品成熟度评估

工业软件产品成熟度评估的前置条件是开展产品检测，检测提供定量的软件产品技术指标、客观的检测结果。工业软件检测可以依据软件通用质量要求和测试细则［《系统与软件工程 系统与软件质量要求和评价（SQuaRE）第 51 部分：就绪可用软件产品（RUSP）的质量要求和测试细则》（GB/T 25000.51-2016）］，或参考工业软件专用检测规范，如《工业软件测试通用程序及要求》（T/CIE 160-2023）、《工业软件技术来源检测规范》（T/CIE 162-2023），在国家认证认可监督管理委员会（CNCA）批准设立并授权的国家认可实验室机构中，对工业软件产品的技术来源、适配验证能力和软件质量进行测试，并获得对应的

测试报告。

评估是基于检测的结果，结合评价模型，以客观与主观相结合的方式对软件产品评价。为了进一步规范评估过程，需建立相关评估标准[如《工业软件成熟度分级与评估指南》（T/CIE 161-2023）]，以便科学地开展评估工作。按照T/CIE 161-2023工业软件产品成熟度分级与评估标准，从产品的质量、自主率、适配能力、“对标”程度、创新与行业应用水平等维度开展评估，判定产品的成熟度等级。工业软件产品成熟度评估有助于工业企业产品选型，工业软件企业评估自身产品能力水平，进而推动工业软件产业健康发展，提升我国工业软件的自主创新水平。

题 2-11:
工业软件典型安装与部署方式?

工业软件既是先进工业技术的集中体现，同时也是各先进软件技术的交汇融合，软件工程领域的技术进展会加速工业软件安装及部署方式的更新。早期工业软件更多是基于 PC 的单机部署或 C/S 部署，而随着 Web 浏览器技术的发展成熟，很多工业软件从 C/S 架构发展为 B/S 架构；而在今天，云计算的快速发展，催生了大量新形态的工业软件。下面对典型的安装及部署方式进行阐述。

一、单机部署

单机部署是最简单也是应用范围最为广泛的部署方式，指将工业软件直接安装在单个计算机上。早期绝大多数的 CAD 软件、CAE 软件和工业控制软件均采用这种部署方式。单机部署不涉及复杂的网络设置，但其缺点是无法实现系统的分布式和高可用性。

二、C/S 部署

在 C/S 架构中，应用程序分为两部分，即服务器部分和客户机部分。服务器部分是多个用户共享的信息与功能，执行后台服务，如控制共享数据库的操作等；客户机部分为用户所专有，负责执行前台功能，在出错提示、在线帮助等方面都有强大的功能，并且可以在子程序间自由切换。

C/S 架构在技术上已经很成熟，它的主要特点是交互性强、具有安全的存取模式、响应速度快、利于处理大量数据。但是 C/S 架构系统维护、升级成本高，增加了维护和管理的难度。目前，用户交互、图形显示实时要求高的大型工业软件如三维 CAD 等多采用此架构。

三、B/S 部署

随着浏览器技术的发展和成熟，越来越多的工业软件转向 B/S 架构。 B/S 架构采取浏览器请求、服务器响应的工作模式。用户可以通过浏览器去访问工

本篇作者：刘奇、胡胜军

业软件提供的服务。

与采用 C/S 架构的工业软件相比，采用 B/S 架构的工业软件，无须安装客户端软件，简化了客户端的部署与维护工作，更容易保持应用程序版本的一致性；提供了更好的跨平台和跨设备兼容性；此外，B/S 架构对客户端计算机配置要求更低。B/S 模式部署仍是当前重要的部署方式之一，像 ERP、MES、PLM 等管理类工业软件较多采用这种部署方式，软件安装、部署、维护更为轻松简单。

四、分布式部署

对于大规模计算任务、数据密集型处理场景，通常采用分布式部署方式。在分布式部署中，工业软件的不同组件或模块分布在多台计算机或设备上，通过网络连接进行通信和协作。这种方式可以提高系统的扩展性和性能，并增加系统的可靠性。

例如在复杂的有限元分析、CFD（计算流体力学）模拟或多学科联合仿真场景下，单台服务器无法满足计算要求，通常要求工业软件部署在高性能计算集群上，将软件和计算任务分配给多个计算节点，最后将结果整合在一起。

五、云端部署

随着云计算技术的发展，越来越多的工业软件开始采用云端部署方式。在云端部署中，工业软件的运行环境和数据存储在云服务提供商的服务器上，用户可以通过互联网访问和使用软件。

云端部署可以提供弹性和灵活性，可以根据实际需求自动调整计算、存储和网络资源，实现弹性扩展，减少本地设备的维护和管理负担；采用按需付费模式，用户只需支付实际使用的资源和服务，降低了采购、维护成本；在数据与知识沉淀复用等方面也有天然优势，更适应智能化时代发展要求。

云对工业软件而言既是机会也是挑战，国内大部分云化工业软件产品还处于打磨阶段，尚未成为拉动公司营收增长的主力。同时，并非所有的工业软件都适合云化，工业软件是否适合云化要结合用户使用工业软件的业务场景来确定。数据的敏感性和系统复杂度（对算力和数据传输的要求）是评估一款工业软件是否适合云化的两大关键标准。

从工业软件类型来看，大型企业的生产控制流程软件一般都是在封闭的内网中的，公有云会带来稳定性风险，这是企业不愿意去接受的。涉及研发环节的 CAD、CAE 等软件，由于处理的数据都是涉及企业核心知识产权的研发参数，很多企业也不愿意将数据放在公有云上。在另一些场景如 CEM（客户体验管理）、OA（办公自动化）、HRM，甚至 ERP，SaaS 模式已经成为明显的发展趋势，其特点是应用的复杂程度较低、数据敏感性较低、产品迭代速度快，适合云原生架构快速开发部署。

六、工业互联网平台部署

工业互联网平台是面向制造业数字化、网络化、智能化需求，构建基于海量数据采集、汇聚、分析的服务体系，支撑制造资源泛在连接、弹性供给、高效配置的工业云平台。工业互联网的快速发展，也催生了新型的工业软件形态——工业 APP。工业 APP 可以通过工业互联网平台的应用商店或应用市场进行部署和安装。在平台上，企业开发人员可以开发和定制工业 APP，根据不同的工业场景和需求，提供特定的功能和服务。这些 APP 可以是移动端的应用，也可以是在 PC 或其他终端设备上运行的应用。

基于工业互联网平台的工业 APP 部署具有数据互联互通、统一管理维护等优点。工业 APP 可以直接从工业互联网平台获取数据，实现实时数据共享，提高数据的可利用性和价值；可与平台上下游的 APP 进行数据交换和集成，避免大量的格式转换；通过工业互联网平台，企业可以对所有的工业 APP 进行统一管理，方便应用的安装、更新和升级。

总体而言，当前工业软件安装及部署方式多种多样，不管是以单机、C/S、B/S 为代表的传统架构，还是以云端部署为代表的新型架构工业软件，均发挥着重要的作用，是工业产品研发及生成过程中不可或缺的工具支撑。工业软件上云是一个大趋势，但大量工业软件仍以传统架构为主，且两种形态会长期共存。至于用户选择哪种架构开展安装部署工作，则需根据具体软件应用场景、用户需求，结合技术的发展程度来决定。

题 2-12：工业软件上云常见方法?

从狭义上讲，工业软件上云是一种云计算服务模式的实现，使用户无须安装客户端程序，将工业软件直接运行于浏览器或移动 APP 中，能实现远程实时查看、设计、审阅、交流、编辑和协同操作。从广义上讲，工业软件上云可拓展为以“共享群智 + 远程协同”为驱动，为工业产品提供全生命周期、完全云架构化服务，是未来工业软件的发展趋势。当前工业软件上云一般有 3 种模式，即云原生模式、虚拟化模式、混合模式。

一、云原生模式

云原生模式是基于分布部署和统一运管的分布式云，以容器化、微服务、DevOps 等技术为基础建立的一套云技术产品体系。云原生和 WebGL、AI，大数据等新技术在互联网时代迅猛发展，让基于云原生架构的工业软件大有可为，达索系统的 3DEXPERIENCE，PTC 收购的 Arena、Codebeamer、ServiceMax，ANSYS 收购的云计算工程模拟仿真软件 OnScale，都是云原生工业软件的优秀代表。它们带来更友好的用户体验，提供更灵活的部署方式。

采用工业软件 SaaS 的方式上云是工业软件上云最直接和最彻底的方案，能够将工业互联网的优势全部发挥出来，但是该方案需要解决其所有模块的服务化，难度和代价可想而知，所以成本更低、开发时间更快、专业程度更高。

工业 APP 通常基于工业 PaaS 开发。工业 PaaS 则是在通用 PaaS 之上增加工业属性而形成的，这些属性则由一系列具有工业特性的服务来提供。工业 PaaS 中引入的具有工业属性的组件和服务，包括工业 APP 开发平台、工业微服务组件和工业数据建模分析报告。工业 APP 开发平台包括开发工具、开发框架、版本管理、打包发布等；工业微服务组件包括工业知识组件［工业知识组件包括通用工业知识、工业行业（如航空航天、船舶、汽车、电子等行业）知识的相关组件］、算法服务组件、工业模型组件、文件处理组件、前端交互组件等；

本篇作者：田锋、吴健明

工业数据建模分析组件包括工业数据库、清洗组件、管理组件、分析组件、可视化组件等，如图 2-13 所示。

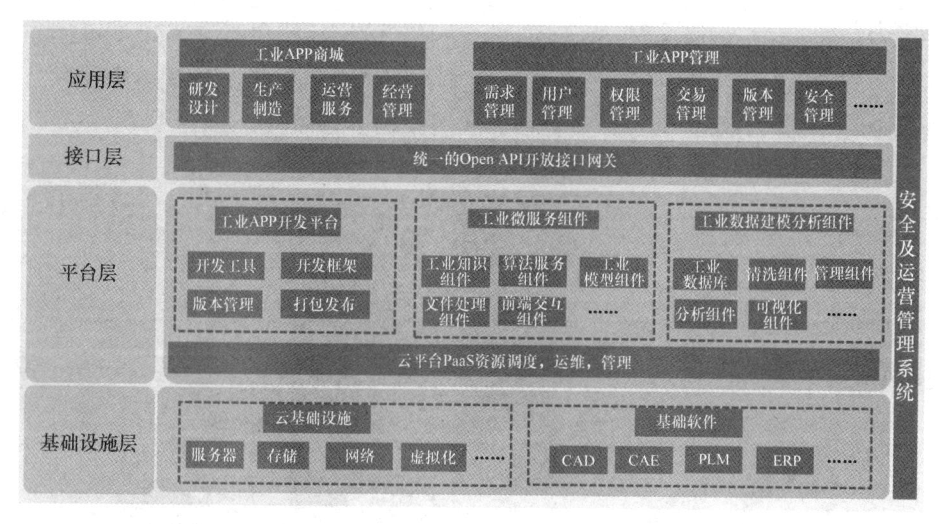

图 2-13　基于工业 PaaS 开发工业 APP

工业 PaaS 的难度在于，任何领域的工业知识、工业 APP 开发方法、工业流程管理、工业场景适配、工业数据分析、工业模型的建立难以一蹴而就，这不是一个人、一个公司或者一个单位能够独立承担的研发任务，它需要全行业的有效整合，上下游生态的打通，才能行之有效地发挥工业 APP 的作用。

二、虚拟化模式

虚拟化模式是通过云计算的虚拟化技术，把工业软件原封不动地部署在云服务器上，然后通过远程控制协议在浏览器或者 APP 操作云上的工业软件。相对于云原生模式的高难度和高成本，虚拟化模式是实现一条工业软件微创上云的捷径，实现提前享受云时代红利。

业界对于这种模式有个形象的说法——云应用。云应用服务提供商本身提供工业软件、APP 和底层硬件的应用环境，工业软件无须任何改造，直接在云端进行部署，通过远程传输控制协议为用户提供服务，成为一个“准 SaaS”软件，用户可以通过浏览器或者瘦客户端直接使用相应的工业软件，无须在用户本机安装。云应用服务提供商可以对“云应用”的订阅进行计费和付费，并为开发人员提供 APP 开发环境、微服务调用和计费服务。这个方案其实是通过远程传输控制协议把“云应用”投射到了用户本地，解决了工业软件 SaaS 化调用的问题，同时用户无须改变传统工业软件的使用习惯，迁移成本极低，对用户极为友好。

云应用可以帮助解决传统工业软件上云的问题，如用户管理、授权分时、资源分时、空间分配、弹性计费等，云应用架构示意如图 2-14 所示。

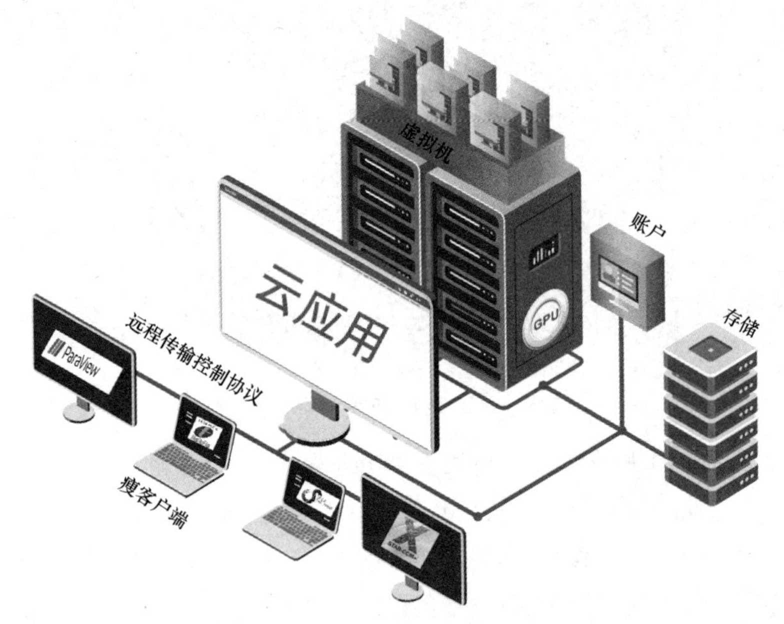

图 2-14　云应用架构示意

三、混合模式

与云原生模式和虚拟化模式相比，混合模式是一种成本最低的局部上云方案，在不对方案进行大量改造的情况下，实现对云资源一定程度的使用。除仿真软件外，这种上云方案对其他工业软件都具有一定的适用性，是一种更快速、低成本享受云红利的方案。

工业软件的部署通常比较复杂，在企业内网通常需要多个服务器实现不同的分工。譬如仿真软件，可以用工作站建模，高性能计算（HPC）服务器用来进行大型计算，独立存储服务器用来存储海量数据。建模通过人机交互界面来完成，通常可以提供良好的交互体验，而计算和存储服务器作为后台，需要利用计算能力和存储空间，但不需要和用户直接交互。基于这种特性，可以把需要交互的建模工作通过本地工作站来完成，大型求解和数据存储可以在云上完成，各自发挥所长，工业软件上云的混合模式如图 2-15 所示。

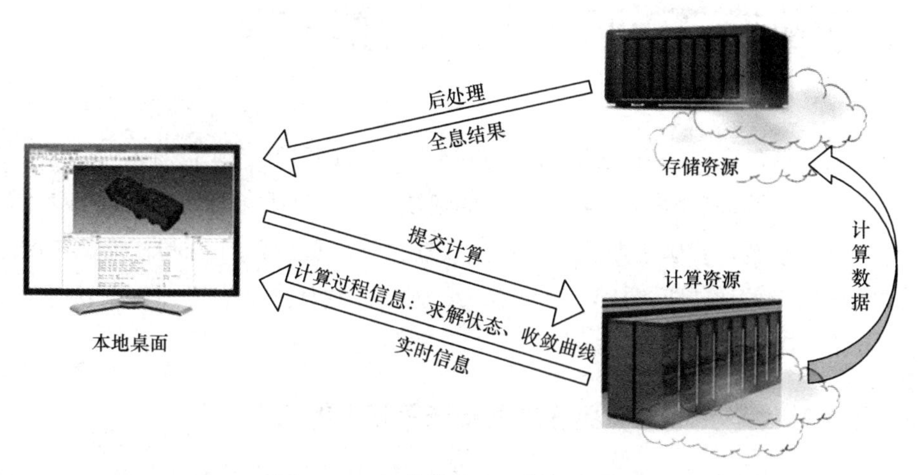

图 2-15　工业软件上云的混合模式

工业软件上云的技术仍在快速发展，新技术、新架构、新模式不断涌现，促进云上工业软件繁荣和完善，实现从研发设计、生产制造、经营管理、运维服务多方位的云生态。在云时代，工业发生巨大变化——从产品经济走向服务经济，云时代工业软件产业的终极形态就是生态化，工业软件上云不再是技术问题或应用问题，如何推动平台提供者、技术开发者、应用提供者、服务提供者、用户等全社会化分工协作，形成利益共同体，形成协同效应，才是工业软件上云的终极课题。

题 2-13：如何做好工业软件商业推广？

工业和信息化部运行监测协调局数据显示，2022 年中国工业软件产品实现营收 2407 亿元，同比增长 14.3%，占全国软件和信息服务市场总营收的 2.2%，从全球范围来看，我国工业软件产业规模仅占全球总规模的 7.5%，而我国制造业增加值占全球比重近 30%。加快推动我国工业软件产业实现高质量发展，做好商业推广工作已成为当务之急。

一、工业软件与其他工业品在进入市场策略上的区别

相较于其他工业品，工业软件在进入市场时需要注重市场需求、市场规模、销售渠道、客户需求和技术支持等因素，并在市场推广过程中注重与客户的持续交互，不断优化自己的产品和市场策略，提高产品市场份额和竞争力。

1. 市场需求

工业软件的市场需求更加具有特定性和个性化。与其他工业品不同，工业软件市场需求通常来自特定行业用户，因此开发工业软件需要深入了解行业特性和用户需求，以制定更聚焦的市场策略。从产业发展角度来看，工业软件发展到一定的成熟度，也会有长尾效应。工业软件产品包含通用性技术产品、行业化产品、特定领域细分产品，成长是从长尾的碎片化技术产品逐渐向通用性技术产品过渡的发展路径，工业软件产品的长尾曲线如图 2-16 所示。

2. 市场规模

与其他工业品市场相比，工业软件的市场规模和体量通常较小。因此，其在进入市场时需要注重挖掘细分市场和目标用户的需求，以提升产品的市场占有率和竞争力。

本篇作者：陆云强

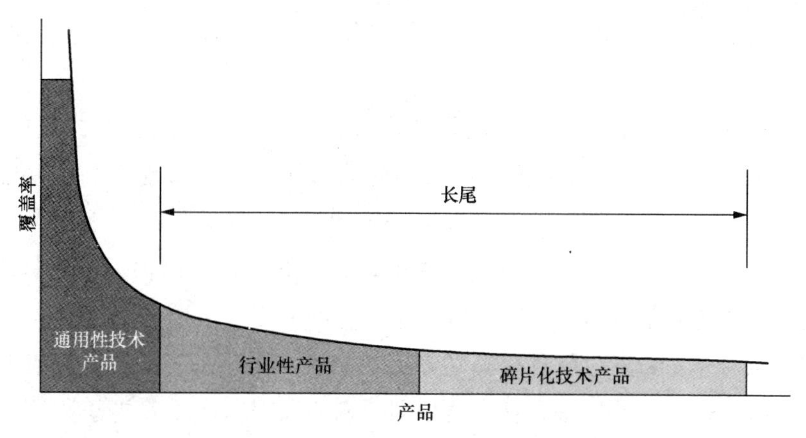

图 2-16　工业软件产品的长尾曲线

3. 销售渠道

与其他工业品销售渠道不同，工业软件销售通常依赖直接销售或与行业供应商合作进行销售。因此，企业需要注重与行业内合作伙伴建立良好的合作关系，以扩大产品市场渗透率和影响力。

4. 客户需求

相较于其他工业品，工业软件的客户需求更加复杂多样。因此，企业需要通过对客户需求不断研究和挖掘，不断更新和完善产品功能和性能，以满足客户的需求和期望。

5. 技术支持

相较于其他工业品，工业软件的技术支持和售后服务更加值得重视。因此，工业软件企业需要注重建立完善的技术支持和售后服务体系，以提高产品的可靠性和用户体验。

二、国外知名工业软件公司的商业模式

国外知名的工业软件供应商提供各种不同领域工业软件综合解决方案，这些公司的商业模式和经营理念都有相同之处与不同之处。相同之处诠释了工业软件行业的共性和规律，不同之处则反映了各公司在市场中的不同发展优势和特色。下面介绍它们在商业模式上的一些相同之处和不同之处。

1. 相同之处

（1）授权制：工业软件公司都采用授权制来部署软件。客户需要购买

授权许可证才能使用软件，而这些授权通常分为永久授权和租赁授权两种模式。

（2）模块化：工业软件公司的软件通常采用模块化的组合方式进行推广，方便客户根据需要和预算选择和购买不同的模块组合来实现产品多功能组合方案。

（3）定制化：工业软件公司通常提供定制化服务，可以根据客户具体需求为其提供量身定制的数字一体化解决方案。

（4）教育培训：工业软件公司通常提供培训和认证服务，以帮助客户充分掌握并了解软件。这些服务包括在线培训、相关课程和认证考试等。

（5）服务和支持：工业软件公司都提供各种售后服务，以确保客户能够熟练使用软件。这些服务包括技术支持、咨询、培训和维护等。

（6）合作伙伴关系：工业软件公司都与其他企业建立了广泛的多维度合作伙伴关系，以扩展其产品和服务范围。这些合作伙伴包括软件分销商、开发商、硬件制造商、系统集成商和服务提供商等。

（7）市场竞争：工业软件公司在市场上都面临激烈的竞争，因此需要不断创新，提供高品质的产品和服务。

2. 不同之处

（1）软件领域：这些公司提供的软件解决方案侧重的领域不同。例如，达索系统和西门子主要关注产品生命周期管理领域，而 ANSYS 和 Altair 则专注于计算机仿真和分析软件。

（2）市场定位：工业软件公司的市场定位划分也不同。例如，PTC 注重提供工业物联网（IoT）解决方案，而 Autodesk 专注于建筑和娱乐产业等。

（3）授权模式：工业软件公司的授权模式也不同。例如，Autodesk、PTC 全面采用了订阅的授权模式，而其他公司则提供永久授权和租赁授权相结合的模式。

（4）公司规模：工业软件公司的规模和业务范围也不同。例如，达索系统和西门子是大型跨国集团公司，而 ANSYS 和 Altair 则是中小型企业。

（5）公司理念：工业软件公司的发展理念存在差异。例如，达索系统强调创新和高质量的产品，而西门子则更加注重可持续性和可靠性。

（6）技术领域：工业软件公司在技术领域的专注重点不同。例如，Cadence

和 Synopsys 专注于 EDA（电子设计自动化）软件，而 ANSYS 和 Altair 则更专注于仿真和分析。

（7）经营模式：工业软件公司的经营模式也不同。例如，Dassault System 和 Siemens PLM 采用集成解决方案的模式，而 Autodesk 则更多地提供单一的软件产品。

三、国产工业软件如何做好商业推广

国产工业软件在制定合理的市场推广策略时需要从以下几个方面入手。

1. 技术创新

加强技术创新，提高产品品质和性能，以满足用户的特殊数字化需求。通过技术创新，国产工业软件可以打造更有竞争力且具有行业特性的产品，全面实现差异化发展。

2. 市场定位

在国外产品布局已经成熟的情况下，国产工业软件应该优先发展自身优势的市场细分领域，针对目标用户群体进行精准定位和营销，从新的视角去审视并规划自身的发展路径。

3. 价格策略

通过合理的价格策略来刺激市场需求。国产工业软件可以考虑采取更具有市场竞争力的价格策略，包括商业模式的大胆创新，更好地赋能中小型企业开启数字化转型的第一步。

4. 加强品牌建设

加强品牌建设，提高品牌知名度，以增强用户对产品的认知度和黏性。国产工业软件公司可以通过参加行业展会、赞助活动、工程类院校推广部署等方式来提高品牌曝光度。

5. 提高服务质量

提供快速响应、高效率的服务，以满足用户的需求。国产工业软件可以通过建立专业的技术支持团队、提供培训课程等方式来提升服务质量和客户满意度。

6. 国际化战略

积极开展国际化战略，寻找海外市场机会。国产工业软件可以通过与国外供应商合作、参加国际展会、技术交流合作等方式来推广和完善自身的产品和服务。

综上所述，国产工业软件要发展市场，需要从技术创新、市场定位、价格策略、品牌建设、服务质量等多方面入手，不断提高产品竞争力和市场占有率，从而逐步赢得国内外市场的认可。

第3章

工业软件所需 IT 资源

本章重点阐述了工业软件与基础软件、指令集、数据库、开发语言等开发环境的关系。

题 3-1：工业软件与基础软件的关系？

计算机从 20 世纪发展至今已有百年历程，从早期的晶体管到如今的微处理器，计算机从前作为遥不可及的高科技产品现在已走入了千家万户，可以满足日常需求。服务器和工作站可以满足生产力需求，同时也承担起了服务社会大众和推动科技发展的重要责任，而能支撑起这些的关键是计算机软件，以下介绍其中的两类：基础软件和工业软件。

一、基础软件的定义、功能和分类

1. 定义

基础软件是数字社会的基石，主要包括操作系统、数据库、中间件、办公软件、编程语言及编译器、开发和测试工具。

2. 功能

基础软件是计算机系统中最核心的组成部分之一，它提供了基本的功能和服务，支持计算机硬件和应用程序的正常运行，也是支持其他应用软件运行的必要条件，也是构建云平台和实现软件定义功能的重要组成部分。

3. 分类

根据功能，基础软件可以分为以下几种。

（1）操作系统：管理计算机硬件和软件资源，提供用户界面和服务。

（2）数据库：存储和管理数据，提供数据查询和处理功能。

（3）中间件：连接不同应用程序，提供数据交换和集成服务。

（4）办公软件：用于办公工作，包括文字处理、电子表格、幻灯片等。

（5）编程语言：计算机能够接受和处理的、具有一定语法规则的语言，包括汇编语言、机器语言、高级语言。

（6）编译器：一种计算机程序，负责把高级语言书写的源程序翻译成等价机器语言格式的目标程序。

本篇作者：赵堃

（7）开发工具：一种用于辅助计算机软件生命周期过程的程序。

（8）测试工具：在软件测试过程中，为了提高测试效率、准确性和可靠性而使用的一种辅助工具，包括性能测试工具、自动化软件测试工具和测试管理工具。

4. 计算机各个层面的逻辑关系

计算机硬件、基础软件和应用软件之间存在着逻辑关系，它们一起构成了计算机系统构成如图 3-1 所示。

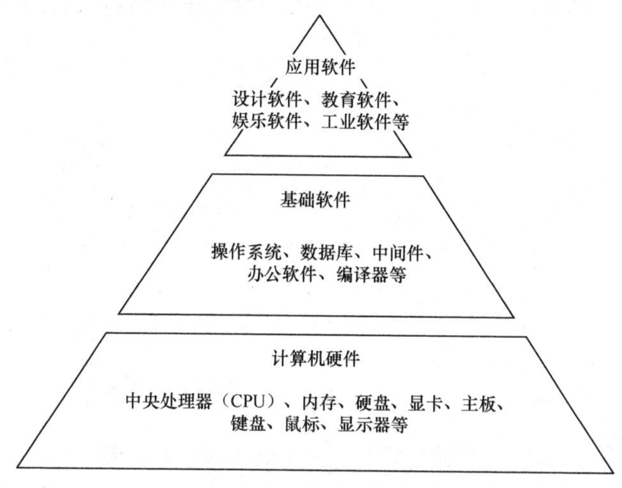

图 3-1　计算机系统构成

计算机硬件位于底部，是整个计算机系统的物理基础。基础软件位于中间层，负责控制和管理计算机硬件的运行，并为应用软件提供服务和环境。应用软件位于顶部，利用基础软件和计算机硬件来提供各种功能和服务。

5. 常见的基础软件

常见的操作系统、数据库、中间件等基础软件常见的操作系统如图 3-2 所示，常见的数据库如图 3-3 所示，常见的中间件如图 3-4 所示。

图 3-2　常见的操作系统

图 3-3　常见的数据库

图 3-4　常见的中间件

二、工业软件与基础软件的关系

1. 工业软件依赖于基础软件

基础软件为工业软件提供了开发和运行的基础环境，也提供了工业软件开发所需的底层支持，如编程语言、开发工具；操作系统提供了编程接口（API）、文件系统、内存管理等，也提供了工业软件运行所需的基础环境，如操作系统、数据库管理系统、Web 中间件等。如果没有这些基础软件的支持，工业软件的发展将无从谈起。

2. 工业软件与基础软件相互促进发展

工业软件在不断创新和发展的过程中，不断面临新的需求和挑战，促进了基础软件的不断发展和进步。例如，高性能计算、大数据处理、云计算等领域的需求，对计算机的软硬件都提出了较高的需求，这能够推动操作系统、数据库管理系统、网络通信等基础软件的发展和优化。同时，基础软件的发展也提高了工业软件的运行效能和成果质量。例如，操作系统和图像开发工具的不断完善和优化，使得工业软件在处理数据和仿真模拟上的计算更加高效，结果更加精确。

3. 工业软件与基础软件的市场合作关系

基础软件的厂商和工业软件的开发商会相互合作，共同开发适配工业软件的基础软件，以提供更好的技术支持和用户体验，促进市场竞争力提升。同时，基础软件厂商也会将工业软件作为一个重要的应用场景，优化其基础软件产品的功能和性能，以满足工业软件的需求，进而为工业软件的开发和应用提供更多的技术支持和创新空间，影响相关产业链的发展和整合。

综上所述，基础软件是工业软件的底层支持，工业软件是基础软件的应用延伸，两者相辅相成，它们的发展和创新，不仅促进了工业技术的不断进步，也推动了信息技术的发展和应用。

三、未来展望

随着信息技术的不断发展和应用，基础软件和工业软件之间的融合将会越来越紧密。工业软件需要更高效的数据处理和存储功能，将会更多地依赖基础软件的数据库管理系统；基础软件需要更好的应用场景和实际应用需求的检验，将会更多地应用工业软件领域。基础软件和工业软件都将会在未来的发展中不断创新和发展，以应对日益增长的应用需求和挑战，进而促进整个信息技术领域的不断发展和进步。

题 3-2：工业软件与指令集的关系？

指令集是计算机系统中硬件和软件之间交互的规范标准，绝大多数的软件，包括工业软件通过编译器翻译成汇编语言，而后通过汇编器翻译成一条一条的特定 CPU 计算机指令，然后在计算机 CPU 上运行。因此指令集决定了操作系统和应用软件的运行性能兼容性。

一、指令集的概念和范畴

计算机指令是计算机硬件直接能识别的命令，指令是由一串二进制数组成的机器语言，能实现取数、加法或逻辑运算等功能，计算机程序是由成千上万条指令组成的。

指令集是 CPU 中用来计算和控制计算机系统的一套指令的集合。指令集主要规定了指令格式、寻址访存（寻址范围、寻址模式、寻址粒度、访存方式、地址对齐等）、数据类型、寄存器。指令集通常包括三大类主要指令类型，即运算指令、分支指令和访存指令。此外，还包括架构相关指令、复杂操作指令和其他特殊用途指令。因此，一种能被 CPU 执行的指令集不仅决定了 CPU 所要求的能力，而且也决定了指令的格式和 CPU 的结构，每一种新型的 CPU 在设计时就规定了一系列与其他硬件电路相配合的指令系统。X86 架构、ARM 架构、MIPS 架构、RISC-V 架构、LoongArch 都是指令集的范畴。

二、工业软件与指令集的关系

1. 工业软件所依赖的库和指令集关系密切

工业软件通常需要依赖各种不同的库，以提供所需的功能和支持。库是一组可重用代码的集合，其中包含已经被写好的函数、例程或类等。这使得开发工业软件变得更加高效，可以避免从头开始编写代码，可以直接使用和调用库中现成的代码块。常见的库包括数学库、图形库、数据库、网络库和通信库、

本篇作者：吴健明

加密库。这些库的性能与兼容性和指令集有着非常密切的关系，甚至形成了互相捆绑的关系，这些库在不同指令集上的性能和兼容性决定了工业软件的运行性能和兼容性。

2. 指令集的发展直接影响工业软件所依赖的软硬件生态

软硬件生态是一切软硬件和应用生根的土壤。能够在具有某种指令集的 CPU 上运行的软件的集合，称为这种指令集的软件生态；能够在具有某种指令集的 CPU 上兼容的硬件的集合，称为这种指令集的硬件生态。当前最流行的几种 CPU 指令集（如 X86 指令集、ARM 指令集），都被高科技技术领先的国家掌控。经过数十年的发展，在其强大的半导体工业基础和深厚的人才及技术储备的支撑下，美国通过控制指令集从而控制通用 CPU，其不但在性能上超越具有其他指令集类型的 CPU，更是通过与同样在它掌控下的操作系统等系统软件结合，优化和完善了软硬件生态。在工业软件漫长的研发过程中，绝大多数工业软件及其周边应用都依赖这样的软硬件生态。可以说通过控制和影响 CPU 的指令集，就可以达到控制整个工业软件生态的目的。

近年来出现了一些新的指令集生态，如我国国产自主可控的指令集——龙芯 LoongArch 指令集、申威指令集和来自社区的指令集 RISC-V 指令集，相关 CPU 芯片已经上市多年，但是它们对应基础软件生态发展缓慢，更别提上层的应用软件，特别是工业软件。究其原因就是软件生态建设是一个庞大的系统工程，不是单独一个企业和组织就能实现整个生态的建设。工业软件的发展更是一个长期的过程，一个复杂工业软件的开发一旦选择了指令集系统，往往只能依赖这个指令集之上的软硬件生态，其他指令集生态如果要支持和兼容相关的软硬件生态，这是一个庞大的系统工程，不仅需要大量的人力、物力投入，更需要国家从经济、教育、文化、法律等多方面、多层次的支持。国产 CPU 指令集的发展任重道远，基于国产 CPU 的工业软件的发展更是困难重重。

总之，工业软件研发与 CPU 指令集的发展趋势是紧密联系的，任何发展趋势都可能为工业软件带来新的机遇和挑战。因此，开发人员需要密切关注软硬件技术的发展，以确保他们的工业软件能够始终保持最佳的性能表现。国产 CPU 指令集发展更需要从兼容性和运行性能的角度来满足工业软件的需要，以促进国产 CPU 指令集软件生态的发展，进而促进基于国产 CPU 的工业软件发展。

题 3-3：工业软件与数据库的关系？

数据库是按照数据结构来组织、存储和管理数据的仓库。数据库是非常重要的基础软件类型，在为工业软件提供高效、稳定、安全的数据存储的同时，为后面的业务应用与计算分析等环节提供服务与支持，绝大多数的工业软件要基于数据库去存储、管理和处理数据，数据库直接影响工业软件的运行效率、可拓展性、灵活度和可靠性等。

根据数据结构的不同，数据库一般可分为关系型数据库和非关系型数据库。关系型数据库主要有 Oracle、MySQL、SQL Server、PostgreSQL、DB2 等；非关系型数据库主要包括非关系型文档数据库（如 Elasticsearch、MongoDB、Couchbase、Firebase、CouchDB 等）、非关系型键值数据库（如 Redis、Memcached 等）、非关系型图数据库（如 Neo4j 等）、非关系型实时数据库（如 PI 等）、非关系型时序数据库（如 InfluxDB、IoTDB 等）、非关系型列簇式数据库（如 CloudTable、Hyperbase、GeminiDB 等）等。不同类别的工业软件应用的是不同类型的数据库。

一、研发设计类工业软件——关系型数据库和非关系型数据库

对于研发设计类工业软件，其中涉及大量的设计文件、工艺文件等文本型数据，这些文本往往需要存储在非关系型文档数据库之中，而其元信息则存储于关系型数据之中；BOM 信息、设计信息等半结构化数据则存储于非关系型图数据库之中。以 Dassault 的 ENOVIA PLM 为例，底层的数据资源层包括数据服务器、文件服务器、企业异构系统等，数据对象和业务模型等保存在 Oracle 或者 DB2 等关系型数据库中，实体文件存储于 Elasticsearch 等非关系型文档数据库中，知识数据存储于 Neo4j 等非关系型图数据库中。

二、生产控制类工业软件——非关系型实时数据库

在生产控制类工业软件中，涉及大量的工业自动化系统，其生产制造要求

本篇作者：王晨

系统能够快速、高效地进行数据采集、存储和显示，数据库应具有强大的实时数据采集功能，可实时地采集来自不同数据源的原始数据，并为上层的报表、分析工具和软件工具等提供数据服务，支持实时数据的显示、控制与分析，因此生产控制类工业软件主要应用的是非关系型实时数据库。以 SCADA 为例，SCADA 是工业控制和调度自动化系统的基础和核心，其超高的实时性要求决定了核心数据库类型为实时数据库，一方面将现场实时采集的数据传输并存放在实时数据库中，另一方面系统通过访问实时数据库实现实时监控等功能。

三、经营管理类和运维服务类工业软件——关系型数据库

传统的经营管理类和运维服务类工业软件，如 ERP、MES、SCM、MRO，其所涉及的数据主要是结构化的业务数据，因此这类工业软件主要应用的数据库是关系型数据库。在这两类工业软件之中，对于采购、生产、库存、销售等各类业务对象和资源信息，每一个对象都包括众多信息，例如员工对象包含性别、年龄、职位、学历等信息，这些数据都是以二维表的方式来组织、存储和处理的，所有数据都存储于关系型数据库之中。以 ERP 为例，德国的 SAP 支持的数据库包括 Microsoft SQL Server、IBM DB2 和 Oracle，美国的 Oracle ERP 主要采用 Oracle 数据库，用友和金蝶的 ERP 则采用的是 Oracle 和 SQL server。

四、新型工业软件——非关系型数据库

对于工业物联网、工业互联网等新型工业软件，其中有大量来自工业设备 24h 不间断采集的时序数据，工业设备采集频率快、测点众多、数据量大，而且在业务应用和分析时有条件过滤和数据聚合等复杂查询需求，关系型数据库无法满足对时序数据的有效存储与处理，因此这类工业软件往往采用非关系型时序数据库。以工业物联网时序数据库 IoTDB 为例，其凭借出众的时序数据一体化存储管理能力，已经成为航空航天、船舶、轨道交通等众多行业平台和系统的核心数据库。另外，工业互联网和工业 APP 也同样涉及文件数据，这些数据需存储在非关系型文档数据库中，知识图谱等半结构化数据的存储和管理则往往利用非关系型图数据库。

题 3-4：
工业软件与内核引擎的关系？

工业软件与内核引擎相辅相成。通俗来讲，可以把内核引擎比作发动机，而工业软件则比作搭载了发动机的交通工具，交通工具就是依靠发动机持续地输出动力，从而将人 / 物快速、安全、舒适地运抵目的地。从系统角度来看，也正是来自交通工具在实际运行中的反馈信息，推动发动机持续改进，从而研制出适应不同运输需求的产品。

一、内核引擎如何支持工业软件

在工业软件进化史上，在起始阶段，内核引擎与工业软件一起发展，是一体的，不分你我，而随着工业软件的推广应用，为了满足不同客户与场景的需求，内核引擎以组件的方式被单独封装提供给其他的工业软件研发使用，成为工业软件的“基座”。

从设计研发类工业软件角度来看，由于设计研发要解决产品的设计、优化、制造以及协同等应用需求，对应各种需求形成了多个内核引擎来支撑业务场景，如处于最底层、最核心也是应用最广泛的几何建模引擎，用于草图绘制或组件装配实时求解的约束求解器、网格剖分引擎、图形显示引擎等。其中几何建模内核将特征建模、参数建模、各函数库、数据库管理、内存管理、显示管理以及日志管理等各种底层机制封装为组件，解决某个或某些问题，方便了上层工业软件的开发，客户购买工业软件后可以基于接口快速开发实现，无须重复造轮子，从而降低研发成本和缩短研发周期。

以几何建模引擎为例，几何建模引擎是各种工业设计、分析、加工软件产品的技术核心，成熟的 CAD/CAM/CAE/BIM 等研发设计类工业软件平台必须建立在成熟、强大的几何建模引擎的基础之上。同时，几何建模引擎会与其他引擎发生一定的数据交换关系，例如，几何建模引擎在零件和结构件进行具体的拉伸、形变操作时，需要使用约束求解引擎的能力。几何建模引擎被广泛应用于面向机械、汽车、船舶、航空航天、建筑等行业工业软件系统的开发。几

本篇作者：梅敬成

何建模引擎的周边调用关系示意如图 3-5 所示。

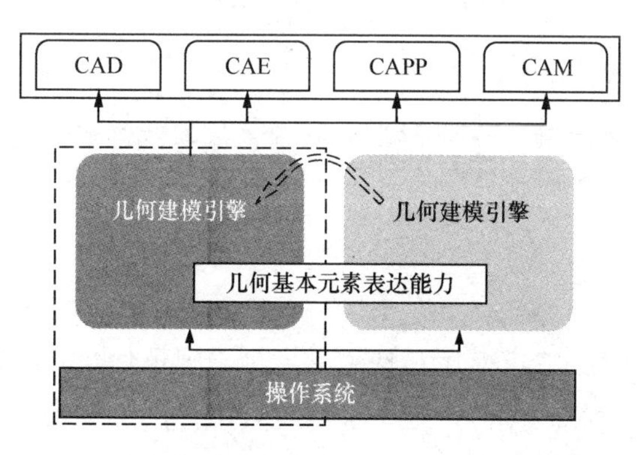

图 3-5　几何建模引擎的周边调用关系示意

内核引擎会随着客户的需求以及应用层面的不同而改进，其作为“基础”“底层”，在可能成为“共性刚需”的情况下，开发商会针对应用需求研发并改进，将其封装成组件提供给市场，从而使应用开发商可以开发出更接地气的产品，满足客户的应用需求。几何内核引擎发展到今天，其技术基础相对稳定，几乎不需要进行大的功能改进，如收敛建模只是 BREP 数据和面片数据的进一步融合，但随着计算机软硬件技术的高速发展以及生态中各工业软件所支持的客户或行业的需求不同，内核引擎持续、稳步发展。如用户普遍关注的性能问题，早期的内核在数据结构设计时并没有考虑硬件以及软件技术发展如此迅猛。现在很多业务场景对大规模数据的实时性提出了很高的要求，而多线程技术、分布式、GPU（图形处理器）计算等都已经非常成熟，如能从内核层面实现支持，将大大减轻各供应商在进行上层应用时的资金和周期的压力。

二、工业软件如何支持内核引擎

工业软件要保证并满足运行的稳定性、可靠性、兼容性要求，需要强大、稳定的内核引擎的支持。内核引擎是从众多成功的工业软件功能中萃取而来的，没有成功的 CAD 软件的基础，就谈不上几何内核引擎的研制。开发内核引擎需要在用户真实场景下进行迭代，经历长期技术积累。高端用户的悉心呵护和国家层面的战略性扶持，为工业软件供应商提供了足够的机会及充分的反馈，使得工业软件能从“专用”上升到“通用”。如 Parasolid 内核能得到众多工业软件厂家的认可，离不开西门子 NX 的多年客户测试应用打造。从这个层面上说，工业软件的成功有力地带动了内核的成长。

内核引擎作为工业软件的“基座”，充分支撑了工业软件的研发和应用，同时搭载了内核引擎的工业软件经过用户反馈，不断升级迭代，反过来也在不断推动内核引擎的持续优化。

题 3-5：
工业软件与开发语言的关系？

编程语言在不同领域和场景中逐渐展现出各自的优势，编程语言为工业软件的广泛应用和快速发展创造了条件。同时，高级编程语言还推动了软件开发的模块化、可维护性和可重用性，从而为大型工业软件的高效率协同开发和质量提供了保障。反之，随着工业应用对自动化与智能化、柔性可扩展、大规模并行计算、开放性与互操作等需求的提出，催生了建模语言、并行编程框架等新型编程语言和编程平台的演进和发展。可见，工业软件的发展情况与高级编程语言的发展情况密不可分。

一、从历史进程看开发语言对工业软件发展的推动作用

自 1950 年开始，第一代高级语言的诞生，如 Fortran、LISP 和 Cobol，使得程序员能够更专注于解决问题而非底层硬件实现，从而促进了工业软件在科学计算和数据处理等领域的快速应用。在随后的几十年里，结构化编程语言（如 ALGOL、Pascal 和 C）和面向对象编程语言（如 C++、Smalltalk 和 Java）的出现，进一步推动了工业软件的发展。这些编程语言强调了程序结构、代码重用功能和模块化，使软件开发变得更加灵活、高效和可维护，为操作系统、数据库管理、网络编程和企业应用等领域的工业软件创新提供了支持。

到了 20 世纪 90 年代和 21 世纪初，脚本语言和动态语言（如 Python、JavaScript 和 Ruby）的兴起，使编程过程更加简化，大大提高了开发效率。这些语言在网络开发、数据处理、自动化等领域得到了广泛应用，进一步扩展了工业软件的应用范围。近年，现代编程语言（如 Go、Rust 和 Swift）的出现，它更关注性能、安全性和易用性，为满足日益复杂的工业软件需求提供了强大支持。这些语言在大数据处理、云计算、移动应用开发、网络安全、物联网和边缘计算等领域发挥了重要作用。

本篇作者：唐滨

二、编程语言在工业软件的开发过程中发挥的作用

工业软件的开发语言取决于具体应用领域、需求和特点。按照语言维度，常用的工业软件开发所采用的编程语言列举如下。

C++：C++ 是一种通用的、高性能的编程语言，广泛应用于工业软件的开发，尤其是计算密集型和实时性要求较高的领域，如 CAD、CAM 和 CAE。

Java：Java 是一种面向对象的、跨平台的编程语言，广泛应用于工业控制系统、ERP 和 PLM 等领域。

C#：C# 是一种面向对象的编程语言，由微软开发。它在 Windows 平台上具有很好的兼容性，广泛应用于工业自动化、企业应用和三维建模等领域。

Python：Python 是一种易于学习和使用的高级编程语言，适用于各种领域，如数据分析、机器学习、自动化测试和脚本编写等。在工业软件开发中，Python 常用于辅助其他编程语言，实现快速原型开发和自动化任务。

JavaScript：JavaScript 主要用于 Web 开发，但在工业互联网和物联网领域也具有一定的应用，如 Node-RED 等平台采用了 JavaScript 和 Node.js 作为编程语言。

Ladder Logic、Structured Text 和 Function Block Diagram：这些是专用于 PLC 的编程语言，广泛应用于过程控制和自动化领域。

MATLAB/Octave：MATLAB 和 Octave 是面向数值计算和科学计算的编程语言，常用于信号处理、控制系统设计和数据分析等领域。

SQL（如 PL/SQL 和 T-SQL）：SQL 是用于管理关系型数据库的编程语言，广泛应用于工业软件的数据存储和查询。

典型工业软件在各自领域深耕多年，围绕这些软件的研发和服务生态逐渐成型，典型工业软件的编程语言也逐渐形成了规范和标准，部分典型的工业软件及其采用的编程语言如表 3-1 所示。

表 3-1　部分典型的工业软件及其采用的编程语言

类目	软件名称	采用的编程语言
CAD软件	AutoCAD	C++和AutoLISP
	SOLIDWORKS	C++和C#
	CATIA	C++和C#

续表

类目	软件名称	采用的编程语言
CAM软件	Mastercam	C++和C#
	NX CAM	C++和Java
CAE软件	Ansys	C++、Fortran和Python
	COMSOL Multiphysics	Java和C++
EDA软件	Cadence	C++和SKILL
	Synopsys	C++和TCL
三维建模和渲染软件	Blender	Python和C++
	Autodesk Maya	MEL和Python
ERP软件	SAP	ABAP语言
	Oracle E-Business Suite	Java，PL/SQL和Oracle Forms
PLM软件	Siemens Teamcenter	Java和C++
	PTC Windchill	Java
工业互联网和物联网软件	Node-RED	JavaScript和Node.js
	ThingWorx	Java和JavaScript

以上仅为部分典型的工业软件及其采用的编程语言，实际上工业软件的应用领域更加广泛，涉及的编程语言也更加丰富。各种编程语言根据其特点和领域需求，在工业软件的开发过程中发挥着重要作用。

随着技术的持续发展，编程语言和工业软件之间的关系将继续演变。未来，编程语言需要不断创新和改进，以满足日益复杂的工业软件需求和新兴技术领域的挑战。同时，工业软件行业也将继续从编程语言的发展中受益，实现更高效、更安全和更易维护的软件系统。

题 3-6：工业软件与云计算的关系？

云计算是一种基于互联网的新型计算和通信模式，它将计算资源、存储和网络等服务通过互联网进行统一管理和调度，构成一个计算资源池并按需分配给用户使用。随着云计算技术的不断发展，云计算为工业 APP、云化工业软件等技术的实现提供了有力支撑，催生了工业领域新需求。

一、云计算对工业软件的影响

1. 云计算自身的优势

云计算一般可分为 3 个层次，分别是 IaaS、PaaS 和 SaaS。这 3 个层次组成了云计算技术层面的整体架构，其中包含虚拟化的技术和应用、自动化的部署以及分布式计算等技术，这种技术架构的优势就是对外表现出非常优秀的资源伸缩性、灵活性和具有大规模并行计算存储能力。

2. 云计算给工业软件带来的利好

在云计算技术出现之前，工业软件用户不得不将所有软件以单机、本地的方式部署在内部工作站上，大量的数据也只能存储在自己的内部存储设备上。随之而来的是大量管理和维护工作，甚至需要完整专家团队来进行安装、配置、测试、运行、保护和更新。如果内部存储设备由于新产品推出或意外的订单增加而突然需要更多的容量，企业将不得不购买和安装新的硬件、软件以及网络基础设施。往往这一过程耗时较长，可能会对企业抢占业务先机赢得市场竞争造成不利的影响。

相较于本地化、单机化的工业软件，云端化的工业软件实实在在给企业用户带来了好处，具体如下。

（1）交付更快。传统工业软件安装运行于单机计算机系统，软件的运行与计算机硬件配置和系统版本息息相关，因此常出现软件安装困难、卡顿闪退、无法向上兼容等问题，在一定程度上影响了性能发挥和交付效率。云计算技术

本篇作者：吴健明

的出现，让工业软件免安装、免运维、自动更新，这大大提高了工业软件的交付效率。

（2）能力更强。云上有大量成熟的服务可被调用，如各类AI服务、存储服务、计算服务、流程管理服务、监控运维服务、大数据处理服务等，这大大增加了传统工业软件的能力。将超大规模模型的仿真需求提交到云超算平台可以进行大规模并行计算，计算效率提升非常明显。借助云计算资源的弹性能力，用户可以根据需要选择合适资源进行仿真计算，用户可以随时按需扩展或者收缩自己的计算资源，为企业用户节省大量的硬件成本。

（3）协同更容易。产业的不断发展使得越来越多的企业对异地协同办公，跨部门、跨设备协作沟通有了越发强烈的需求，软件云化则为此带来完美的解决方案，充分利用云计算，用户利用互联网可实现远程协同和数据共享。

（4）数据更安全。传统的工业软件往往存在数据泄露、系统漏洞等安全隐患，而将其上云可以通过专业的云安全技术和服务保护用户的数据和应用。同时，云平台具有完善的备份与灾备机制，可以提高数据的安全性，甚至可以达到比采用本地部署方案更能保护企业数据安全的目标。

（5）生态更开放。将软件和信息资源部署在云端的另一个优势是便于企业运作管理。云端具有更开放的生态，支持灵活的SDK（软件开发工具包）进行二次开发，以及集成企业的各类系统，如ERP、MES等，因此可满足多种业务场景的个性化需求，实现集中高效的系统化管理。

二、云计算给国产工业软件带来的发展机遇

传统的工业软件巨头诞生于工业背景雄厚的国家，早在电气化时代，就与工业界共同探索，积累了大量的工业化知识。工业软件的本质是工业品，它不只是IT的产物，而还要通过业务的持续不断打磨，因此需要长期的工程实践和知识沉淀。

对国产自主工业软件来说，在别人已经确立的成熟路径下追赶，是一条毫无胜算的道路，但是“云化”带来了自主工业软件弯道超车的机会。工业软件所涉及的工业知识、数学物理知识、计算机技术的发展都会催生其更新迭代。Web技术的成熟，使工业软件从C/S部署发展到B/S部署，而云计算的发展重构了软件的开发模式和运维模式，即基于云的工业软件，国产工业软件供应商

与海外巨头正处在同一“起跑线”上，甚至在某些领域国产工业软件供应商还走得更快。“云化”是新一代工业软件摆脱种种桎梏，走向轻量化发展的重要方式。

三、利用云计算加快国产工业软件的发展

如何把握“云计算”这个机会，实现换道超车？可以从以下 3 个方面来解答这个问题。

第一，应该加强工业企业、云平台领军企业的联合研发能力。特别是加强工业互联网平台建设，推进和整合产业生态，研究规划好 IaaS 基础设施之上的应用共性和特性，利用 PaaS 的平台架构实现云对工业软件的“赋能”，把云软件在 SaaS 中的服务能力发挥出来，提供企业可用、效果可见、能力可信的云化工业软件，让大中小企业有开发、应用和更新工业软件的主动性，建立良性循环的生态体系。

第二，需要加大整体研发投入。工业软件云化投资收益期比较长，企业自主跟进的意愿相对有限，整个行业仍需更多来自国家层面的支持和用户需求层面的驱动，特别是针对创新型企业，加强产业资金的支持和引导，应当“扶上马、送一程”，帮助其增强“造血”能力，实现可持续发展。

第三，借助开源。利用开源社区，可以让工业软件研发少走弯路，也要积极参与和回馈开源社区，和全世界的开源工业软件一起，走出一条有别于商业软件的发展道路。

我们要抓住包括云计算等在内的新一代信息技术的发展机遇，加快工业软件与新一代信息技术融合的步伐，促进工业软件技术和架构创新，推动国产自主工业软件的研发和应用推广。

题 3-7：
工业软件与测试案例库的关系？

测试案例库是开发工业软件必备的一种重要基础资源，可以将其比喻成砥砺打磨工业软件“快刀”的“磨刀石”。当年在美国 SDRC 公司对研发团队考察时发现，在软件研发后期，会专门有一个叫作“软件保障”的团队，在软件正式上市之前，用大量的测试案例对软件进行严格的内部测试。

一、CAD 软件测试考题

在 CAD 软件开发中，很多 CAD 公司都有一整套测试用例。这些测试用例都是在极限状态下的造型案例，用来考验 CAD 软件的适用性和功能可靠性，以及软件中的内核几何处理能力。例如，在 30 年前，就有一个很简单、很著名的几何造型考题，在 CAD 软件中，做出 A、B 两个立方体，将它们彼此完全重合，然后将它们的一个角放在坐标原点上，让 A 立方体保持不动，然后以原点为圆心，将 B 沿着 X 轴旋转 1°，再沿着 Y 轴旋转 1°，然后做 A 和 B 两个立方体的“并”布尔运算。通常，大部分的 CAD 软件算不出来，甚至会“崩溃”退出。类似的考题还有，两条直线段以非常小的角度（如 2°）相交，交点在理论上是有精确坐标值的，但是在计算机的显示屏幕上，因为屏幕像素的离散性，显示的交点往往并不是理论值，如果去拾取这个点，就会产生一种现象，即两条直线上理论交点前后的几个点，都会被拾取到，至于被拾取到的哪个点是真正的交点，这就成了一个需要解决的问题。

二、CAE 软件测试考题

采用大量来自工业实用场景的刁钻算例对 CAE 软件进行测试验证，是国际惯例，也是一款 CAE 软件获得业界公信力的基本保证。在 CAE 软件开发中，必须使用经过与国际著名同类 CAE 软件对标的、积累了各种力学仿真场景的测试案例，对所开发的 CAE 软件进行全面测试，消除各种隐藏的 BUG（缺陷），

本篇作者：赵敏

提高用户体验。例如，某公司在开发一款自主 CAE 产品线时，不考虑单元测试，仅考虑集成或系统测试，所积累的测试验证考题总数，就达到了近 3000 个，而且还在不断累积中。多个国际著名 CAE 软件对这些考题进行交叉计算与对标验证，得到了业界公认的计算结果。如果用自己开发的 CAE 软件计算同一考题，得出与“标准答案”非常接近的计算结果，则证明自己开发的 CAE 软件在该场景下是可用的。某著名的计算流体力学分析软件的研发团队负责人曾经提及，在 2008 年该软件仅仅关于湍流模型的测试算例就达到了上千个。

三、数控系统和 CAM 软件测试考题

在 CAM 领域，也有类似的测试算例。例如，中国航空工业集团成飞数控厂结合航空零件的典型结构特征，确定了测试五轴五联动机床的“S 形试件”，其图纸和尺寸如图 3-6 所示。

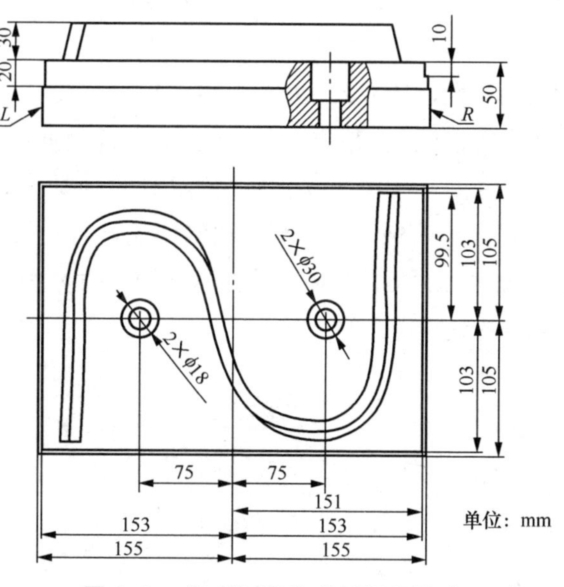

图 3-6　“S 形试件”的图纸和尺寸

在对“S 形试件”加工过程中，数控程序不断依据空间复杂曲面的典型特征对“S 形试件”进行修正和切削，机床各运动轴的位置、速度、加速度变化频繁剧烈，由 CAM 软件所生成的、驱动机床进行加工的 G 代码程序，扮演了十分重要的角色。利用五轴联动机床数控系统 + 标准 G 代码程序，其输出结果

是符合精度要求的“S 形试件”。如今“S 形试件”的加工过程已经成为考核机床性能的 ISO 国际标准。成飞作为需求侧企业，以自己在生产实践中的真实需求为牵引，拉动供给侧企业对机床数控系统不断进行技术调整，向标准靠拢，向生产一线倾斜，为工业软件的开发提供了一种可以借鉴的模式。

四、软件可靠性测试考题

除对工业软件进行几何属性、工业属性的验证之外，对工业软件的可靠性（功能、性能、易用性、健壮性等）也要进行代码级别的严格测试。在整个软件的生命周期中，要考虑软件设计阶段的代码逻辑内容合理性，软件实现阶段的代码严谨性、函数公式正确性等。另外，还需要重点考虑测试的充分性，包括单元测试、集成测试、系统测试和仿真测试等。以工业和信息化部电子第五研究所软件板块为例，在长期的软件可靠性测试过程中，已经积累了近百万的测试用例，可以对影响软件可靠性的各种因素和指标进行全面测试。

对于软件测试案例库建设，目前绝大部分企业处于自我积累、自我优化迭代、自我存储使用的阶段，持有大量测试案例的工业软件企业，往往对测试案例的数量和种类持保守态度，不愿意公之于众。测试案例库属于企业数字资产，是企业软件能力的一种具体体现，是开发工业软件的重要基础资料，因此其建设并不是一件可有可无的事情。软件测试案例库建设需要企业持续投入资金，但对工业软件企业来说，这又是必须走的技术路线，因为企业积累的软件测试案例数量越多，越容易获得用户的认可。

题 3-8：
工业软件与软件生命周期管理的关系？

ALM（软件生命周期管理）是指软件开发从需求分析开始，历经项目规划、项目实施、配置管理、测试管理等阶段，直至最终被交付或发布的全过程管理。工业软件和 ALM 密切相关，ALM 提供了管理工业软件开发生命周期的方法和工具，帮助团队更好地开发、部署和维护工业软件。

一、工业软件和 ALM 的基本关联

（1）工业软件的开发过程可以使用 ALM 方法和工具进行管理。ALM 提供了项目管理、需求管理、版本控制、缺陷跟踪和持续集成等功能，帮助团队协调和管理工业软件开发流程。

（2）工业软件的需求、变更和缺陷可以借助 ALM 工具进行管理。工业软件通常需要根据实际需求进行调整和改进，ALM 工具可以帮助团队记录和跟踪需求变更，并在开发过程中及时发现和修复缺陷。

（3）工业软件的部署也可以借助 ALM 的工具和流程进行管理。ALM 可以帮助团队进行软件的自动化部署、配置管理和故障排除，以确保工业软件在生产环境中的稳定性和可靠性。

二、“软件定义产品”给工业软件带来的挑战

1. “软件定义产品”成为重要趋势

“软件定义产品”指当工业产品发展到一定阶段后，其硬件逐步标准化和模块化，而随着产品智能化程度不断提高，软件开始成为产品的核心，产品的大部分新功能由软件提供，无须硬件的升级换代，用户就可以享受新功能，这极大地提升了用户体验，并将成为未来产品的新形态。“软件定义产品”最为大众所熟知和津津乐道的是汽车行业，即“软件定义汽车”。

大众汽车预测，2020 年一辆车上最多集成 1 亿行代码，而到 2025 年一辆

本篇作者：施战备

车上将集成多达10亿行代码。当汽车的软件代码达到10亿行量级时，汽车公司就成为一家不折不扣的软件公司。普华永道在《打造软件驱动的汽车企业》报告中指出："未来几年内汽车产业、产品和相关服务，将随着智能与互联功能方面需求的大幅增加而迎来重大改变。尤其是软件，它已成为现代车辆差异化竞争的核心，而软件开发的成本，将在未来十年内增长83%。"甚至有分析机构预计，到2030年软件成本占整车成本将从现在的15%上升到60%。大众汽车前CEO赫伯特·迪斯（Herbert Diess）预测，汽车行业的创新将有90%以上来源于软件。

2. "软件定义产品"带来的挑战

在"软件定义产品"时代，软件成为产品的核心部分甚至创新驱动的关键，企业的研发重心将从以硬件结构为主的模式转为以软件工程为主的模式。这种模式转变不仅仅是产品数据及管理方式的转变，而是产品研发模式，乃至商业模式的转变。这将为传统的制造企业带来两方面的挑战。

首先，软件开发模式与硬件开发模式截然不同。软件开发过程大致可分为需求定义、系统设计、代码开发、单元测试、集成测试和部署运维等。由于软件本身的特殊性，软件开发过程更易实现上述过程的信息化，因此早在20世纪80、90年代就已经涌现一大批成熟的软件建模、开发和测试工具。为进一步提升软件开发效率，提高代码质量，提升跨团队协作效率，敏捷开发、持续集成、持续交付、持续部署和DevOps等开发模式逐渐被提出。在数字化时代，敏捷和DevOps等开发模式已经被广泛接纳，被认为是企业数字化转型制胜的关键。然而，对制造企业而言，其产品包含了软件和硬件，需要采用两种模式协同开发。相比硬件开发过程，软件开发迭代速度更快、周期更短，当硬件完成一个迭代周期时，软件可能已经演进了几次乃至十几次迭代。怎样保证软硬件在功能上同步又保持各自的迭代速度，同时又能保证软硬件一体化产品配置，成为大部分企业面临的挑战，软硬件一体化产品开发过程如图3-7所示。

其次，工业产品的软件开发过程与应用类软件（如互联网软件等）开发过程也有所不同。工业产品的软件一般都是嵌入式软件，严格受限于硬件配置、通信协议和运行环境等条件。另外，工业产品需要严格遵循安全合规体系，以保证产品交付后的安全可靠。以汽车为例，新产品上市前，必须获得ISO26262

关于电子电气和软件的功能安全认证，保证软件开发过程的连续性和可靠性，这与敏捷开发的理念是矛盾的。如何兼顾安全合规与敏捷开发，通过软件驱动产品创新是工业产品软件开发面临的另一挑战。

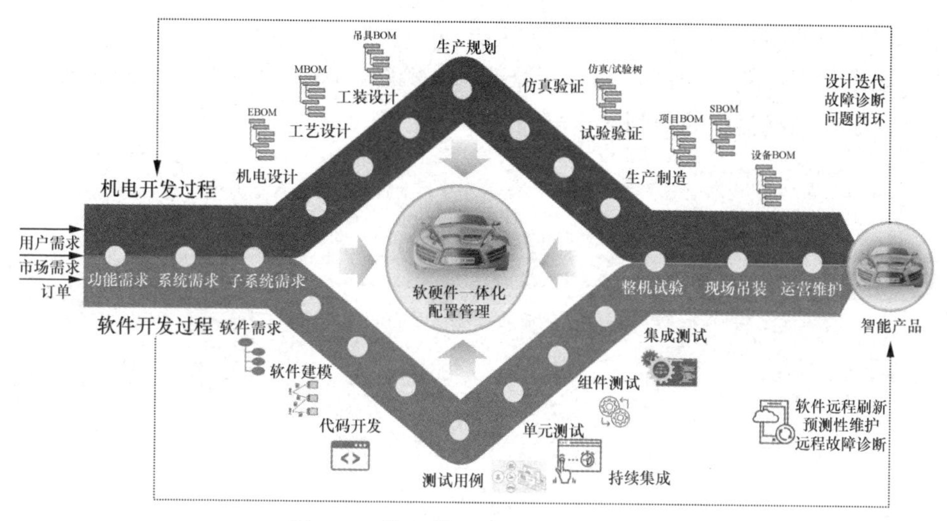

图 3-7　软硬件一体化产品开发过程

三、ALM 类工业软件助企业应对“软件定义产品”时代的挑战

在“软件定义产品”时代，ALM 类工业软件将成为企业产品数据管理不可或缺的部分。ALM 可帮助企业实现软件开发的全过程管理，包括从需求分析开始，历经项目规划、项目实施、配置管理、测试管理等阶段，直至软件最终被交付或发布，ALM 类工业软件有以下特点。

（1）实现安全合规和敏捷开发、DevOps 的融合，形成创新的软件开发体系，驱动产品创新。

（2）“软件定义产品”意味着软件的变更和更新频率较高。ALM 提供了变更管理功能，帮助团队有效地管理软件变更。通过版本控制、配置管理和变更跟踪等功能，ALM 可以确保变更的可追溯性和可管理性，减少潜在的错误和冲突。

（3）ALM 提供了协同开发和集成的功能，使不同团队能够有效地协作。它可以集成不同的开发工具和系统，提供统一的工作流程和协作平台，实现团队之间的信息共享和协同开发。

（4）打造软硬件一体化解决方案。将 ALM 与 PLM 相结合，形成完整的软硬件一体化管理方案，使得软件在频繁迭代过程中能够与硬件版本在功能上保持匹配。

（5）构建完整的产品数字主线。在产品 BOM 的基础上，将软件加入其中，实现完整的产品数字主线，构建完整的闭环链路，确保产品数据的准确性、一致性，实现产品数据的端到端追溯和一体化变更。

第4章 工业软件产品应用

本章从工业企业视角解读工业软件如何被应用。通过阅读本章，读者可以了解工业企业如何科学规划工业软件的应用路线、如何用好工业软件以及如何深层次参与软件产品的开发等内容。

题 4-1：企业使用工业软件普遍存在哪些问题？

工业企业在使用工业软件时，主要存在以下 6 个方面的主要问题。

一、缺乏贯穿企业整体业务流程的工业软件全局规划

目前，绝大部分工业企业都缺少贯穿企业整体业务流程的全局规划，企业内部各工业软件之间边界重叠，兼容性、协同性问题非常严重，可以说这是人为设置的兼容障碍。数据封闭、全流程数据不具有一致性以及共享性能，即使预留接口，也需要用户支付高额开发费用。出现这类现象主要有以下几方面原因。

（1）由于各类工业软件具有很明确的业务属性和知识壁垒，大部分企业各业务部门主导本部门的工业软件选型，在工业软件选型时常重软件功能、轻技术框架以及数据标准等，不同供应商为不同的业务部门提供功能类似的软件，使得重复投资、跨部门的信息孤岛广泛存在。

（2）多基地、多产线的集团公司核心工序的工业软件，往往存在和设备供应商之间长期共同成长形成的开发路径依赖，这一类工业软件往往和设备、产线紧密捆绑，难以独立规划。

（3）在工业控制系统中，存在多种通信协议，如西门子 PPI 协议、GE SRTP 等，这些协议只有供应商自己设备支持，是不公开提供协议文档的私有协议，这为我们的数据采集设置了一定的障碍，在缺乏全局规划的情况下，工业企业在购买设备时很容易忽略工业软件兼容和互通的要求。

（4）工业企业重硬件设备投入，轻软件投入，由于工业软件昂贵的开发和运维费用，使得很多工业企业采取使用盗版软件这一短期行为，给企业长远的数字化建设和数据治理埋下了隐患。

（5）在选择工业软件时，企业只考虑了和目前需求的匹配，而未考虑中长期业务战略布局。例如，当企业业务从一个区域向全球扩展时，原有的工业软件的部署方式和数据交互方式不能高效地支撑多区域协作，从而使得工业企业

本篇作者：田锋

时常面临牺牲协作效率或者更新软件的两难境地中。

大型企业会通过主数据管理平台来治理同一数据在不同软件和系统中各自表述、数据定义不正确、数据责任不明等问题。数据湖、湖仓一体等更为先进的数据治理手段也正在逐步解决以上的问题。

二、保障软件运行效果需要的支撑条件及内生能力建设不足

工业企业在选择工业软件时，时常存在对标先进、盲目跟风，以及过度依赖第三方现象。重软件引入而轻人才培训，长期内生能力建设不足，购买的软件大部分功能处于闲置状态，或因为某个业务单元的核心技术人员离职，导致某个高技术壁垒的非通用工业软件束之高阁等现象经常出现。而 ERP 等大型经营管理类工业软件是把行业的最佳实践进行软件化，企业实施前，如果没有进行相应的流程变革和组织支撑，实施结果将难以达到预期。很多工业企业内部的文化和管理理念其实不支持他们引入的这类工业软件。

三、重初期的建设投入，轻持续的运维与升级

重建设、轻运维是很多工业企业在工业软件应用中普遍存在的问题，尤其是一些以采购软件为主的中小制造企业。建设时，往往会由企业一把手亲自推动和决策，但当企业随着新产品开发、新技术引入等外部环境变化带来的业务边界和运营模式更新时，由于缺乏内部 IT 团队对业务变化的迅速支撑，或者因为外部供应商对微小改动的响应速度慢、收费成本高等问题，导致相关的工业软件不能持续发挥最初的价值。

四、工业软件应用停留在局部业务效率提升上，缺少对全局业务优化的数据价值挖掘

大部分企业通过工业软件促进了标准化的知识体系引入，从而大大提高了设计研发、生产制造和供应链协同的效率。但是目前，很多企业对工业软件的使用只停留在提升各业务部门自身业务效率上，很少有企业能够做到持续地把各工业软件产生的数据进行系统化梳理，无法实现全流程、全生命周期数据管理，从而无法实现设计更新、生产工艺的自动调参、管理优化等。例如，表面检测仪器，只负责钢板表面质量的检测，用于产品质量评级，但是这些数据并没有被应用于

生产中缺陷的追踪和回溯，从而无法进一步优化工艺控制参数，从而无法提出更好的设计方案以实现更高质量的产品。此外，很多工业企业在使用工业软件时，过度依赖供应商去实现数据价值，而忽视了企业内生能力的建设和培养。

五、重硬件投入，轻软件开发和使用

在工业企业，相较于 ERP、MES 等软件，与设备绑定的嵌入式软件在各个行业的渗透率、普及率明显要高，其原因是大部分企业存在着重硬件投入，轻软件开发和使用的投资理念。例如在印刷机行业，很多企业愿意花数千万买一条产线，但是却不愿意购买 20 万的印刷 JDF 作业管理软件。企业偏爱于这种有形资产的投资，而软件这类无形资产带来的知识价值和效益的提升由于无法估算，使得很多企业对投资软件这种无形资产意愿偏弱。

六、工业软件应用中对信息安全重视不足

工业软件信息安全远未引起各界的足够重视，尤其在缺乏人才、资金的中小型工业企业中存在着多种形式的信息安全隐患。例如，网络出口没有设置防火墙等安全隔离措施；没有科学地进行内外网分层规划，没有实现信息系统和设备控制系统之间的物理断网，导致下位机的关键组件直接暴露给攻击者；缺乏工业安全监测审计等平台来监控各类设备资产和终端用户的上网行为，导致工业软件被病毒入侵；使用部分盗版软件，导致用户信息被轻易窃取。软件采集了哪些用户数据，很多企业一无所知，也没有采取任何措施；不少工业控制系统，未使用安全仪表系统（SIS），对具有危险性的随机硬件故障缺乏有效的管理手段。

题 4-2：企业如何规划工业软件应用路线？

工业企业在规划工业软件应用路线时，主要的步骤包括布局规划、引入规划、集成规划、应用策略等，具体介绍如下。

一、布局规划

任何一家相对完备的工业企业的业务体系都有 3 个条线，即主营业务、业务管理和业务资源，在理想情况下，这 3 个维度的各个业务阶段、各个管理领域以及各种业务资源都具有相应的工业软件支持和驱动，基于企业经营视角的工业软件配置图如图 4-1 所示。

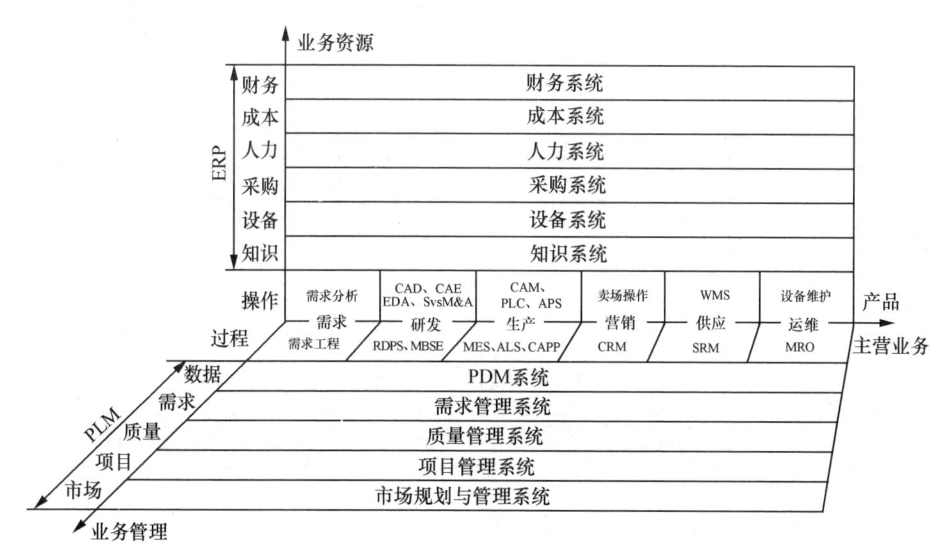

图 4-1　基于企业经营视角的工业软件配置图

二、引入规划

图 4-1 所示提出了一家企业的工业软件体系蓝图，企业不需要在当下立即

本篇作者：田锋

引入所有的工业软件，何时应引入何种工业软件应该基于业务发展状态来决定。具体来讲就是提出企业整体及各业务单元的理想模型（业务蓝图），并提出达到该模型的所应该经历的成熟度过程，以及各成熟度级别对应的工业软件。通过对企业当下所达到的成熟度级别来引入与之对应的工业软件。

以研发体系为例来说明这个过程。所有复杂产品的研发体系都存在一个理想模型，工业软件体系的蓝图应该基于该模型来设计，从而形成企业引入工业软件体系的节奏。根据现代产品研发特征，我们提出企业完整研发体系的理想模型，该模型是由协同层、管理层、开发层、知识层和共享层 5 个层次构成的多 V 模型，研发体系的理想模型如图 4-2 所示。

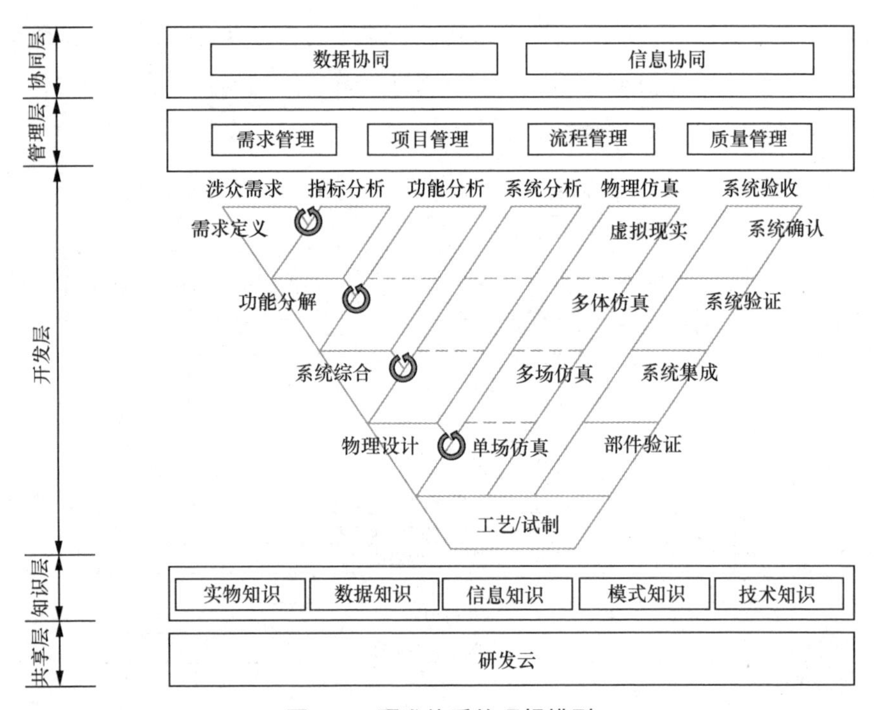

图 4-2　研发体系的理想模型

本模型包含了完整的研发要素及业务构件。任何一家研发型企业的业务模型都是此理想模型的子集或某个成熟度级别。越是复杂产品的研发，企业成熟度越高，其业务模式就与本模型越一致。对于研发简单产品的企业，其业务模式是这个理想模型的子集。对于研发成熟度不高的企业，其业务现状是这个模型的较低成熟度状态。

研发体系理想模型是研发型企业发展的对标模型。与此对标，本企业所欠缺的或不完善的业务构件，就是我们未来应该建设的内容。根据企业发展战略规划，可以形成研发体系未来建设和完善的计划和步骤，这样将形成体系的长远规划。

研发体系理想模型可以指导我们进行产品研发过程中的软件引入规划。从理论上讲，理想业务模型中每个业务构件都应该有一个工业软件来支撑。因此，我们可以一一对应地提出对应每个业务构件的工业软件，填入图 4-3 的右边框架中，就形成了研发体系的数字化蓝图，甚至我们可以针对某企业或行业提出每个工业软件的参考软件。

通过与理想业务模型对标，企业获得研发体系的发展规划，进而获得工业软件的引入规划。依据企业产品研发的起点，可以把企业研发能级（成熟度）分为五级，即仿制级、逆向级、系统级、正向级和自由级，如图 4-4 所示。企业应该据此来判断自己当前所在的级别，来引入对应的工业软件。通过研发体系的进化节奏，可推导出工业软件引入节奏。

相同的方法可以应用到企业经营的其他过程，譬如生产过程。ISA-95 标准提出了生产制造的业务理想模型及其对应的工业软件，并将业务模型分为物理过程层（Level 0）、传感层（Level 1）、监控层（Level 2，如 DCS、SCADA）、生产管理层（Level 3，如 MES）、经营管理层（Level 4，如 ERP、SCM）等。

三、集成规划

工业体系的复杂性决定了工业软件体系的复杂性。众多工业软件被引入企业后，将它们集成形成数字化平台，才能发挥工业软件体系的最大效益。工业软件的集成推荐使用企业架构方法，可以参考 TOGAF、Zachman、FEA、DoDAF 等框架。本文以 TOGAF 架构及研发设计类工业软件的集成为例来进行简单说明。

TOGAF 是由国际标准权威组织 The Open Group 制定的基于一个迭代过程的企业数字化建设与规划模型。它的基础是美国国防部的信息管理技术架构。它是当前最可靠和行之有效的企业数字化架构开发方法之一。

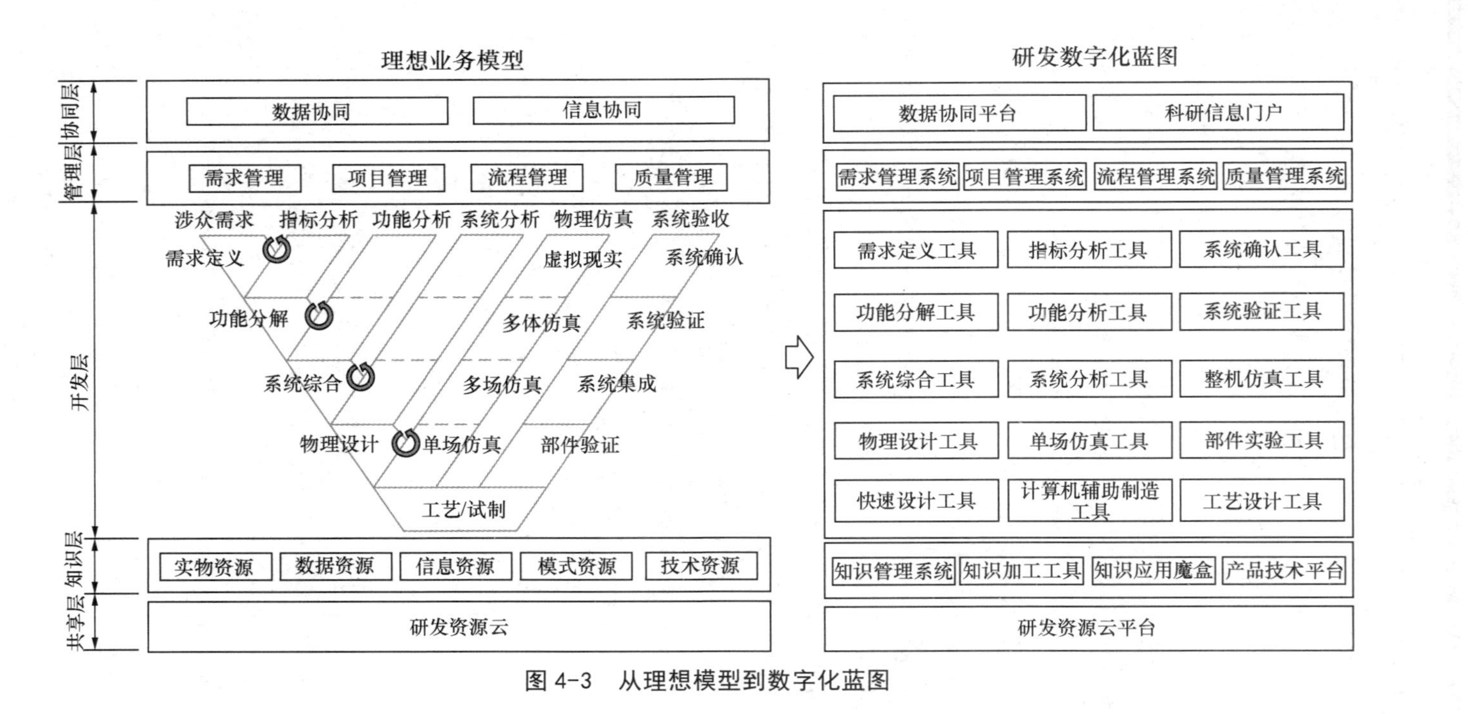

图 4-3　从理想模型到数字化蓝图

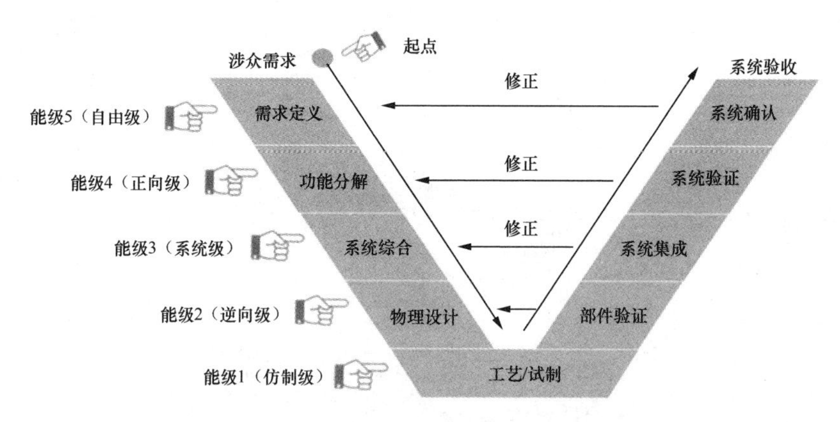

图 4-4　产品研发入手点决定企业能级高低

TOGAF 的基本思路是从企业战略愿景出发，通过建立企业的业务架构，进而建立信息系统架构（包括应用架构和数据架构）和技术架构，最终完成企业的数字化建设。其基本架构及各组成部分之间的逻辑关系形成了相适应的架构设计方法，如图 4-5 所示。

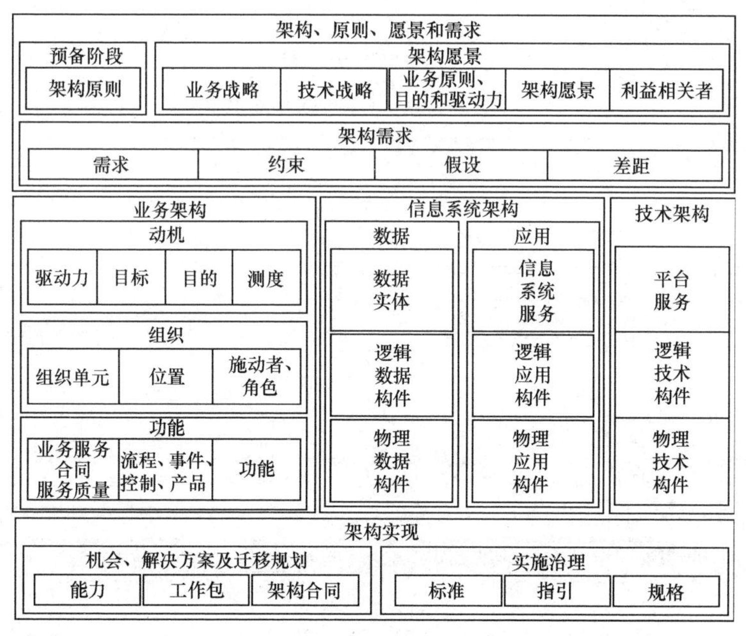

图 4-5　TOGAF 总体架构图和架构设计方法

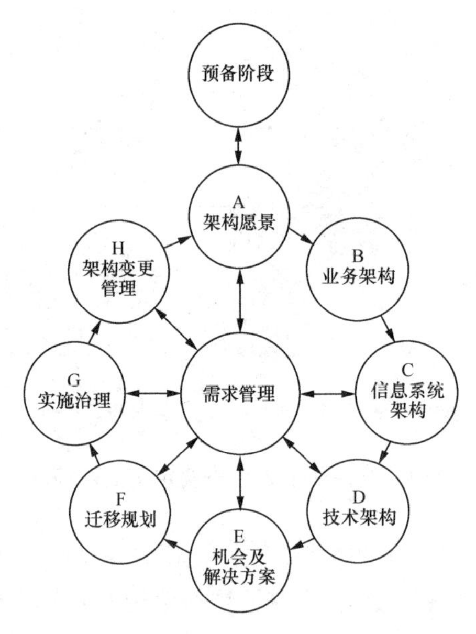

图 4-5　TOGAF 总体架构图和架构设计方法（续）

利用企业架构方法，可以把研发阶段的工业软件体系进行集成整合，形成研发体系的数字化平台。在研发体系理想模型中，根据业务的相似性和关联性对模型中所涉及的业务进行归类。以此为依据，对研发数字化蓝图的子系统进行相应归类，形成最终的数字化研发平台的应用架构，如图 4-6 所示。

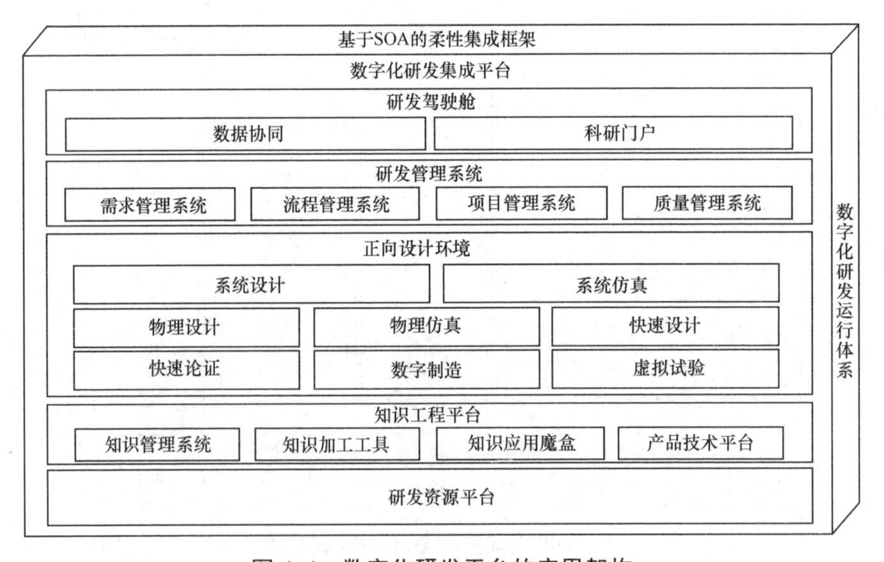

图 4-6　数字化研发平台的应用架构

数字化研发平台既是数字化研发体系的组成部分，又是研发体系数字化转型的载体。从理论上讲，研发业务构件数字化之后，研发人员不需要离开本平台，就可以完成产品的研发和设计。数字化研发平台并不是一套工业软件，而是一系列工业软件构成的集成化平台。根据企业的数字化研发目标，基于先进计算架构（譬如云架构），利用面向服务的柔性集成框架，将企业所有与研发有关的工业软件协同整合，形成数字化研发平台。这些系统除数字化研发体系咨询和建设方所提供的系统外，还包括第三方软件、企业已引入软件和未来引入的软件。

四、应用策略

工业软件的复杂性决定了其应用效益无法通过简单过程获得。实际上，工业软件是典型的社会性技术（即在人类社会中使用的技术），遵守社会技术学的技术、管理和经济规律。社会性技术的特点是，技术往往不是软件推广应用和发挥效益的障碍，而是与社会有关的其他要素。这些要素包括人才与组织、工具与方法、流程标准与规范、战略及平台等。如果没有建立与工业软件相配套的完备社会技术学体系，再先进的工业软件和平台都不会获得效益。

社会技术学模型又称为 WSR（物理 - 事理 - 人理）模型，基于此模型可建立完整体系模型。因此，工业软件应用的完整体系模型应该由战略、物理、事理、人理及平台构成，社会技术学模型如图 4-7 所示。

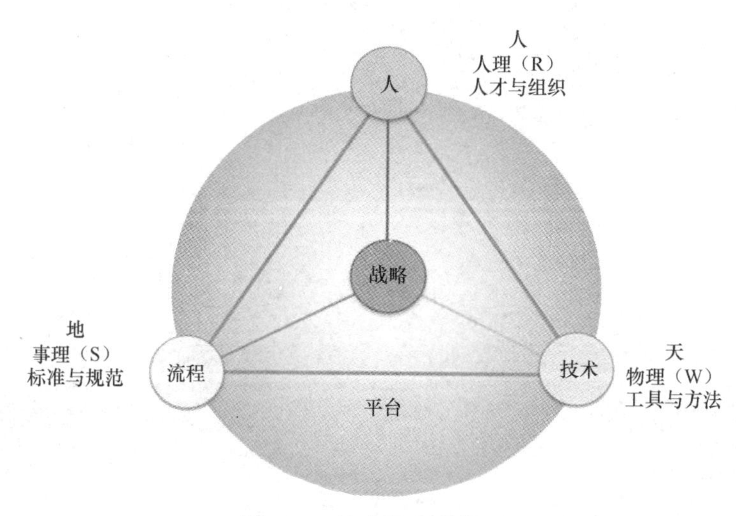

图 4-7　社会技术学模型

该模型从战略、人（组织）、技术、流程以及平台几个方面对体系进行分析。战略是中心，组织、技术、流程围绕模式展开，平台是体系落地的支撑和载体。由此构成“1-3-1”结构模型。1 代表一个中心，即战略（或定位），是体系的运行核心；3 代表 3 个要素，即组织、流程、技术，决定了体系的运行方式；1 代表一个载体，即平台，利用了数字时代的便利性，为体系提供支撑。

工业软件的应用体系实际上是针对企业的具体情况，特别是企业的发展战略和远景目标，依据社会技术学模型，将业务体系各业务构件的 WSR 要素与所使用的工具软件匹配形成的。工业软件应用体系反映了企业对软件和技术的采纳、必要支撑平台的建设，对业务模式的选择，对流程、标准和规范的建设，以及对组织的优化变革的情况。

题 4-3：企业如何决策自主研发、外包研发和采购工业软件？

工业企业是应该自主研发、外包研发，还是购买商用工业软件，需要考虑的要素包括该工业软件所在的产业状态、企业战略及内部 IT 研发能力、商业秘密等几个方面。毋庸置疑，购买标准化的商业软件性价比是最高的，所以这应该是企业的优先项，但鉴于工业软件的复杂性，需要结合以下几个方面具体分析。

一、产业状态

产业状态的判断主要考虑该类工业软件在市场中的标准化程度、商业软件满足企业需求的程度、产品及服务的可获得性等几方面。

1. 标准化程度

如果市场上某类工业软件的标准化程度较高，说明其企业所在行业的业务机理较为明确和固化。在这种情况下，企业所在行业通常是传统工业，每家企业的特性不会太复杂，企业应该优先考虑购买商用软件。

如果该类工业软件的标准化程度不高，说明企业所在行业的业务机理尚不明确，也难以固化。在这种情况下，该企业所在行业通常是新兴产业，每家企业的特性比较复杂。此时企业可以考虑自主研发工业软件，至于是否外包，则取决于企业自身的战略和 IT 研发能力。

2. 商业软件满足企业需求的程度

市场上若有商业化程度较高的工业软件，企业应优先选择购买商业软件，但如果仍无法满足企业需求，这种现象往往发生在行业龙头身上，因为龙头企业对软件的需求总是高于行业平均水平，此时企业应该优先选择自主研发或技术外包。

3. 产品及服务的可获得性

即使进口工业软件的标准化程度和需求满足度比较高，但受国外政策等原

本篇作者：田锋

因，可能导致供给受限。这种情况需要考虑自主研发软件。

二、企业战略及内部 IT 研发能力

在软件定义工业的时代，部分大型工业企业已经开始围绕核心业务自主研发工业软件，甚至有些企业从战略转型出发，将 IT 部门单独剥离为工业软件企业，聚焦母体企业开展数字化转型服务。经过工业实际场景反复打磨的工具和服务，逐渐成熟并演进为产品或平台，开始面向行业提供通用性服务，并占据一定的市场规模。无论何种类型的工业软件，它从代码变成商品，需要经过工程化、产品化和商品化过程，每个过程都要持续投入时间、资金、技术能力等关键要素，从量变到质变。如果企业没有做好转型的准备，就很难坚持到最后，一切都可能成为沉没成本。

行业客观情况和企业战略决定了企业是采购商业标准软件还是自主研发，而企业内部 IT 研发能力则决定了其是完全自主研发还是外包研发。企业管理者应该从软件技术积累、科学原理积累、工业知识积累、需求分析能力、工程验证能力、可持续发展能力等方面考察团队的软件工程化能力。

三、商业秘密

工业软件与普通软件最大的区别是，工业软件包含大量的企业内的知识，这些知识往往都是企业最有价值且必须高度保密的资产。如果企业所需的软件具有较高的知识密度，则应该考虑自主研发。

题 4-4：工业软件选型需要考虑哪些因素？

工业企业选择工业软件时，应该考虑的因素包括技术因素、商业因素、供应商因素、体系因素、生态因素等，具体介绍如下。

一、技术因素

技术因素主要包括目标工业软件从技术方面满足企业需求的程度，此外还有功能满足度、性能满足度、适度先进性、其他因素等内容。

1. 需求识别

自身需求准确识别是能正确选型工业软件的首要工作。很多企业经过“对标”，发现同行在使用某类工业软件或者某款工业软件，于是想当然地认为自己企业也需要同类的工业软件甚至同款工业软件。其实，每家企业的战略、产品、业务、用户、发展阶段、人才等都有一定的差异，各自具有不同的发展状态、条件和环境，其对工业软件的需求是不尽相同的，这种差异小到模块的不同，大到工业软件类别的不同。因此，企业选择工业软件时的正确“对标”对象应该是自己的“刚需”，而非其他企业。

2. 功能满足度

产品的基础功能是我们所有工业软件选型考虑的第一要素。所有工业软件的功能都是针对用户需求的。如果企业正确识别了自己的“刚需”，在众多工业软件及其模块中选择与“刚需”匹配的工业软件和模块则相对简单。在不同的应用场景下，不同的用户群体对产品功能和需求匹配度要求也不一致。在创新属性较强的业务中，企业会尽量选择产品功能强大的软件产品，比如在材料设计领域。在操控领域，我们更加追求功能和需求的精致匹配，比如设备点检查。

3. 性能满足度

工业软件区别于办公软件或个人应用，对性能满足度的要求远高于功能，

本篇作者：田锋、盛玲玲、梅敬成

尤其是重要设备或产线的自动控制软件，企业很关注工业软件的稳定性、可靠性、服务请求的响应速度；对于管理协同类工业软件，例如ERP，还会考虑其吞吐量、并发用户数和资源利用情况等指标；对于业务在线软件或者科学计算软件，其性能对业务的效率和质量具有决定性影响。通常情况下，工业软件的性能主要包括系统响应速度、计算速度、计算精度等。

4. 适度先进性

为了选择合适的工业软件，需要格外注重“刚需”的识别。但企业在持续发展，满足今日需求的软件也许在一两年内就会过时。因此，工业软件功能和性能的先进性是企业重要的考量因素，但不主张追求过度的先进而忽略性价比。在技术的先进性方面，企业主要考察软件架构的先进性、开放性、平台化、可配置能力和可扩展能力。

5. 其他因素

除了以上几个方面，在很多的工业软件选型中，还会考虑产品体验、协同能力和产品安全性等方面的因素。

（1）产品体验方面，主要考察产品的易用性、操作的难易程度以及对用户自定义操作的支撑能力。

（2）协同能力方面，主要考察软件的接口标准化程度、通信协议、内部其他工具和系统集成情况，以及数据传输和共享的能力。

（3）安全性方面，考察对特定配置的自动备份能力，同时对漏洞的修复机制、用户隐私保护等信息安全，以及工业软件的自动运维和风险检测能力。

（4）对于特定场景，尤其是供应链协同方面的工业软件，我们可能还要考察工业软件的设计及其背后的管理理念与企业文化的匹配度。

二、商业因素

从商业因素考虑，关注软件在财务方面是不是达到预设目标，主要包括软件价格及综合实施成本、软件价值（投入产出比）。

1. 软件价格及综合实施成本

企业应该防止因为过于关注价格而缺乏对技术要素的关注，特别是若在招标过程低价中标，则降低对技术需求的满足度。企业要主要考虑购买软件产品本身的成本，但是同时也要考虑实施成本（包括实施周期，需要各业务部门的配合度，供应商项目经理的项目管理能力等）以及项目后期运维和升级的成本，有时候甚至需要考虑配套硬件或其他配套软件的相关成本。

2. 软件价值

软件价格的高低是相对的，不同软件之间确有可比之处，但更重要的考虑因素应该是软件价格相对于其将产生的价值来说是不是划算。因此，对软件未来价值的测算是重要的考量依据，尽管这种测算具有较大难度，在很多实践中这种测算也常常有偏差，但仍然是采购工业软件的重要依据。其实这种测算最重要的价值不在于测算的准确性，而在于对激发软件价值策略的深度思考。

三、供应商因素

工业软件带来的效益与供应商的特征有较大的相关性，主要在于供应商的综合实力、合适的服务能力、可持续发展潜力及合作历史和行业经验。

1. 供应商的综合实力

供应商的综合实力对其成功入选为具体项目的供应商非常重要。在同等条件下，企业往往会选择知名度大、综合实力强的供应商合作。具体需要考虑以下这些因素：供应商的行业知名度和其工业软件的市场覆盖率、企业的规模、发展历史、发展速度、股东情况、融资能力、研发人员数量及占比，第三方排名以及专利、奖项等创新能力指标。

2. 合适的服务能力

简单的工具级工业软件常常只需要供应商具有基础服务能力，即日常的软件需提供的技术支持能力。但复杂度较高的工具级工业软件（譬如仿真软件）或者平台级软件，往往需要供应商具有体系咨询和规划的能力，这种咨询和规划能力会涉及对企业业务（即工业属性）的深度理解。软件选型应该考虑供应商是否具有与其所提供产品配套的服务能力，例如供应商对本项目重视程度和出现问题后的响应速度，以及供应商对软件的运营辅助支持，比如上线后的用户培训组织等。

3. 可持续发展潜力

首先，只有财务状况良好的工业软件企业才具有长期可持续发展的潜力。其次，企业战略明确且主营业务与目标工业软件一致才会保障工业软件的可持续升级。最后，如果企业未来可能会面临断供风险，则应该考察供应商产品的自主化及信创适配能力。

4. 合作历史和行业经验

企业选择供应商还应重点考虑的一个因素，即工业软件供应商和工业企业合作经历，以及供应商在行业内是否有相似案例，此外，用户也需要考察供应商软件产品的工艺技术和行业知识积累程度和管理能力。同时，供应商在同行业的客户数量，以及对行业、对企业痛点的认知深度都是要考虑的硬性条件。

四、体系因素

从技术因素、商业因素和供应商因素考虑，企业主要关注的是供给侧方面，在需求侧方面，企业主要考虑体系因素。企业除了要识别自己的“刚需”，更要考虑本企业能否建立发挥目标工业软件的价值要素，或者说，企业当前阶段是否做好了驾驭目标工业软件的准备。

1. 人才引进与组织变革

工业软件的科技含量较高，对使用者的基础能力和专业知识有一定要求，而且对于复杂软件尤其是平台类工业软件，企业需要调整甚至变革组织体系，并考虑是否做好了人才引进、培养和组织体系调整的准备。

2. 流程、标准与规范的制定

工业软件，特别是平台类工业软件发挥作用的前提是对企业的业务进行变革。企业的流程要进行相应的调整，软件的应用标准和规范也要与之配套。为此变革，企业需要投入大量的工作。企业要考虑是否做好了这种变革和投入大量工作的准备。

3. 基础资源库的建立

工业软件的使用往往需要企业具备一定的基础资源库，譬如材料库、器件库、模型库等，有些可以通过采购获得，而更多的是需要企业投入大量的工作自己建立起来。

五、生态因素

从生态因素来说，企业要考虑工业软件效益的可获得性及相关环境，包括软件的用户群、相关领域专家等。

1. 用户群

用户数量足够多，特别是具有相似场景需求的用户要足够多，有利于软件使用中的技术交流，提升其使用效率和效益。

2. 相关领域专家

企业熟悉目标工业软件的领域专家数量多，意味着在具有高端咨询或者业务外包需求时，可以获得足够多的高端服务。

虽然以上这些因素都是工业企业选择工业软件时考量的一些重要指标。但是企业在具体工业软件选型时，会因为具体的应用场景和工业软件类型不同，侧重的维度也会有差异，比如价值链前端的研发设计类工业软件，技术先进性的权重比较大，而在工业控制领域，软件性能和安全性权重比较高；生产制造类工业软件，协同能力、易用性等维度的权重将会大大提升。另外在实践中，在工业软件选型时，是业务部门主导还是技术专家主导，也会给选型结果带来差异。

题 4-5：工业软件如何融入企业信息管理系统？

企业信息管理系统指企业内部各个业务领域之间相互衔接和协同的信息系统。当前制造业数字化转型已成为国家重要战略，企业信息管理系统是实现数字化转型的重要手段和基础措施。工业软件作为数字化转型的核心支撑，是数字技术与业务融合、服务供给与需求融合、模式创新与价值融合的集中体现，是推动各行业数字化转型的重要突破口。

一、业务结合：工业软件贯穿企业信息管理系统生产制造全价值链

工业软件贯穿企业的整个价值链，从研发、采购、制造、营销、供应链到服务；从车间层的生产控制到企业运营，再到高层决策；从企业内部到外部，实现与客户、供应商和伙伴的协同。在生产制造领域，工业软件可帮助企业实现产品设计、工艺设计、生产计划和过程控制等功能。同时工业软件也可以作为生产管理模块的核心组成部分，实现生产计划、物料管理、质量管理等功能。工业软件通过与企业信息管理系统进行集成，可以实现信息的共享和业务流程协同。通过分析企业中各个部门生产、采购、销售、仓储、财务等业务流程，可以为工业软件选择和集成提供指导，进而解决数据的传输、格式的转换、系统的兼容等问题。现代数字化工厂的系统结构与连接如图 4-8 所示。

在这个过程中，一是需要基于业务全流程，梳理工业软件与企业信息管理系统之间的接口，统一规划各软件间接口，包含通信协议、数据格式、文件类型、控制权限等；二是尽量使用行业通用的文件类型，便于各业务部门之间、上下游企业之间的协同；三是基于业务定位和管理要求，制定针对工业软件、企业信息管理系统的访问操作权限和安全防护措施，在确保业务高效运行的同时，确保系统的运行安全，确保数据的有效性和安全性；四是在工业软件和企业信息化软件的选择上尽量选用扩展能力较强、支持自定义开发、稳定性和安全性高、运维服务有保障的产品，并针对业务现状进行工业软件和企业信息化软件的协同功能模块开发。

本篇作者：杨良、李震

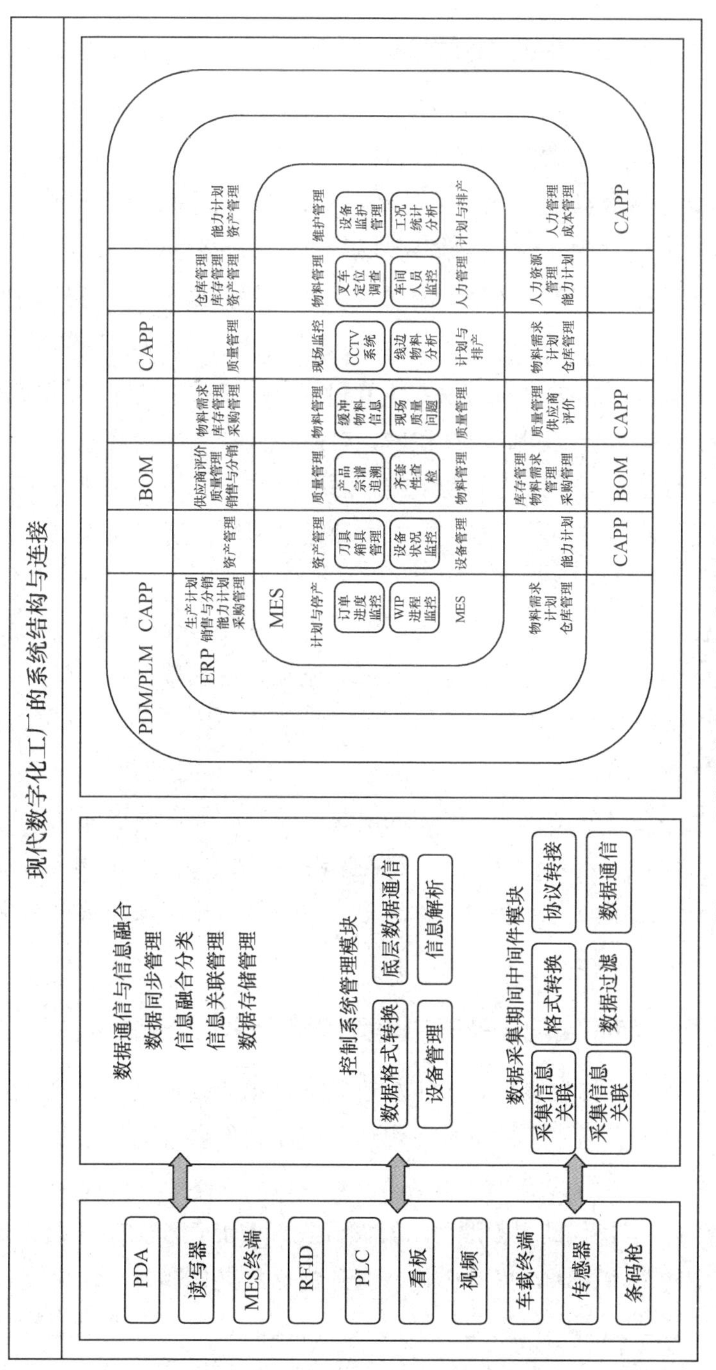

图 4-8　现代数字化工厂的系统结构与连接

二、数据结合：工业软件数据分层体系有效驱动企业信息管理系统的洞察力

工业软件数据分层体系有效驱动企业信息管理系统的洞察力。与企业信息管理数据相比，工业数据具有数据量巨大、强时效性等鲜明特点。随着大量设备和智能产品数据的涌入，工业数据的存储量将呈指数级增长，生产现场的运营管控对数据的实时性要求高，需达到毫秒级别，产品数据的准确性和时效性将会直接影响产品及生产质量。工业软件数据分层体系示例如图 4-9 所示。

工业数据通常分散在不同的业务环节和信息系统中，传统的组织壁垒和信息孤岛割裂了这些数据之间的内在关联，根据不同需求编写高效接口，实现生产现场与企业信息管理系统之间的数据互通，满足工业数据快速写入存储、快速查询、可视化展示等多种需求，通过大数据分析，发现深层次的问题，提高生产现场与企业管理的协调性。

通过“总体规划、分步实施”的原则，工业软件与企业信息管理系统实现数据共享与整合，实现系统间的无缝集成，避免系统间数据不一致、冗余等问题，提高信息系统的整体效益。具体路径可包含以下几个方面：规范数据格式，确保不同系统之间的数据可以互相识别和交换；选择适当的数据集成治理工具，实现企业内外部数据高效汇聚；优化数据交换接口，确保数据高效稳定地传输和交换；建立高效的数据管理机制，确保数据的准确性、完整性和安全性；实现数据分析和价值挖掘，提高企业的管理效率和决策水平。加强数据共享与集成措施示意如图 4-10 所示。

三、技术结合：加速实现支持云边协同的平台化、云化发展

工业软件和企业信息管理系统正加速向平台化和云化发展，并基于平台实现云边融合，充分利用平台的资源及优势，驱动软件自身的创新发展与生态构建，支持实现生产、经营、管理、服务等活动，过程的集成、互联、社会化协同。企业 IT 系统的升级换代使得云原生、开源开放、智能化和生态基础等成为企业工业软件选型的基本要求，以中心化、服务化、数据化和智能化为核心理念的数字化能力平台成为新一代企业信息化架构的发展趋势，大型企业数字化转型从选应用转向选平台，加快了传统企业信息管理系统的云化步伐。

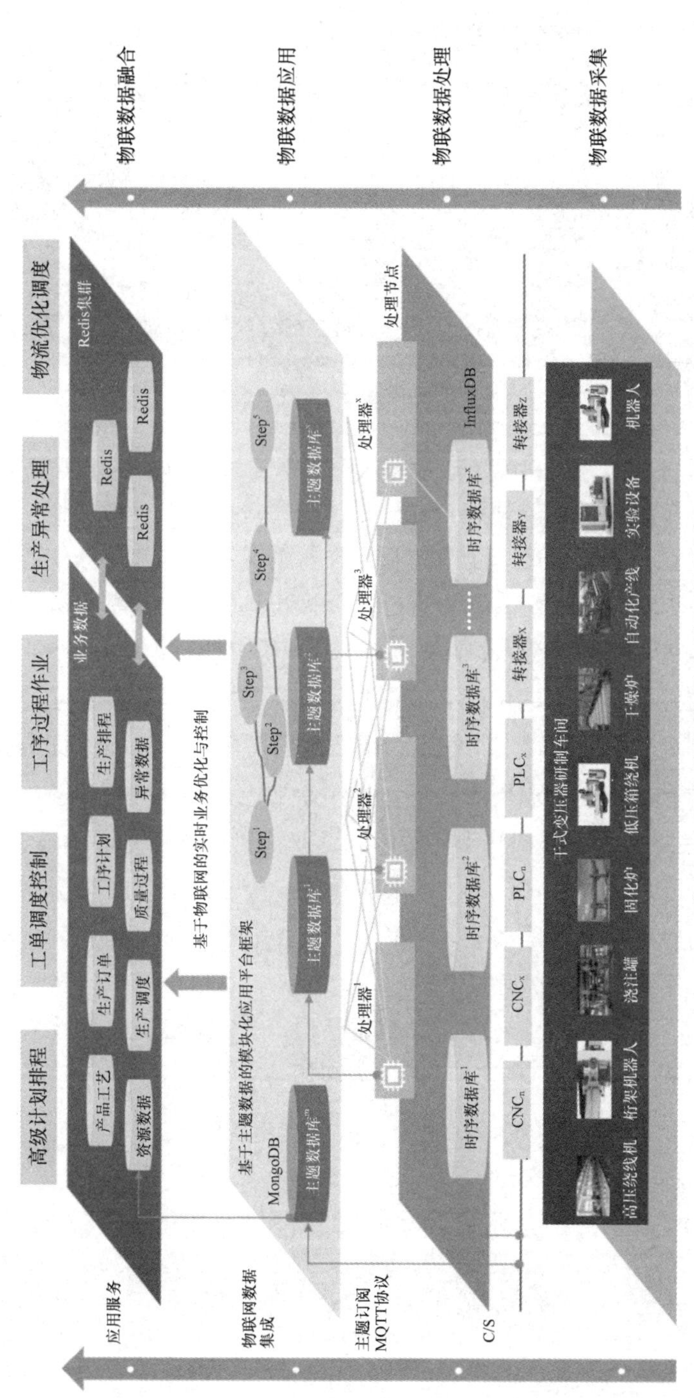

图 4-9 工业软件数据分层体系示例

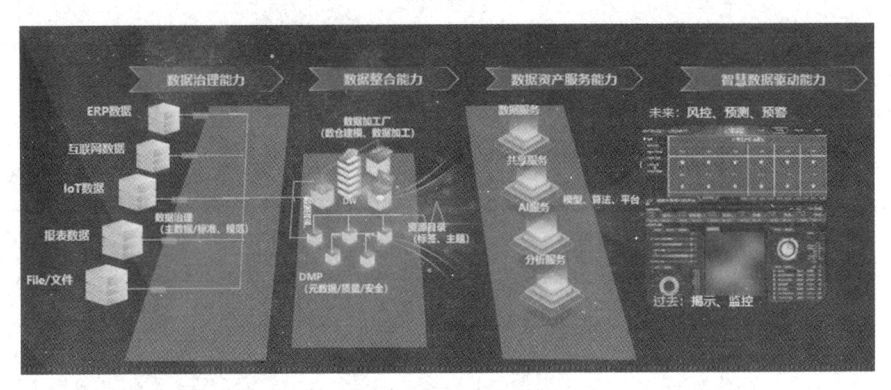

图 4-10 加强数据共享与集成措施示意

在这个过程中，一是确保硬件基础设施对软件平台的支撑，在运算、存储、传输等重要环节确保工业软件和企业信息管理系统之间的高效协作，提高全业务过程的软件系统执行效率，企业可根据自身情况选择自建数据中心或采用公有云解决方案，在性能、成本和安全性之间做出选择。二是基于数字化能力平台，为工业 APP 等新型工业软件提供支撑，围绕个性化、碎片化的应用场景，开发专业的工业软件，推动传统企业信息管理系统与工业软件的融合，提升由工业大数据驱动的企业洞察力。三是利用开源模式打造工业 PaaS 平台，包括低代码平台、数据中台、物联网平台等，并不断加大投入，培育并吸引更多的工业 APP 和应用加入平台，构建支持我国制造业转型升级的工业 PaaS 生态系统。四是打造开源开放的生态聚合社区，推动开源技术与 SaaS 的结合，更好地解决中小企业分布行业广、管理水平参差不齐、个性化需求难以满足等一系列问题，为中小企业数字化转型提供有效支撑。

总体来讲，可以通过业务融合、数据互通、开源和云化技术支持 3 个途径推动工业软件融入企业信息管理系统，为我国数字化转型战略提供有效支撑。

题 4-6：如何实现不同工业软件之间的集成应用？

一、工业软件的信息孤岛形成

工业软件是一种为工业企业提供服务的应用系统软件，根据其功能和应用领域的不同，可以分为多个类别。这些软件有助于工业企业管理和控制各个方面的运营，以提高效率、减少成本和确保生产质量。工业软件形成信息孤岛的原因可以归结为以下几个方面。

1. 部门和功能之间的隔离

工业企业通常由多个部门组成，每个部门可能使用不同的软件来支持其特定的任务和职责。这种隔离导致了不同部门之间的信息孤立，使得数据和信息无法流动和共享。例如，财务、采购、库存和生产等部门使用不同的软件，导致数据难以在各个部门之间无缝传递。

2. 不同软件系统的兼容性问题

工业企业在不同的业务领域和功能方面使用各种不同的软件系统。这些软件系统可能来自不同的供应商，使用不同的技术和语言，因此它们之间缺乏兼容性。这使得数据交换和集成变得困难，导致信息孤岛的形成。

3. 数据格式和标准的差异

不同的软件系统可能使用不同的数据格式和标准，使得数据在系统之间的传递和解释变得复杂。缺乏统一的数据格式和标准，导致数据无法在不同系统之间无缝对接和共享，增加了信息孤岛。

4. 历史遗留系统和技术限制

一些工业企业可能在过去使用了一些老旧的系统，这些系统使用的技术和架构已经过时。这些系统可能缺乏现代化的集成能力，无法与新的软件系统进行有效的数据交互和共享，导致信息孤岛的形成。

综上所述，工业软件形成信息孤岛的原因主要包括部门和功能之间的隔离、

本篇作者：于万钦

不同软件系统的兼容性问题、数据格式和标准的差异，以及历史遗留系统和技术限制。

二、工业软件应用集成技术方法

工业软件的集成是将不同的软件系统、应用程序和平台整合在一起，以实现更高效、协同和智能化的生产、管理和决策过程。这种集成可以发生在企业内部，也可以跨越企业界限，与供应链、合作伙伴或客户进行集成。其目标是实现数字化转型，使企业能够更好地适应快速变化的市场需求，提高生产效率、质量和灵活性。

为了克服工业软件的信息孤岛问题，可以采取以下措施。

1. 引入中间件和集成平台

中间件和集成平台可以作为桥梁，帮助不同的软件系统之间实现数据的共享和交互。通过中间件和集成平台，可以实现数据的转换、标准化和集成，促进不同软件系统之间的协同工作。

2. 制定统一的数据标准和接口规范

建立统一的数据标准和接口规范，使不同软件系统能够遵循相同的数据格式和交互方式。这样可以简化数据交换和集成的过程，减少信息孤岛。

3. 推动组织文化和合作意识的转变

鼓励企业内部各个部门之间的合作和沟通，打破部门之间的壁垒和信息孤岛。建立跨部门的合作机制和沟通渠道，促进信息共享和协同工作。

4. 提供培训和技术支持

提供培训和技术支持，帮助员工熟练使用和操作不同的软件系统，并理解数据共享和集成的重要性。这将有助于促进软件系统之间的协同工作，减少信息孤岛。

综上所述，通过引入中间件和集成平台、制定统一的数据标准和接口规范、推动组织文化和合作意识的转变，以及提供培训和技术支持，可以有效解决工业软件信息孤岛的问题。

三、工业软件集成的主要方面

1. 企业IT域（信息技术域）集成

企业 IT 域集成将不同的应用程序和系统进行整合，让它们能够协同工作和共享数据。例如，一个公司可能有财务、销售和生产等不同的应用程序，但它们通常是独立运行的，很难集成。为了解决这个问题，可以采用以下方法。

（1）使用应用程序接口（API）：这是一种技术，可以让不同的应用程序之间交换数据。通过定义和使用 API，应用程序可以相互通信和共享数据。

（2）采用企业服务总线（ESB）：这是一种中间件技术，可以帮助不同的系统之间传递和转换数据。ESB 提供了一个集中的平台，确保数据能够安全传输和转换。

（3）使用数据集成和 ETL 工具：这些工具可以帮助从不同的数据源提取数据，并将其转换为需要的格式。这样可以确保数据的一致性和准确性。

（4）应用服务导向架构（SOA）：这是一种软件架构方法，将不同的功能和业务模块定义为可重用的服务。通过使用 SOA，不同的系统可以通过标准化的接口和协议进行交互和调用。

（5）数据仓库和商业智能（BI）：这些技术可以帮助从不同的数据源提取和整合数据，并提供可视化的报表和分析结果。这样可以实现不同系统和数据源之间的集成和共享。通过优化数据流和自动化流程，以及采用上述技术方法，企业可以实现不同应用程序之间的协同工作和数据共享，提高业务流程的效率。这些方法可以让非专业人员理解，帮助他们了解企业 IT 域集成的基本原理和方法。

（6）根据国家标准委在 2023 年 10 月 1 日正式发布实施的《智能制造应用互联：集成技术要求》（GB/T 42405.1-2023）描述，应用互联总线帮助企业解决 IT 域的集成问题，能够有效地交换信息，以实现协同工作、通信和整合。应用互联总线像是一位超级翻译和协调员，帮助不同的应用程序翻译语言，让信息在企业内部自由流动，有助于企业更高效地运转，更好地管理其信息和流程。

2. 企业OT域（运营技术域）集成

OT（操作技术）域的集成技术是指将企业的实际物理设备、传感器和控制系统等技术整合起来，以实现它们之间的协同工作，应用互联总线服务运行平台如图 4-11 所示。以下是一些常见的 OT 域集成技术。

（1）工业物联网（IIoT）：就像我们将家里的电视、冰箱和手机连接到互联网一样，工业物联网将工业设备和系统连接到一个网络中。这样，我们可以实时监测设备的状态、采集数据，并远程控制它们。

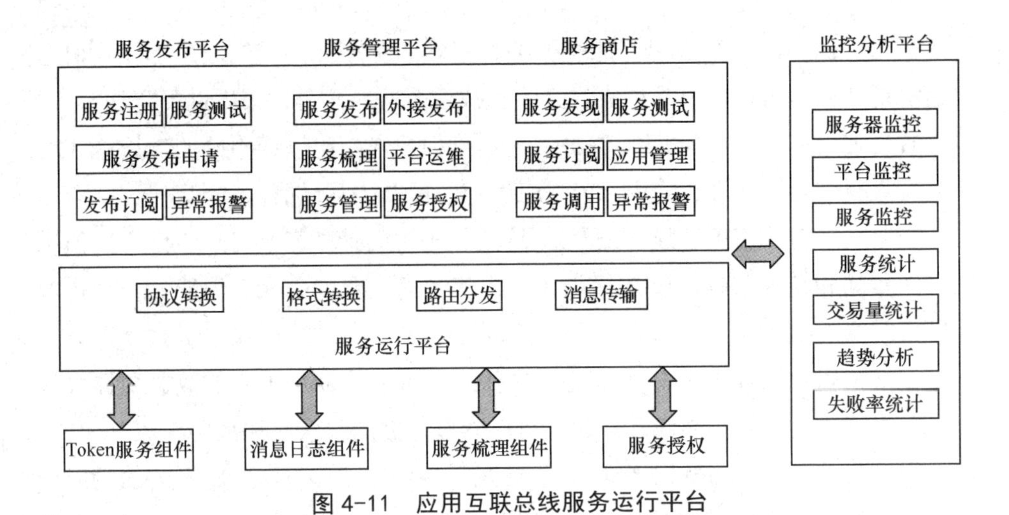

图 4-11　应用互联总线服务运行平台

（2）SCADA 系统：SCADA 系统用于监控和控制工业过程。它可以集成各种传感器、仪表和控制设备，实时采集数据，并提供监视和控制功能。这样，我们可以更好地了解工业过程的情况，并进行远程控制。

（3）DCS：DCS 是一种用于自动化控制的控制系统。它将各种控制设备、传感器和执行器连接到一个统一的控制平台上，实现对工业过程的分布式控制和协同工作。

（4）MES：MES 用于管理和控制制造过程的执行。它集成了生产计划、物料管理、质量控制和设备监控等功能，以实现对制造过程的集中管理和控制。

（5）PLC 系统：PLC 系统可以编程控制各种工业设备和系统，实现自动化的生产和控制过程。通过这些技术，企业可以将物理设备、传感器和控制系统进行整合，实现实时数据采集、监控和控制，可以提高生产效率、降低成本，并实现更高水平的自动化和智能化。

简单来说，OT 域的集成技术就是让工厂里的设备和系统能够一起工作，以提高效率和产品质量。

根据《智能制造应用互联：集成技术要求》（GB/T 42405.1-2023）描述，设备互联总线（devBus）帮助企业解决 OT 域的集成问题，是一种能使工厂设备互相沟通、监测健康状态、创建虚拟模型并进行管理的技术。

设备互联总线（devBus）用于模拟设备的运行方式，预测它们的寿命，以及测试不同的生产方式，以便找到最佳的工作方式。此外，还可以帮助更好地管理设备，定期检查设备健康状况，有助于降低维护成本，保障工厂正常运行，设备服务总线架构如图 4-12 所示。

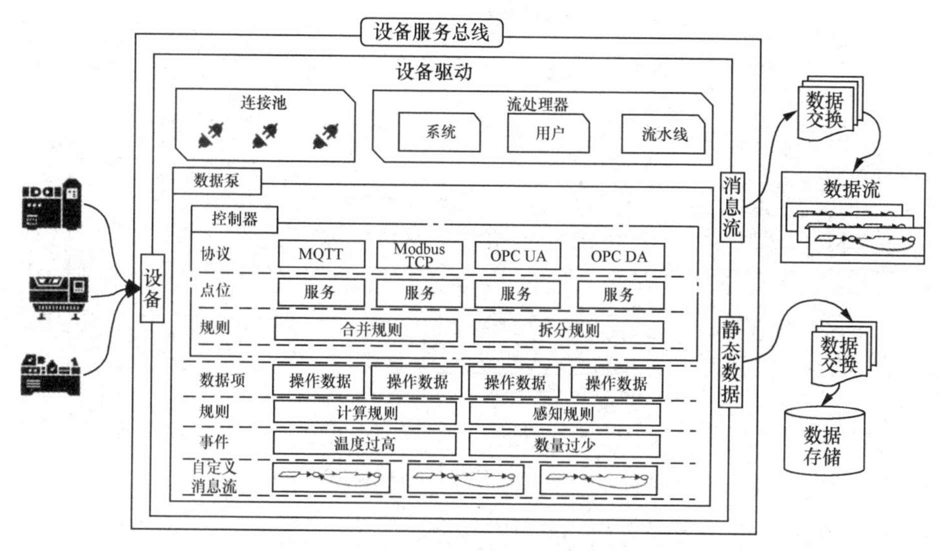

图 4-12 设备服务总线

3. 企业IT域、OT域融合集成

企业不仅需要内部系统之间互通，还需要让这些系统与生产设备、传感器等物联网设备分享数据。这种数据共享对于实时决策和自动化至关重要。

根据《智能制造应用互联：集成技术要求》（GB/T 42405.1-2023）描述，CPS 是基于 SOA 体系架构，使用标准规范和技术，实现不同应用程序之间的松散耦合连接，以便更好地共享和转换信息。

图 4-13 所示为 CPS 融通互联参考模型，CPS 融通互联是一个企业级、跨部门、跨组织和跨系统的泛在信息物理融合系统，是解决智能制造数据融通互联需求的一个参考架构，CPS 融通互联模型将数据和系统抽象为跨越整个企业的“数据虚拟化层”，是一个虚拟化的抽象服务平台。

通俗地讲，CPS 是一种让工厂更加智能化、高效和合作的技术，就像使用同声翻译一样，能够跨越不同的系统、部门和公司进行信息交流，实现更好的生产和制造。

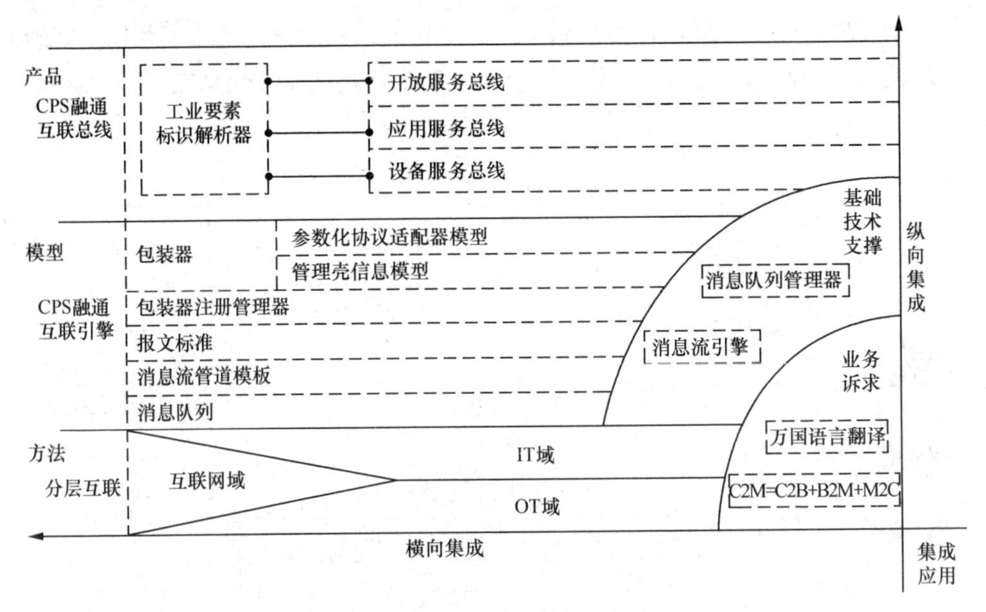

图 4-13　CPS 融通互联参考模型

CPS 融通互联模型参考架构从业务诉求、方法论、模型、解决方案（产品）、基础技术支撑 5 个维度提出了数据融通互联的需求。其中核心技术主要由协议转换、路由计算、数据格式转换、报文加密、参数化协议适配 5 个方面来解决了数据融通互联问题。

4. 全产业链一体互联集成

在当今时代，企业已经不再是孤立存在的实体，而是被视为一个复杂而互相关联的整体。全产业链一体互联集成的理念强调了在商业运作中各个环节之间的协同与合作，这种整合包括了供应链、生产、销售、数据分析、合规性和安全性等多个方面。全产业链一体化互联示意如图 4-14 所示。通过将这些要素整合起来，企业能够建立一个无缝连接的商业生态系统，实现各个部门和业务过程之间的紧密衔接，从而实现高度协同和智能化的运营。

全产业链一体互联集成的主要目标是在产业链的不同环节之间建立更为紧密的协作关系，以提高整体效率、减少资源浪费、降低成本、增强竞争力。这种集成使企业能够更加灵活地应对不同市场条件下的需求变化，从而更好地适应不断变化的商业环境。

实现全产业链一体互联集成需要依赖有效的技术基础设施。这可能包括先进的信息技术系统、物联网设备、云计算平台等，以确保不同部门之间的数据能够顺畅流通，支持实时决策和协同工作。同时，协同合作文化也是至关重要的，需要建立一个鼓励信息分享、创新和团队协作的企业文化。

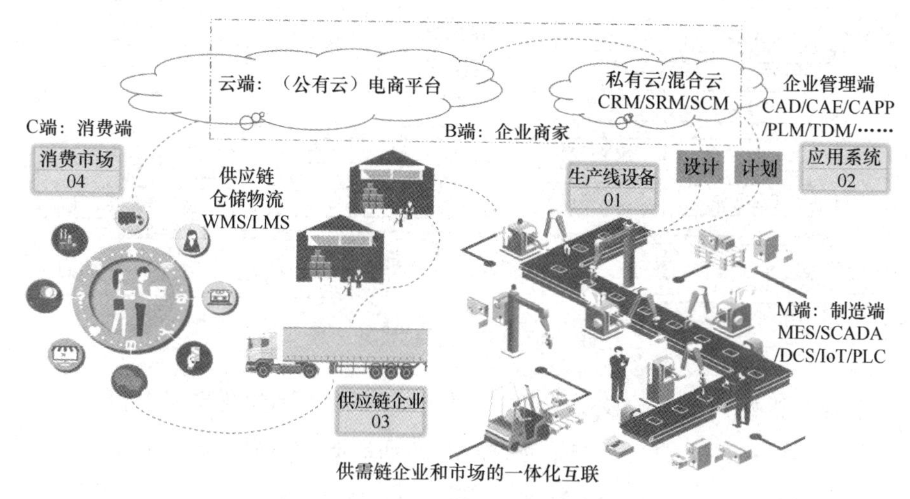

图 4-14　全产业链一体化互联示意

此外，清晰的业务战略也是实现全产业链一体互联集成的关键因素。企业需要明确定义整合的目标，了解如何最大程度地利用集成带来的优势，并在实践中不断优化和调整战略以适应变化的市场需求。

根据《智能制造应用互联：集成技术要求》（GB/T 42405.1-2023）描述，CPS 融通互联模型首先将制造业的场景划分为 3 个相对独立又相互联系的域：IT 域、OT 域、互联网域。这种划分有助于理解不同领域之间的关系和需求。CPS 融通互联总线融合了应用互联总线 ASB（针对 IT 域各类信息系统）、设备互联总线 devBus（针对 OT 域各类设备）、开放互联总线 OSB（针对互联网域的系统或平台）、工业要素标识解析 MDM 4 大核心产品能力，助力企业解决多源异构信息系统的数据融合问题，推动工业互联网与产业互联网和消费互联网的融合，实现全价值链、产业链、业务链的互联互通，消除数字鸿沟，提高业务敏捷性，促进数字化转型。

开放互联总线（OSB）主要是用于实现企业和不同行业（环保、银行、物流等行业）之间的数据融通互联具有可扩展性，提高协作效率，如图 4-15 所示。

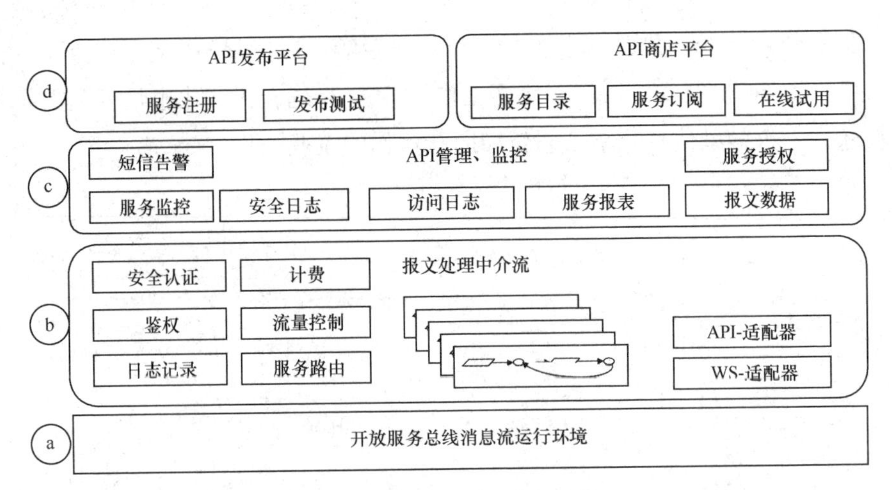

图 4-15　开放互联服务总线

工业要素标识解析 MDM 平台主要是一个专注于工业要素（人、机、料、法、环）主数据管理的平台，帮助企业管理其基础数据，确保数据的质量和准确性，并支持不同部门之间的协同工作，MDM 主数据管理模型如图 4-16 所示。

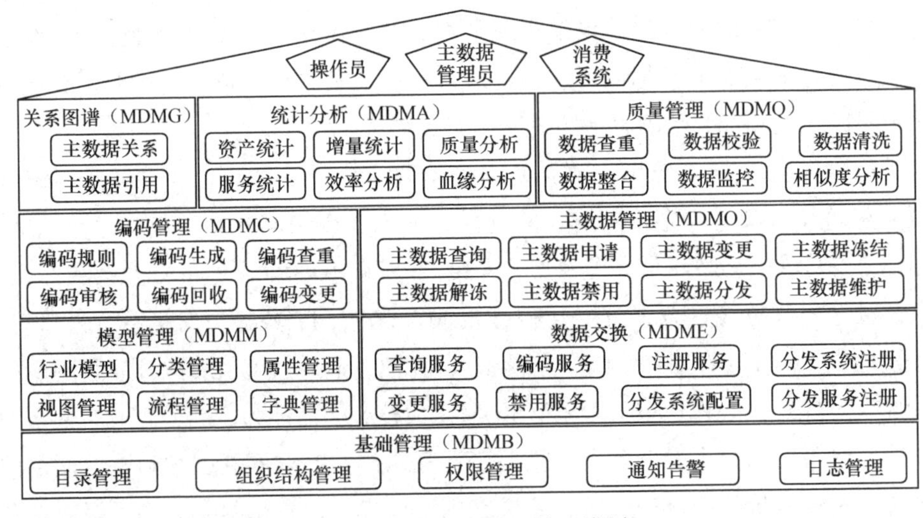

图 4-16　MDM 主数据管理模型

工业要素标识解析 MDM 平台就像公司的信息管家，帮助公司管理由工业要素的属性定义信息的工具，工业要素通常包括公司的一些重要事物对象，如产品、客户、供应商或者设备。平台记录这些事物对象的各种定义、属性，如产品的名称、价格、客户的联系信息、设备的状态等。此外，平台还有助于不同部门之间更好地合作，确保不同部门间都能方便地访问需要的信息，例如，销售部门可能需要客户的信息，而生产部门可能需要产品的信息。平台帮助企业更好地管理和利用这些信息，从而提高协作效率并保持竞争力，加快企业数字化转型。

全产业链一体互联集成是未来商业的关键趋势，帮助企业更好地应对市场挑战，提高竞争力，提供更好的产品和服务。随着技术的不断发展，企业需要积极探索如何将这一概念融入他们的商业战略中，以开启智慧商业新时代。

题 4-7：企业如何管理工业软件产生的数据？

如何管理好工业软件产生的数据？需要回答两个问题，首先为什么要管理工业软件产生的数据？其次，不同的工业软件产生的数据有什么特征？

一、管理工业软件数据的驱动力

为什么要管理工业软件产生的数据？这要求我们深刻认识工业数据的价值属性。工业数据是实现产品设计、工艺、生产、管理、服务等各个环节智能化水平提升的关键要素，也是驱动制造业模式创新的核心力量。工业软件的部署应用成为工业数据产生的源泉，也是工业数据跨职能域流转的载体。管理工业软件产生的数据是企业管理工业数据的重要组成部分。

不同的工业软件产生的数据有什么特征？研发设计类工业软件产生的诸如设计、结构、算法、试验等数据，是工业知识软件化的核心要素，结构化数据和非结构化数据并存，数据量不大，价值密度却最高；生产制造类工业软件产生的诸如产线、设备、物流等的工况（如压力、温度、振动、应力等）、运行状态、环境参数等数据，以时序数据为主，数据量大，采集频率高；经营管理类工业软件产生的诸如产品、工艺、生产、采购、订单、服务等数据，是企业的核心数据资产，以结构化数据为主，数据量不大，但有极大的挖掘价值。

二、管理工业软件产生数据的策略

第一，把好数据源头，做到工业数据应采尽采。工业数据采集是智能制造和工业物联网的基础和先决条件，工业软件的应用给工业数据采集提供了重要路径。对于无法直接通过工业软件获取的数据信息，可以使用附加传感器收集。

第二，畅通数据通道，实现工业数据集成共享。广泛部署工业软件，构建数据统一管理平台，打通不同工业软件之间的数据逻辑关系，构建企业内公共数据基座，加速业务系统互联互通和工业数据集成共享，实现生产管控一体化。

本篇作者：程广明、田春华

第三，注重数据安全，做好工业数据分类分级。数据分级分类是数据管理的重要基础性工作，依据《工业数据分类分级指南（试行）》，结合企业自身情况，将工业数据进行分级定义，识别数据的具体位置、敏感程度、相关人员及管理权限等信息，更好地了解和管理自身数据。

三、管理工业软件产生数据的路径

第一，应用数据管理模型，构建数据管理体系。国际上一些数据治理行业组织，如国际数据管理协会、企业数据管理协会、CMMI（能力成熟度模型集成）研究院等，分别推出了数据管理知识体系（DMBOK）、数据管理能力评价模型（DCAM）、数据管理成熟度模型（DMM）等数据治理模型，我国推出的数据管理能力成熟度评估模型（DCMM）也已经在数百家工业企业贯标应用。要管理好工业软件产生的数据，就要选择适合企业发展现状的数据管理模型，构建数据管理体系。一是构建企业数据管理组织架构，设置首席数据官，明确数据管理职能部门和角色配置，必要时设立数据治理委员会协调数据治理顶层规划；二是制定数据管理制度，围绕数据架构、数据质量、主数据管理、元数据管理、数据安全等制定规范和操作流程；三是建立数据管理认责机制和绩效机制，明确数据管理角色及其职责，通过绩效考核推动数据管理效果提升，形成长效数据管理机制。

第二，部署数据管理工具，建设数据管理平台。工业企业的数据管理平台可以分为通用平台层、领域数据层和数据应用层。通用平台层集成了工业大数据采集汇聚、存储管理、集成查询、通用人工智能分析等关键技术，提供多源、异构、高通量、强机理的工业大数据核心技术支撑；领域数据层针对一个典型业务域或场景，通过领域建模和大数据关联计算及性能优化，形成领域数据资产和知识模型，通过分层提高数据的重用度；数据应用层面向智能化设计、网络化协同、智能化生产、智能化服务、个性化定制等特定应用场景，基于通用平台层的技术支撑与领域数据层的数据 / 模型资产，通过低代码开发、应用模板库等工具手段，形成针对特定应用的数据服务。

第三，做好数据治理基础工作，开展文化建设。注重元数据管理、数据血缘分析与数据处理任务编排管理，实现数据的溯源与追踪；通过运维管理实现资源管理、用户管理、权限、日志、审计、灾备等一系列基础保障；开展数据管理知识培训，使员工能够更好地理解和利用数据管理工具，同时营造重视数据管理氛围，实现数据驱动管理的理念深入人心，人人管数据，人人用数据。

数据管理是一项长期持续性工程，企业需要不断优化数据管理策略，以适应业务发展和技术变化的需求。

题 4-8：
企业如何确保工业软件的信息安全？

随着 IT、CT 和 OT 的融合，工业软件的广泛应用和大规模互联有效提高了工业生产效率，但也面临着十分严峻的威胁和挑战。《2022 年工业信息安全态势报告》显示，2022 年勒索软件攻击持续威胁工业信息安全，工业数据泄露事件影响进一步扩大，供应链攻击加剧工业信息安全威胁，同时，地缘政治冲突推动了安全风险的升级。为此，我们应重视工业软件信息安全工作，保障工业安全稳定发展。

工业软件信息安全贯穿工业软件全生命周期，覆盖需求、设计、研发、测试到部署、运行等各阶段，应通过管理和技术手段保障工业软件在供给侧开发态和需求侧运行态的网络安全和数据安全，实现工业软件安全可控、稳定运行。

一、从供给侧保障工业软件开发态信息安全

工业软件开发安全可从活动安全和载体安全两个维度进行考虑。载体安全主要关注贯穿工业软件安全开发生命周期所涉及的安全管理制度、人员安全、环境安全和开发工具安全 4 个要素，活动安全主要涉及安全需求分析、安全设计、安全实现、安全测试、安全发布、安全交付 6 个要素。载体安全是支撑各开发活动安全实现的必要条件。

1. 保障工业软件开发的载体安全

载体安全主要涉及安全管理制度、人员安全、环境安全、开发工具安全。其中，安全管理制度主要对软件开发过程需遵循的各类管理制度、操作规范和记录表单等的制定、发布、执行、检查以及维护修订等生命周期关键活动进行规范；人员安全主要指软件开发中各类岗位人员在设置、配备、任职、培训和离职等关键活动中的安全；环境安全主要指各类开发环境、测试环境在安全隔离、访问控制及各类数据备份管理等活动中的安全；开发工具安全主要指开发过程中涉及的各类工具在准入、使用及回收等生命周期关键活动中的安全。

本篇作者：李震、刘茂珍

2. 保障工业软件开发的活动安全

活动安全主要涉及安全需求分析、安全设计、安全开发、安全测试、安全发布以及安全交付，分别对应开发阶段中需求、设计、开发、测试、发布和交付等活动。

（1）安全需求分析，通过分析软件利益相关者的实际需求、期望和约束条件，制定安全需求文档，涵盖合理性安全需求、业务安全需求、数据安全需求、技术架构安全需求以及供应链安全需求等内容，并通过合理性论证和审定。

（2）安全设计，在安全需求文档的基础上，建立软件安全设计基线，对软件安全功能和安全防护进行设计。安全功能设计应至少包括认证功能、日志审计功能、访问控制功能等；安全防护设计应至少包括输入 / 输出防护、会话功能防护、集成接口防护、文件传输防护等。

（3）安全开发，根据不同的开发语言，发布相应开发语言的安全编码规范，并对其持续维护，在开发过程中严格按照编码规范进行开发；加强对开源组件的准入管理，必要时可对开源组件的成熟度、漏洞风险等方面进行安全检查。

（4）安全测试，根据安全需求编写安全测试用例，至少针对工业软件的代码、功能、组件、API、业务逻辑等进行安全性测试。必要时可通过一定的自动化工具完成部分测试用例。

（5）安全发布，在发布阶段，需按照安全测试规范进行落地检查，且对发布软件进行签名，确保软件在后续使用中可被追溯。

（6）安全交付，在明确交付内容、交付方式、交付产物的前提下，按照一定的安全交付流程开展交付，并形成各类工业软件交付清单、软件物料清单等，确保交付工作安全规范、交付产物完整清晰。

二、从需求侧保障工业软件运行态信息安全

1. 选择安全可信供应商

工业企业在工业软件采购阶段，应选择安全可信的供应商。可从工业软件供应商的安全开发资质、安全能力成熟度、产品质量和安全性、断供风险和维护服务可持续性等方面进行安全可信评估，优先选择具备安全开发资质、安全能力成熟度高、产品适配性强、安全性高、无断供风险且可持续维护服务的软

件供应商。

（1）在安全开发资质方面，可要求工业软件供应商具备安全开发方面的企业级资质，如中国信息安全测评中心颁布的《国家信息安全服务资质（安全开发类）》，保证其在安全开发的过程管理、质量管理、配置管理、人员能力等方面具备相应实力，并能把安全融入软件开发过程中。

（2）在安全能力成熟度方面，可要求工业软件供应商达到软件供应链安全能力成熟度二级以上，保障供应商的供应链安全保障能力和供应链生命周期安全管控能力至少达到合规级。

（3）在产品质量和安全性方面，可要求工业软件供应商将软件物料清单、产品安全性测试报告以及第三方认证报告等资料同工业软件产品一并作为交付物，并根据产品更新升级情况进行及时更新。

（4）在断供风险和维护服务可持续性等方面，可要求工业软件供应商签署附加相应服务条款的合同，并约定违反合同应承担的赔偿。

2. 做好运行态安全防护

工业软件作为工业企业的重要资产，数量众多且种类丰富，集中部署于工业企业的生产制造区、设计研发区和企业经营管理区等重要网络区域。做好工业软件运行态安全防护是提升工业软件安全防护效能最直接、最有效的措施，可以从用户权限管控、系统白名单、工业主机防护、远程访问审计等方面开展相关工作。

（1）用户权限管控：可以通过身份认证和访问控制技术以最小特权原则分配用户权限，严格控制关键设备、工业控制系统等工业软件的访问和操作。

（2）系统白名单：通过设置系统白名单允许在系统中可信设备接入、可信内容通过、可信进程运行等，提供具有实时性、有效性的安全防护。

（3）工业主机防护：对工业控制系统及临时接入的设备采取病毒、木马查杀等安全防御措施。

（4）远程访问审计：对远程访问及操作过程进行安全审计并留存日志，便于威胁及隐患的排查、分析和溯源。

3. 提高威胁监测和应急响应能力

工业企业应提高对工业软件的安全监测、威胁预警、应急响应等安全能力，做好事前监测预警和事后应急响应，能够进一步保障工业软件运行安全，降低企业网络安全风险。在事前监测预警方面，工业企业可建设软硬件一体化监测评估平

台，进行全天候、大规模安全监测和漏洞扫描，采集工业软件的运行状态、漏洞情况、用户行为和安全日志等数据，通过对日志、流量和状态等各类数据智能分析，实时掌握工业软件安全态势，评估工业软件信息安全风险。在事后应急处置方面，通过制定应急响应预案、组建应急队伍、配备应急工具、开展应急演练等方法提高企业应急响应能力，有效遏制网络攻击，快速恢复受损系统，减少企业损失。

4. 定期开展安全专项检查和整改工作

工业企业应定期开展工业软件信息安全专项检查和整改工作。一方面，针对其网络设备、安全设备、重要信息系统、操作系统、服务器、操作终端、工业设备、工业控制系统、工业软件 APP、重要数据等安排专项安全检查，确认各类工业设备、工业软件安全配置是否合理合规，根据整改建议进行整改；另一方面，模拟开展黑客渗透测试，采用可控制的、非破坏性质的渗透测试方法，找出重要工业软件存在的安全威胁、潜在攻击路径等，根据专项检查结果评估企业面临的安全风险，制定整改和加固方案，开展针对性的安全加固和整改工作，有效提升工业软件整体安全态势。

5. 保障工业软件数据安全

工业企业应重视并保障工业软件运行过程中生产、处理、传输和存储的数据安全，开展数据安全分类分级管理与防护诊断。通过对数据资产进行梳理分析和分类分级工作，形成数据资产分类分级清单与重要数据、核心数据目录，根据数据安全相关标准规范，明确并落实各类各级别数据安全防护要求，保障企业工业软件数据安全。

工业企业应该根据不同业务类型和需求做好灾难备份及恢复工作。对工业数据、系统等进行一份或者多份副本，以保证系统受攻击后能够让工业设备、系统、网络等快速恢复正常运转状态。

6. 积极布局前沿性技术

面对工业互联网的网络攻防对抗持续升级，新型安全威胁不断涌现，传统安全防御技术将难以抵御新型安全威胁。因此，工业企业应该积极关注并尝试将内生安全、零信任、人工智能、区块链、边缘计算安全等新技术纳入工业企业安全架构中，探讨新技术、新应用应对新威胁的最佳解决方案。

题 4-9：
企业如何保护自己积累的工业知识？

对工业企业而言，如何有效保护其积累的工业知识，这也是在数字时代需要被着重考虑的问题，其工业知识包含哪些方面？它们有哪些流失或失效的模式，以及如何针对性地规划保护的体系、方法和工具。针对这些问题，下面将分别进行阐述。

一、工业知识的不同层级

对于工业知识，我们可以借助于 DIKW（数据信息和知识管理）模型来进行描述（见图 4-17），并通过工业现场典型场景来理解这些数据。

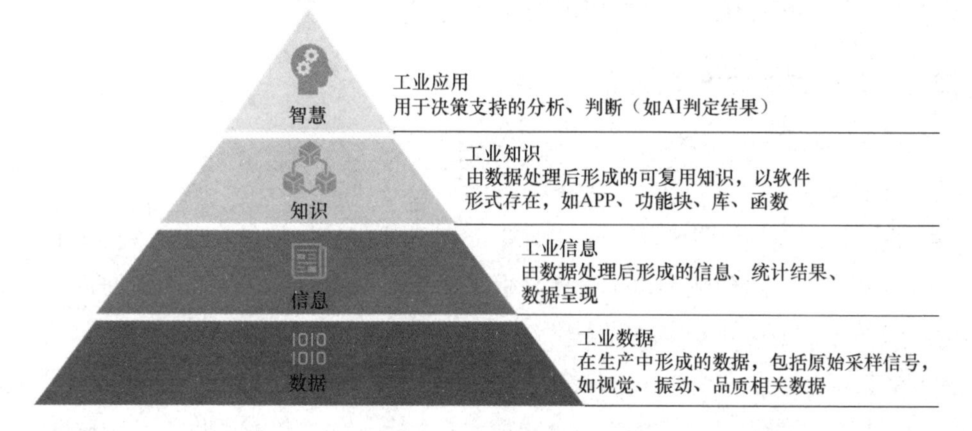

图 4-17　DIKW 模型

1. 工业数据（Data）

工业数据是来源于现场传感器未经加工的直接原始参数，或者是由传感器处理的标准信号（0 ～ 10V 电压或 4 ～ 20mA 电流、IEPE 数据），包括现场仪器仪表数据，如温度、压力、液位、流量，以及离散值编码器、机器视觉、振动、电压、电流等信号，它是知识的原始来源。

本篇作者：李震、郑炳权

2. 工业信息（Information）

工业信息是将信号进行处理后，形成的工业参数等信息，例如振动信号经过处理后，形成了设备的故障信息。

3. 工业知识（Knowledge）

在工业生产过程中形成的知识，包括来自利用工程数据挖掘的规律（归纳法）、特征，以及在工业生产中人的大脑中形成的经验，也包括来自科学研究的结果与工程实践结合的知识，这类知识归于先验知识。

4. 工业智慧（Wisdom）

所谓“智慧”，指的是系统具有自主的分析、判断和决策能力。当然，这是很难达到的状态。在今天，产业仍然认为系统仅能实现初步的“智能”。工业软件就是要将这种智能通过软件的形式进行封装，经由数字封装的软件，能够形成知识的复用，降低系统在研发、运行过程中的各种成本，如研发阶段测试验证成本，以及运行过程中的开机浪费。

二、从几个维度思考工业知识的保护

1. 认知问题

（1）流失数据

很多控制系统仅用于“实时控制”，而并不进行数据积累，使得数据在很多时候自然流失。这种流失，本身就是保护意识欠缺的表现。随着大数据、工业分析等技术的崛起，原有工业体系里这个巨大的数据漏洞必须被弥补，否则，大量数据就会“不知不觉”地流失。用户有时候提出超越自身边界的数据需求，可能会与企业的制造工艺相关，企业需要具备自上而下的数字价值、工业软件价值的认知，增强全员保护工业知识的意识。

（2）经验与零散的知识

有些知识隐藏在专家的经验和判断中，无法用公式来描述。还有一些工业知识，例如关于安装、调试中的一些技巧性经验，因为缺乏标准化和完善的文档规范而无法有效留存，需要建立规范的文档模板、流程体系、审核体系来确保知识被有效留存。

2.策略性保护设计

策略性保护设计，对于企业而言，主要考虑知识保护方法和队形的多样性，进而预先设计和规划有效的应对方法、管理工具与流程。根据数据、信息、知识不同阶段、不同形式采用不同方法来进行保护，避免其流失。

数据类：需要确保数据采集、传输与存储、应用的全流程中的访问安全性，规划访问权限。另外，针对自身系统与用户现场数据的权利归属进行法律意义上的确权，避免不合规的采集、传输与应用。

知识级：对于数据分析的结果，以及形成的可复用的工业应用程序、标准化封装的软件模块等，需进行加密性设计。避免代码的流失造成知识被未经授权复制、使用。

数据与程序安全体系管理：包括对内部工程师的计算机进行加密及程序加密，以及管理共享服务器的用户与权限。设计防火墙，制定远程访问 IT 硬件与软件系统等信息安全机制。对人员进行信息安全培训，避免复制、发送不合规的内部数据与程序。

软件知识产权的申请：对于具有创新性设计的方法、程序、软件产品，可以进行软件著作权的申请，以及专利申请等方式，避免这些知识被非法侵犯。图 4-18 所示为不同阶段知识保护的管理体系和技术方法与工具。

	认知	管理体系	技术方法与工具
智慧	• 知识复用	• 文档管理 • 软件生命周期管理	• 基于数据驱动建模 • 专家系统
知识	• 软件知识	• 二次开发 • 信息安全设计 • 授权访问机制	• 软件算法与设计 • 测试验证 • 软件加密
信息	• 相关性、经验、判断 • 结构化数据处理	• 软件化 • 文档规范	• 本地存储、云存储 • 标准接口与规范
数据	• 数据价值与潜能 • 周期性数据	• 数据存储规划 • 应用需求分析 • 数据存储安全管理体系	• 新现场控制架构-存储 • 访问保护TLS

图 4-18　不同阶段知识保护的管理体系和技术方法与工具

三、实现层面上的参考

对于管理和运营方面的保护，通常涉及企业自身管理体系的问题，以下从实现层面上介绍工业知识的保护。

1. 程序与数据安全的保护

对于传统的现场数据，由于 PLC 本身使用的网络是独立的实时网络，它与标准网络通常不互通，因此，从数据安全视角来看，这能够起到数据保护作用。但是，随着技术的发展，开放性标准、以太网技术，使得工业现场的数据与程序会存在安全风险。这就需要企业必须考虑使用可加密、授权与验证体系设计的系统来代替原有的 PLC/PC 控制。目前，在工业网络信息安全方面，可参考 IEC62443 标准，以及 ISO/IEC27001 的安全管理系统。对于生产制造企业，企业的关键系统控制、网络连接设备，以及访问的软件，如 SCADA、MES 需要遵循 IEC 相关标准的认证，经由严格的用户授权、验证、加密等流程，以确保数据的安全性。

可对数据源、文件进行物理性加密，以确保数据与信息的安全。

2. 工业Know-How型知识封装的平台架构

针对不同类型工业企业的工业知识，可以采取多种软件封装方法，这是使工业知识被复用的最佳途径。

（1）嵌入式软件的知识可以基于 C/C++ 等开发工具对其进行封装，以二进制代码形式下载到嵌入式对象上，确保程序的安全。

（2）对于分析、调度、规划类应用，若在其原有的平台上进行二次开发，较容易实现移植。要确保程序可移植能力，不要被平台（如硬件架构、实时操作系统）绑定，尽量采用开放的架构来进行开发，并与第三方平台进行交互。

（3）对于自主开发软件应用，可以自定义架构、封装，基于通用平台开发，专用于自身企业，如材料分析、品质分析等领域企业。这类应用以本地化（In-House）软件形式存在。

3. 保护工业知识的管理体系

工业软件封装的知识除了基于数字方式管理，在日常工业知识的管理体系设计中，必须考虑诸多细节，介绍如下。

（1）不要把知识淹没在人的大脑中

在工业现场的工程师等人员，他们长期专注于某一项工作的过程中，形成了非常多的知识和经验。例如安装、维修、焊接等基本的窍门，这些都应该以文档的形式保存。工程师在调试过程中进行的各种测试，测试的过程也应该被有效地记录。设计系统整个流程都应该有规范的文档记录，以便新的工程师进行学习并能有效应对系统维护、升级等各项工作。为什么这种知识管理在今天特别重要，是因为在过去的很长时间里，国内的制造业都是以“复制”“测绘”“仿制”等形式生产某种产品，这使得这个过程中的调试等人员缺乏工程实践知识的积累。

（2）工业知识安全保护机制

保护机制包括无法被随意复制的硬盘管理、人员设计中的模块化任务分配机制、文件的层级访问机制、软件设计的黑盒原则等，这都是在技术层面进行的知识保护手段，也是在一些企业里比较常见的保护机制，尤其在一些研发型企业，可以被其他企业借鉴。

（3）关于知识产权申请

企业内部在软件著作权、软件专利、设计方法等的专利申请也是保护知识的措施之一。这里要考虑员工在离开企业后、企业相互竞争等情况存在的知识产权侵犯风险。

题 4-10：企业如何确保嵌入式工业软件的安全？

嵌入式软件的安全对于工业系统至关重要，软件安全被越来越多的厂家和用户重视。在我国，嵌入式软件系统广泛应用于市政水务、城市热网、能源矿山、油气开采、卫星基地等领域。

一、供给端

1. 设计阶段

嵌入式软件的安全在设计阶段就应被重视。在软件设计过程中，一般企业只会重视用户提出的功能、性能等显性需求，很容易忽视隐性的安全需求，除非一些专业的用户会明确提出。企业应该结合自身研发经验，形成一套规范的安全设计体系，可以确保系统在数据通信、系统访问的高安全性。系统的功能、性能等通用特性满足需求，只是“万里长征”的第一步，在实际应用过程中需要通过在实际应用中的不断反馈，及时提升系统的稳定性、健壮性和信息安全性，安全应是考验嵌入式软件设计的重要依据。

2.开发阶段

嵌入式软件的开发过程是筑牢系统安全的重要环节。在软件开发中，要结合需求跟踪矩阵，严格把控系统安全功能的实现过程，通过代码 Review 和单元测试等技术手段确保系统的安全。企业应增强软件开发人员的安全意识，要不断强调在工业软件开发过程中将软件安全放在第一位的理念。工业安全无小事，系统安全的满足比客户的功能和性能需求更加重要。换句话说，嵌入式软件的开发比拼的不是谁的功能实现更快捷和易用，用户更在乎的是软件是否能够在现场长时间运行中不出现崩溃、内存泄露、受到网络攻击的情况。

3. 测试阶段

嵌入式软件的测试过程是软件安全质量达标的重要保障。在系统集成测试阶段，应该模拟各种用户现场的安全场景。通过自动化测试平台来加载用例信

本篇作者：李震、郑炳权

息，对于新开发的软件或功能模块进行安全测试，并要求开发人员进行整改和复测。系统测试人员还要重点关注安全漏洞事件和信息的发布，要及时完善安全测试用例库，对于安全测试，也要设定测试需求跟踪矩阵，通过审查、审计等手段确保安全功能被测试覆盖。最终出具相关测试报告，作为产品是否发布的重要判定条件。

4. 产品维护阶段

嵌入式产品发布后要持续关注产品安全。在产品使用过程中，随着用户的需求不断增加，产品的迭代可能带来一些安全隐患。同时，安全漏洞频发，也会给软件的安全带来一定威胁。在产品维护过程中要制定严格的流程和漏洞处理规范，产品在版本迭代时，安全功能会作为重要的设计内容进行评审检查，同时，要建立与 CNVD（国家信息安全漏洞共享平台）、CICSVD（国家工业信息安全漏洞库）等的合作，对于已公布的漏洞信息，要组织相关技术专家进行安全定位、漏洞排查，及时发布补丁包并通知用户更新。

二、应用端

1. 用户使用端

一是明确敏感设备、控制系统的网络安全边界。明确设备的操作权限和访问权限，通过部署主动防火墙、使用安全通信协议和强用户口令、安装入侵检测软件、定期安装软件补丁等措施，提高产品的信息安全防护能力，防范网络攻击。二是设定清晰的系统安全边界，严格控制数据流。在产品数据传输关键通道的咽喉部位部署防火墙、网闸等防护设备，切断外部攻击者与内部网络的直接通道；配置日志审计设备，可便于故障后的原因分析；配置冗余备份设备在遭受攻击后快速恢复系统。三是运用入侵检测软件对系统运行状态进行监视，运用大数据、人工智能等技术感知系统状态。通过审计设备分析日志、设备相应状态、功能执行情况等综合分析工业软件的执行情况；当设备工作异常后，及时切断故障系统、故障设备、传输网络，防止故障扩散。四是针对关键设备，运用安全通信协议，进行通信序列号验证、通信延时检测等。加强对合法用户的访问认证；明确对认证用户的不同等级的授权；对关键信息进行加密，减少明文的使用；特定领域的关键系统使用专用网络和特定频段进行通信，强化网络接入监管。五是对工业产品的软件安全漏洞进行定期检查，使用漏洞扫描工具开展针对网络漏洞、主机漏洞、数据库漏洞等的扫描，及时更新安全补丁和病毒库；针对已经停止更新的操作系统考虑及时对其替代升级，更新较低版本的工业软件，提高软件的可靠性。六是通过管理手段避免移动存储介质的接入，明确各级管理人员的进入和远程访问权限，避免人为因素导致的系统安全事故。

2. 行业要求

嵌入式软件安全的提升离不开生态合作的加持。随着软件应用越来越广泛，企业也面临着各个行业对其严苛的安全需求。例如在楼宇、电力等行业要求按照相关的行业协议标准进行数据通信；嵌入式软件产品与企业配套需要满足安全红线测试；应用嵌入式软件的系统建设的重要 IT 系统还要通过等级保护三级安全测评等，嵌入式软件产品发布后可以通过国家级网络安全和系统安全测评机构的安全测评，取得 CNAS（中国合格评定国家认可委员会）认可的安全认证。在这个过程中，企业不断汲取行业安全要求知识，持续完善软件的安全设计开发测试体系，最终构建起庞大的软件安全技术屏障，保证软件安全应用。

总之，要想确保嵌入式工业软件的安全，需要确保从设计开发、测试验证到用户使用、安全检测等各个环节的安全性，把防范放到第一位，保证工业系统安全。

题 4-11：工业软件如何进行升级换代和生命周期管理？

随着科技不断进步和市场竞争加剧，工业软件升级换代和生命周期管理成为企业提升竞争力、实现高效生产的关键因素之一。本问题从企业内部软件生命周期管理的视角，分析用户企业在各个阶段需要考虑的问题。

一、工业软件的升级换代

1. 定期评估和规划

定期评估当前使用工业软件的功能、性能和安全性，以确定其是否需要进行升级换代。需综合考虑企业的需求和市场趋势，制订升级换代计划，并将其纳入长期战略规划中。

2. 供应商的支持和更新策略

加强与工业软件供应商的密切合作，知悉其支持和更新策略。了解供应商提供的最新版本、补丁程序和支持服务，以及他们对旧版本的支持时间和政策。

3. 风险评估和备份计划

在进行升级换代之前，先对工业软件进行全面的风险评估，识别潜在的风险和挑战，制定相应的应对策略。同时，企业应有完善的备份计划，以便在升级过程中出现问题时能够快速恢复。

4. 测试和验证新版本

在实际部署之前，对新版本工业软件应进行充分的测试和验证。确保新版本在企业实际应用环境中能够稳定运行，并与其他系统和设备无缝集成。

5. 制订详细的升级计划

制订详细的升级计划，计划应包括时间表、资源分配、培训需求和风险评估等。计划应充分考虑业务连续性和风险管理因素，并与相关部门和利益相关者进行充分沟通和协调。

本篇作者：宋华振、孙桂花

6. 逐步升级和并行运行

对于大型系统或复杂的工业软件，可以考虑逐步升级的方式，分阶段地将新版本引入生产环境，以降低风险和减少对生产的干扰。另外，可以采用新旧版本在一段时间内并行运行的策略，以确保软件/系统升级的平稳过渡。

7. 数据安全和隐私保护

升级换代过程中要注意数据安全和隐私保护。制订合适的数据迁移计划，并保证数据的完整性与准确性，确保升级过程中数据传输和存储的安全性，采取适当的安全措施，防止数据泄露或未授权访问。

8. 提供培训和支持

为员工提供必要的培训和支持，以帮助他们适应新版本工业软件。培训资料可以包括在线教程、用户手册等。通过开展培训课程确保员工能够熟练掌握新功能和操作方法，从而最大限度地发挥工业软件潜力。

9. 监测和评估

在完成升级换代后，企业应密切监测新版本工业软件的性能和稳定性。定期评估工业软件的效果，收集用户反馈信息，并及时解决问题和提供支持。

10. 持续改进和更新

在完成升级换代后，软件供应商需持续提供技术支持和维护服务，确保工业软件正常运行并及时解决问题。企业应与供应商建立良好的合作关系，并及时获取工业软件更新和技术支持。

二、工业软件的生命周期管理

1. 初期平台选型阶段

（1）需求分析和规划：在工业软件被开发之前，需要进行全面的需求分析和规划工作。明确工业软件功能、性能和安全性要求，确保工业软件设计和开发符合企业的实际需求和目标。

（2）开放架构的平台选择：尽量选择可以支持开放架构的工业软件平台，如控制系统软件需要支持高级编程语言，而数据库应支持常规使用，尽量避免使用非常规技术架构，企业业务定制化需通过二次开发实现。

（3）企业的内部标准：企业内部工业软件标准应尽量采用 IEEE/IEC/ISO 标

准，再进行企业个性化定义。如工业软件之间应尽量使用 HTTP（超文本传输协议）、TCP（传输控制协议）等接口通信，工业控制设备之间为保证自动化系统与管理系统可以语义互操作通信应遵循 OPC 协议。

（4）考虑长期可用：工业软件须围绕企业战略建立长期使用主义，即不仅考虑当前的适用性，还要考虑未来发展的可持续性。尤其是作为开发平台类的工业软件，企业长期知识需要被封装为标准库，因此，需要工业软件能够支持长期发展并具备可扩展性，即架构拥有灵活性，可模块化设计，使得系统不会因为升级而影响整体运行。

2. 部署和实施阶段

（1）详细的计划和准备工作：在部署和实施工业软件之前，计划和准备工作包括硬件与网络环境的配置、数据迁移、用户培训和用户支持等，确保工业软件能够被顺利地应用在企业中并正常运行。

（2）版本管理：使用版本控制工具和配置管理方法，确保对工业软件各个版本进行有效的管理和控制，跟踪工业软件变更历史、修复记录和版本发布，以便能够追溯和管理工业软件的演进过程。企业需要版本控制工业软件，例如在 GitHub 上有很多这样的版本控制工业软件可以让工程师日常使用。版本控制看上去是个小事情，但是，对大量涉及工业软件应用的企业来说，随着产品越来越个性化，因此，工业软件版本都会遇到大量变化，必须能够考虑未来产品退市后的可持续性服务。

（3）工业软件备份：无论是工业软件本身、还是数据，都需要定期备份，按照需求进行有效的备份管理。

（4）工业软件标准与规范：企业内部基于平台类工业软件进行二次开发，这对于工程师的代码规范、文档注释规范有非常高的要求，尤其是这些工业软件可能需要后续的人员进行服务支持、二次开发。如果内部缺乏严格的文档规范，那么，就会造成大量重复性工作、拖延项目周期。

（5）监控和性能管理：建立有效的监控机制，对工业软件进行实时监测和性能管理。通过日志分析、性能指标监控、异常检测等手段，及时发现和解决工业软件运行中的问题和瓶颈，保障工业软件高可用性和高性能。

3. 终止和替换阶段

（1）进行合理的终止和替换决策：评估工业软件是否仍能满足业务需求，

如果不能，制订相应的替换计划，并确保在终止和替换过程中，数据的安全迁移和业务的连续性得到保障。

（2）预留时间进行系统的切换准备与测试：对于工业控制系统，必须考虑系统切换的测试验证周期，对于待升级系统，如果是原有供应商，那么，就可以确定研发进程并考虑预留时间量，应该将提前一两年考虑。尤其是硬件导致的问题，必须及时了解供应商产品生命周期的变化。

（3）应用数据迁徙准备：将数据进行计划性备份，并对新系统进行测试验证。对用户而言，应确保应用程序与数据完全迁移，并保障新系统完整可靠运行。原有程序、数据的备份仍然需要保留，并确保存储介质的生命周期。

综上所述，工业软件的升级换代需要综合考虑多个方面，包括规划、测试、培训、监测和持续改进。工业软件的生命周期管理则涵盖了从需求分析到终止替换的全过程，通过规范的管理流程、有效的沟通和合作，以及持续改进和创新，可以实现工业软件的生命周期管理。

题 4-12：
企业如何提升工业软件应用效益？

企业引入工业软件是为了创造效益。一款先进的工业软件，其蕴含的技术深度、宽度和高度一般会超越购买企业的实际需求，工业软件技术水平的提升没有止境，但企业的需求是有边界的。所以为兑现工业软件效益而提升工业软件的技术水平，是一种有选择、有边界的提升。

一、需求识别

一款工业软件能否充分发挥作用和带来效益，在企业购买前就决定了一半，企业购买后只是对购买前工业软件预期价值和效益进行兑现而已，所以企业工业软件应用方案和效益获取路线的设计要提前完成且应该在购买前而不是购买后。其中的关键就在于需求识别，在购买工业软件前的需求识别决定了应用有效性，因为发挥工业软件效益的前提是企业选择了符合自身需求的工业软件。

很多企业懒于分析自身真实需求，往往利用“对标”的方法将观察同行所使用的工业软件作为自己的需求软件，而忽视了不同企业由自身情况的不同导致对工业软件的需求是不尽相同的这一情况。

当然，购买的工业软件通常是标准化的，其功能和性能与企业自身需求不会完全一致。购买前，清晰识别了自己的“刚需”和欲购买工业软件的功能匹配情况，除了尽量减少资金浪费（去买太多自己用不上的功能），更重要的是可以理性判断企业自身能把某款工业软件效益发挥到何种程度，在什么方面需要定制开发（二次开发）、对软件供应商提出何种维护服务或升级需求等。

二、社会技术学体系的建立

社会技术学体系的发展通常从技术开始。当技术达到一定程度并需要进行社会化推广应用时，就必须明确战略体系，完善流程体系、组织体系及人才体系，最终形成完整和稳定的社会技术学体系。

本篇作者：田锋、梅敬成

1. 确定战略定位是前提

企业购买各种工业软件的目的和期望并不完全一致，这取决于企业的战略定位，继而决定了某款工业软件在企业中的定位。

某款工业软件的定位是应用体系规划与建设的前提。工业软件的确重要，但也不意味着任何一家企业都需要以最高标准来引入它，这与企业整体战略有关，工业软件毕竟是高门槛、高投入的技术。企业必须树立关于工业软件正确的成本观和价值观，这些观念将影响企业对工业软件定位的选择。过分夸大工业软件的效益和过分强调工业软件的成本，对工业软件效益的发挥都有负面作用。因此，企业对工业软件的定位要恰如其分，不要过高，也不要过低。

2. 流程、标准与规范是核心

工业软件的复杂性决定了其效益发挥需要流程、标准和规范来保障。流程主要是指工业软件体系运行的逻辑体系，标准规定了工业软件应用过程和成果优劣的评判准则。规范主要解决“怎么做”的问题，也可以将其理解为工作指南。

对于平台类工业软件，流程必不可少。平台类工业软件的实施和运行，往往伴随着业务模式和组织结构的变革，其运行过程是多部门、多人员、多软件、多数据的综合模式，所以业务流程和软件应用流程是将这些要素组织在一起的唯一手段。

对工具类工业软件来说，标准和规范必不可少。工业软件在企业中的应用方式和应用结果会因人而异，这种不一致性可能导致应用结论不能被组织采信。以仿真软件为例，对同一个问题，使用同一款仿真软件，两位资深专家做出来的结果不同；同一位资深专家，用不同的软件，做出来的结果也不同；用试验进行验证，发现这两个仿真结果与试验都不同。这种情况会严重影响设计人员对仿真的信任度。解决办法就是建立标准和规范。仿真标准的根本目的不是让计算结果准确反映真实世界，而是使计算结果保持一致性。只要遵守同一个标准，对同一个问题，不同的人、不同的软件仿真得到的结论都应该是一致的。标准的规定未必是最优的，但结果是可重复的，可以被重现和追溯的结果才是可以采信的。这就是仿真标准的意义所在。

3. 知识积累、二次开发及APP开发

通常的工业软件是标准的和普遍适用的，企业的个性化需求也许不会被满足，经常会有二次开发的需求。另外企业在使用软件的过程中形成的知识可以被重用，如果能利用软件技术将知识转化为 APP，会显著提高知识的使用效率和效益。其实，工业软件应用标准本身是最具价值的知识，也最具有潜力被具化为 APP。所以，标准、知识、二次开发和 APP 开发是工业软件应用价值提升路线中的重要组成部分。

4. 组织、平台和数据的规划

工业软件的复杂性决定了它对使用人员的要求往往较高，所以人员的能力发展、组织建设、激励体系等，是社会技术学体系建设中不可或缺的要素。

工业软件分平台类工业软件和工具类工业软件，但工具类工业软件仍然需要建立集成平台，将多种工具软件协同起来工作。正如前文所言，平台类工业软件涉及多部门和多数据。因此平台和数据的规划，是社会技术学体系中另外一项不可或缺的要素。

三、坚持动态和发展的眼光

工业软件在快速发展，社会技术学体系的成熟度需求也在攀升，因此，工业软件应用效益提升路线的设计应该坚持动态和发展的眼光。应该提前了解工业软件所在行业的发展趋势、特定软件的路线图规划，以及企业业务需求的进化，并据此设计社会技术学体系的蓝图和路线。社会技术学体系通常会先设计一个理想蓝图，然后确立进化路线，在进化路线上设立 3 ～ 5 个里程碑作为本企业的进化阶梯。将第一个里程碑作为当前目标来进行建设和实施方案的设计。

第5章 工业软件产业发展

本章从产业视角描述当前工业软件的竞争格局并提出产业发展建议。通过阅读本章，读者可以了解国内外工业软件产业状况，典型工业软件强国和著名企业发展工业软件的路径、我国工业软件产业发展面临的问题以及解决思路。

题 5-1：全球工业软件市场规模有多大？

随着全球制造业进入新旧动能加速转换的关键阶段，工业软件愈加渗透和广泛应用于绝大多数工业领域的核心环节，全球工业软件产业也随之稳步增长。随着第四次工业革命的不断推进，工业软件也由传统的工业软件向进一步数字化这一片更广阔的空间发展，工业软件的市场规模在第四次工业革命时代就像初生的新品种，再继续沿用过去方法来估量工业软件的市场规模变得越来越困难，本书只能尽量贴近市场实际情况，但因为一些企业统计口径、统计范畴等问题，数据统计无法做到完全准确。

一、全球工业软件市场规模现状

根据工业技术软件化产业联盟的数据，2023 年，全球工业软件市场规模为 4779 亿美元，2012—2021 年复合平均增长率为 4% 以上，如图 5-1 所示。工业软件市场是一个高度碎片化的市场，有明显的长尾效应，到 2021 年，共有 165 家大型工业软件公司，占总市场的 756 亿美元市场份额，由此可以估算，存在大量中小微细分领域的工业软件供应商，共同构成工业软件产业丰富的产业生态。

图 5-1　2012—2022 年全球工业软件市场规模

本篇作者：陆云强、孙桂花

研发设计类工业软件领域，根据工业技术软件化产业联盟的数据，2021 年，全球 CAD 软件市场规模达到 109.7 亿美元，全球 CAE 软件市场规模为 89.42 亿美元，全球 EDA 软件市场规模为 130.18 亿美元。根据 BIS Research 的数据，2023 年全球 CAD 市场规模预计将达到 112.2 亿美元，2028 年将达到 138.3 亿美元。根据 Grand View Research 的数据，2027 年全球 CAE 市场规模将达到 149 亿美元，2019—2027 年复合平均增长率为 9.3%。

在生产制造类工业软件领域，根据工业技术软件化产业联盟的数据，2021 年全球 PLC 的整体市场规模约为 120.4 亿美元，全球 DCS 的整体市场规模约为 180 亿美元，全球 SCADA 的整体市场规模约为 92 亿美元，全球 MES 软件市场规模约为 140.7 亿美元，MOM 市场规模从 2021—2027 年，由 27 亿美元增长到 89 亿美元。

在经营管理类工业软件领域，2021 年，全球经营管理类工业软件市场规模达 505.7 亿美元，经营管理类工业软件细分产品中 ERP 占比最高为 40.9%。

在运维服务类工业软件领域，根据市场研究机构 Mordor Intelligence 的报告，2021 年全球 MRO 软件市场规模为 84.57 亿美元，预计在 2026 年，全球 MRO 软件市场规模将达到 132.75 亿美元，复合年均增长率为 9.4%。根据市场研究机构 MarketsandMarkets 的报告，2021 年全球 PHM 软件市场规模为 14.44 亿美元，预计到 2026 年，全球 PHM 软件市场规模将达到 23.11 亿美元，复合年均增长率为 9.9%；2021 年全球 EAM 软件市场规模为 75.62 亿美元，预计到 2026 年，全球 EAM 软件市场规模将达到 115.24 亿美元，复合年均增长率为 8.7%。

二、全球工业软件市场规模统计问题

需要注意的是，因为工业软件类别划分、工业软件企业行业划分、调研统计口径，以及工业软件新兴业务领域等，存在低估工业软件市场规模的可能性。例如，根据 IoT Analytics 公司针对工业软件行业的调研结果，在调研中被统计为工业软件现有市场的总体量约为 1105 亿美元（见图 5-2），但经过核查，并不是所有与工业软件相关产品的营收都被认为是工业软件，还有相当数量的企业以其他行业的身份进入工业软件市场，被认为是非工业软件市场，这部分市场规模总体量为 3512 亿美元，也就是有近 3 倍的市场未必被认为是工业软件。图 5-2 中比较有趣的是，EDA 公司、Machine Control 公司、MOM 企业都被认为是工业软件公司，说明这些领域的专业化界限非常清晰。

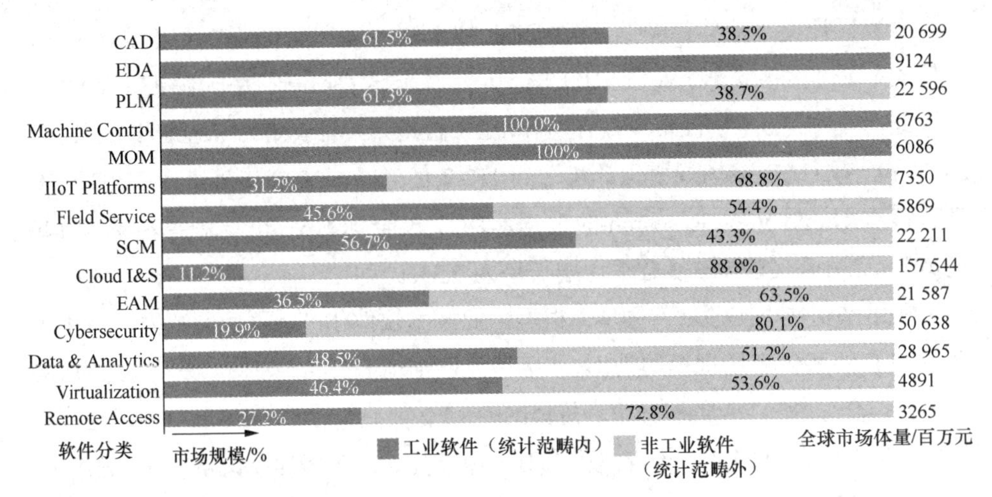

图 5-2 IoT Analytics 公司的工业软件调研统计结果

三、全球工业软件市场发展趋势

随着第四次工业革命的到来，全球制造业企业把企业数字化作为布局的重点，通过新装备、新技术、新方法的使用，把消费市场人群数字化、把企业制造产品的资产数字化、把产品从无到有的过程数字化，从而彻底打通消费者需求到产品制造的进一步发展。工业软件种类愈加繁杂，我们正逐渐把与企业虚拟产品工程与数字化企业相关的软件也划分到工业软件范畴。从 2021 年到目前来看，预测到 2027 年工业软件相关的云基础架构与服务市场规模是增长最快的一块，复合年均增长率为 32%；其次是工业互联网平台市场规模，复合年均增长率为 31%；再次是数据与分析市场规模，复合年均增长率为 27%。

总体来讲，一方面全球制造业企业也在大举投入工业软件的投并购中，抢夺工业软件产业中的优质资源，有些公司通过收购甚至一举成为全球最大的工业软件公司；另一方面随着人工智能、高级机器人、5G、区块链、增材制造、大数据、工业互联网、数字孪生等技术与方法融入产品设计到服务的整个流程中，以及在整个数字化企业的演化中，这些“载体技术”随着生态的发展而壮大，工业软件中每一个大类中的二级子类的数量或者大类的数量也将会扩大，不仅仅是我们今天所看到的版图。

题 5-2：全球工业软件产业布局现状？

历经半个多世纪的发展，全球工业软件产业已经形成了相对稳定的市场布局，目前主要集中在北美洲、欧洲和亚洲 3 个地区。北美洲与欧洲是工业软件产业的重要发源地。工业软件源于各个领域工业需求与实践的总结，并通过大量工业应用持续迭代改进，历经几十年发展，工业软件通过大量并购加速拓展其产品线，逐步形成从研发设计、生产制造到运维管理的全产业链供应闭环，形成了完整的软件平台和细分行业解决方案。欧美等地区及国家在这个过程中培育出了大量优秀的工业软件供应商，其中不乏工业软件巨头和大型企业，占据了全球较大的市场份额。亚洲的日本、韩国等在若干细分领域有不错的表现。我国工业软件近年来在快速发展，工业软件公司崭露头角。

一、研发设计类

从区域分布上看，研发设计类工业软件主要被欧美国家垄断。四大 CAD 供应商中，Autodesk、PTC 总部都在美国，Dassault System 在法国，UGS 被德国 SIEMENS 收购。代表性的 CAE 公司有美国的 ANSYS、MathWorks、Altair、MSC、CSI；德国的 SIEMENS；瑞典的 Hexagon、COMSOL；法国的 Dassault System、ESI Group；日本的 Cybernet、ISID、IDAJ。规模在全球前 25 的 CAM 公司中，前 10 名基本被德国和法国垄断，具体参见表 5-1。三大 EDA 公司有美国的 Synopsys、Cadence，被德国西门子收购的 Mentor Graphic。在 PLM 领域，德国的 SIEMENS、美国的 PTC 和 Oracle、法国的 Dassault System 等公司的产品代表了该领域最高技术水平，在全球得到了广泛认可和使用。在专业垂直领域，德国的 EPLAN 公司是电气设计领域的主流供应商，美国的 Bentley Solutions 是 AEC（建筑、工程和施工）行业主流供应商，德国的 Cadenas 则是三维零件库领域的主流供应商；加拿大研发的电力系统软件具有全球最全面的解决方案，如配电网仿真软件 CYME、接地仿真软件 CVEGS、电磁暂态仿真

本篇作者：陆云强

软件 PSCAD、大规模电网仿真软件 VSA-Tools 等。

表 5-1　全球规模前 25 的 CAM 公司

公司	国家
SIEMENS	德国
OPEN MIND Technologies	德国
Tebis	德国
ModuleWorks GmbH	德国
Exapt	德国
IMS	德国
SPRUT Technology	俄罗斯
Dassault Systemes	法国
TopSolid	法国
Ama Group	法国
ICAM	加拿大
Autodesk	美国
CNC Software	美国
CGTech	美国
PTC	美国
BobCAD-CAM	美国
Nlihon Unisys	日本
COSCOM	日本
Hexagon	瑞典
Cimatron	以色列
SolidCAM	以色列
C&G Systems	意大利
Data Engineering Systems	意大利
HCL Technologies	印度
MachineWorks	英国

从企业规模上看，CAD 领域的欧美老牌工业软件企业年营业收入普遍在 10 亿美元以上，如 SIEMENS PLM（德国）、达索系统（法国）、Autodesk（美国）、PTC（美国）4 家公司至今都有 40 ～ 60 年的发展史，人数也从 6000 人发展到 20 000 多人。CAE 领域主要公司依据规模由大到小依次是 ANSYS（美

国）、MathWorks（美国）、达索系统（法国）、SIEMENS（德国）、Altair（美国）、Hexagon（瑞典）、Cybernet（日本）、ESI Group（法国）、COMSOL（瑞典）等，这些供应商年营收规模均在 1 亿美元以上。CAM 领域主要公司依据规模由大到小依次是 Dassault Systems（法国）、SIEMENS（德国）、Autodesk（美国）、OPEN MIND Technologies（德国）、Sandvik（瑞典），Tebis（Tebis CAD/CAM）、Hexagon（ESPRIT，Hexagon 收购了 VISI Series、Alphacam、Cabinet Family，Radan、EdgeCAM、SurfCAM）等。EDA 领域主要公司依据规模由大到小依次是 Synopsys（美国）、Cadence Design Systems（美国）、SIEMENS EDA（美国），ANSYS（美国），PathWave Design Software（美国）、Zuken（日本）、Altium（澳大利亚）、MathWorks（美国）、IBM Spectrum Computing（美国）、Silvaco（美国）、ARM（英国）等。**从收购数量上看**，老牌欧美工业软件企业收购企业数量普遍在几十家左右，如 SIEMENS 发展工业软件至今收购了近 60 多家公司，达索系统收购了近 50 多家公司，Autodesk 收购了近 100 多家公司，PTC 收购了近 40 家公司，ANSYS 已经收购了近 40 家公司，Synopsys 发展至今收购了近 70 家公司，Cadence 收购了近 50 家公司、Mentor Graphics 也收购了近几十家公司。这些老牌工业软件公司产品在覆盖了 CAD、CAE、CAM、PLM、MOM、EDA 等领域的同时，也引领着研发设计类工业软件的发展，全球主要传统工业软件企业国家如表 5-2 所示。

表 5-2　全球主要传统工业软件企业规模

公司	人数	营收/美元	人均/美元	统计年份	市值/美元	成立年份	总部国家
AspenTech	1 897	709 400 000	373 959	2021	10 700 000 000	1981	美国
Autodesk	13 700	5 010 000 000	365 693	2023	45 540 000 000	1982	美国
ANSYS	5 900	2 070 000 000	350 847	2022	28 010 000 000	1970	美国
Cadence Design Systems	10 200	3 560 000 000	349 020	2023	63 370 000 000	1988	美国
Siemens EDA	6 400	2 080 000 000	325 000	2021	—	1981	美国①
Siemens PLM	24 000	6 900 000 000	287 500	2022	—	1963	美国①
PTC	7 084	1 930 000 000	272 445	2022	15 990 000 000	1985	美国
Synopsys	19 000	5 080 000 000	267 368	2023	69 160 000 000	1986	美国

续表

公司	人数	营收/美元	人均/美元	统计年份	市值/美元	成立年份	总部国家
Cybernet System	571	142 882 000	250 231	2022	200 000 000	1985	日本
Dassault System	24 753	6 100 000 000	246 435	2022	60 040 000 000	1981	法国
索辰科技	162	38 000 000	234 568	2022	13 220 000 000	2006	中国
Bentley System	5 000	1 100 000 000	220 000	2022	14 480 000 000	1984	美国
Hexagon IES	13 249	2 820 556 500	212 888	2022	—	1963	美国②
MathWorks	6 000	1 250 000 000	208 333	2022	—	1984	美国
柏楚电子	638	127 083 451	199 190	2022	4 000 000 000	2007	中国
Altair Engineering	3 200	572 200 000	178 813	2022	6 050 000 000	1985	美国
华大九天	728	113 000 000	155 220	2022	92 190 000 000	2009	中国
ESI Group	946	144 167 617	152 397	2022	698 680 000	1973	法国
概伦电子	346	39 000 000	112 717	2022	18 490 000 000	2010	中国
盈建科	455	23 620 934	51 914	2022	36 200 000	2010	中国
中望软件	1 725	85 000 000	49 275	2022	24 910 000 000	1993	中国
3D System	2 032	53 800 000	26 476	2022	1 090 000 000	1986	美国

注：①公司被德国企业收购，总部仍在美国。②公司被瑞典企业收购，总部仍在美国。

二、生产制造类

从区域分布上看，龙头企业主要集中在欧洲、美国和日本等地区。在MES领域，美国Rockwell、GE、Honeywell，德国Siemens，瑞士ABB等主流工业自动化厂商实力强劲；在DCS领域，美国Emerson、Honeywell，法国Schneider，瑞士ABB，德国Siemens等公司实力领先；在PLC领域，德国SIEMENS、Codesys，美国Rockwell，法国Schneider，日本Mitsubishi Electric、Omron、横河、KEYENCE，瑞士ABB等则处于领先地位。从市场规模上看，SIEMENS占有24%的市场份额，ABB占有17%的市场份额、施耐德占有14%的市场份额、Rockwell占有12%的市场份额、后面依次是Aveva（被施耐德收购）、三菱电气（日本）、横河（日本）、GE（美国）、Omron（日本）、Honeywell（美国），Fanuc（日本）、Codesys（德国）等。

三、经营管理类

经营管理类软件主要用于提升企业的管理治理水平和运营效率，主要包含 ERP、CRM、SCM、HRM 等类别。**从区域分布上看**，龙头厂商主要集中在北美洲、欧洲等地区。在 ERP 领域，德国 SAP、美国 Oracle 等厂商实力强劲；在 CRM 领域，美国 Salesforce、微软、Blue Yonder 等公司实力领先；在 HRM 领域，美国 Workday、PeopleSoft 是典型代表企业。对中国市场而言，以浪潮通软、用友、金蝶为代表的国产经营管理类软件厂商加大研发投入，不断更新迭代技术与产品，向国外领先产品看齐，在财务、人力等领域有一定的应用和本地化优势，整体来看，国内厂商目前已经占据过半的市场份额，但高端市场仍由国外厂商主导。**从市场规模上看**，2022 年全球企业级应用（经营管理类）软件市场规模达 2374.6 亿美元，微软占有 19.9% 市场份额、Oracle 占有 14.9% 市场规模、SAP 占有 14.6% 市场规模，后面依次是 salesforce、ADP、intuite、sage 等。2022 年中国企业级应用（经营管理类）软件市场规模达 691.7 亿元，同比增长 14.1%，如表 5-3 所示。

表 5-3　中国经营管理类软件市场主要厂商

厂商	销售额/亿元	市场份额
用友	92.6	14.3%
SAP	85.6	12.4%
浪潮海岳	51.8	7.5%
金蝶	50.1	7.3%
Oracle	32.2	4.7%
微软	21.1	3.1%
Infor	19.5	2.8%
东软	12.5	1.8%
航天信息	10.6	1.5%
久其软件	9.5	1.4%

总体来看，全球工业软件产业布局中，美国、德国、法国等国家占据了重要地位，加拿大、日本、瑞典、英国等国家在部分领域占据一定优势，我国工业软件公司也开始在某些领域逐渐崭露头角。随着人工智能、云计算、机器学

习、大数据等新一代信息技术的发展和融合，工业巨头加快他们在数字化层面的布局，工业软件的业务范畴进一步扩大。工业软件产业是一个发展前景广阔、机遇与挑战并存的产业，随着工业 4.0 和制造业转型升级的推进，工业软件将有更大的发展空间和市场需求，同时也需要企业和政府共同努力，加强技术创新和市场拓展，为长期发展打下坚实基础。

题 5-3：
我国在工业软件行业全球竞争格局中的位置？

工业水平决定了工业软件的先进程度，工业软件是植根于工业基础发展起来的，工业生产工艺、设备等各方面的发展程度决定了工业软件的发展程度，脱离了工业的工业软件只能是无本之木。我国过去几十年工业基础薄弱带来的“累积效应”是我国工业软件在全球不占优势的重要原因。此外，政策扶持、市场推广、企业培育等方面也产生了一定影响。下面我们从几个视角观察全球工业软件行业竞争格局。

一、工业化进程视角

一个国家完成工业化的程度，决定了工业软件的强弱。现有工业软件强国，美国、德国、法国、瑞士，甚至日本等，无一不是已经完成工业化进程的工业强国。凡是工业化进程已经完成而且工业化水平较高的国家，工业技术软件化程度较高，有些国家孕育出了大量的工业软件。反之没有完成工业化进程的国家，都没有能力开发出来有影响力的、优秀的工业软件。中国还处于工业化进程的后半程，自主工业软件发展明显受到工业化水平影响，水平较低。

二、工业技术软件化视角

工业技术软件化要点在于，既要将某些事物或要素（如工业技术、知识、经验、诀窍和最佳工艺包等）从非软件形态变成软件形态，又要用软件去定义、改变这些事物或要素的形态或性质。工业在漫长的发展过程中，随时都有大量工业技术 / 知识产生，而对工业技术 / 知识的积累、管理和有效应用，国外工业发达国家普遍做得比较好，国内企业普遍不注重甚至是完全忽视工业技术 / 知识的积累。这是一个没有引起足够重视的重大问题，企业领导没有意识，企业管理缺乏制度，企业员工基本不做，整个中国工业界对工业技术 / 知识的积累

本篇作者：赵敏

严重缺位。

三、工业软件培育源头视角

当今著名的工业软件大都诞生于军工和汽车类工业。工业软件的研发主体理论上应该是多样化的，但是能真正把工业软件开发成功，用自己的销售利润不断持续投入新版本开发，形成良性滚动发展的，在全球仍然占少数。比如，20世纪60年代末开始只有工业巨头（如NASA、洛马、GE、达索系统、西门子等）能够做到，90年代也有充分了解企业需求的专业商用软件公司（如PTC等）能够做到。

工业软件企业越大，竞争越为有利。基本上形成了巨头赢者通吃、强者恒强的局面。一个值得关注的现象是，NASA在几十年的工业软件孕育发展过程中起到了孵化器的作用，NASA在国家政策的支持下，利用市场机制，孵化并外溢了一批著名工业软件产品，建立了由数千种工业软件组成的庞大工业软件体系。

四、工业软件产业政策视角

近年来，国家重点关注工业软件产业发展，发布《"十四五"软件和信息技术服务业发展规划》等政策，推动产业发展。2022年我国工业软件产品实现收入2407亿元，涌现了华大九天、广立微、美腾科技等多家上市企业，但是我们也要清楚地认识到我国工业软件产业整体竞争力不足，存在"小、散、弱"等问题，需要长期的政策与资金扶持。

五、工业软件年销售额视角

综合各研究机构给出的研究报告数据，根据销售额国产工业软件在研发设计类占比大约为5%，在生产制造类占40%，在经营管理类占60%，在运维服务类占30%，在嵌入式市场占57%（该数据未计入从国外购买设备中所含约3000亿元销售额的嵌入式工业软件，如果计入，估计占比低于30%）。可以看到，国外工业软件占据国内大部分市场。

六、市场运营视角

国外工业软件经历了市场化运营、锻造与洗礼：一是产品迭代频繁且过程完整，头部企业敢于试错创新，中部企业拥有用户基础，保证收入，已经完成了工业软件产品从青涩走向成熟的几十个版本迭代；二是建立了覆盖全球的直营或代理销售体系；三是在资本运作下完成了融资、上市、并购等市场行为；四是通过资助和向高校赠送教育版，完成了在高校人才培养领域的布局。这是一个完整且全面的“市场化运营 + 生态布局”，具有巨大的市场惯性。面对国外企业已经形成坚固的竞争壁垒，以及国内用户因为对国外产品深度依赖、转换成本巨大而构成的“锁定效应”壁垒，我国工业软件短时间内还无法突破。

综合以上 6 个观察视角的结果，可以看到，工业软件发展离不开强大的工业支撑，工业软件的研发离不开工业知识的积累，工业软件的创新离不开常态化的政策支持，工业软件的生态建设离不开产品市场化水平等。国外工业软件企业的全球布局已经完成，用户软件使用习惯早已养成，赢者通吃、强者恒强已成市场规律，既有的市场格局很难打破，我国工业软件在全球竞争格局中一直处于劣势位置。打破既有工业软件全球格局，改换工业软件赛道、改变游戏规则，是可以考虑的发展思路。

题 5–4：我国工业软件早期发展存在的几个问题？

在我国工业软件早期发展过程中，存在几个不同于其他国家的问题。

一、工业软件研发主力错位

受惠于改革开放政策，从 20 世纪 80 年初开始，伴随着小型机、图形工作站等硬件的引进，国内不少单位开始接触工业软件。高校教师具有能熟练读译英文资料，了解工业软件技术发展趋势，并且掌握高级语言编程技术等优势，开始开发 CAD、CAE、CAM 等软件，在二维 CAD 领域，国产工业软件曾经一度与国外工业软件打成平手，甚至因为原生汉化而显得更适用一些。从 80 年代到 90 年代，高校是开发工业软件的主力军。彼时国内实力较强的国有企业普遍对开发工业软件缺乏积极性，基本不介入高校工业软件研发，而选择购买国外商用软件。

进入 21 世纪后，高校开发的工业软件逐渐失去了竞争力，要么萎缩成为某个教研室的教学与实验工具，要么高校教师把软件研发团队独立出来做成校办企业。由于高校软件企业普遍缺乏市场竞争力，若干年后多数的高校软件企业都消失了。只有极少数高校软件企业与高校脱钩后，真正成为市场化企业而成长了起来。

二、保护知识产权意识和力度不够

一是盗版软件挤压正版软件，国内知名网站上堂而皇之地发布盗版软件销售广告，扰乱了正常的市场机制，淡化了用户合理地为知识付费的意识；二是我国企业保护工业软件知识产权法治意识比较薄弱。很多企业还未清醒地意识到知识产权所能带来的相关权利与义务，也未明确认识到私自使用和仿造他人产品将会承担的法律责任和财产损失；三是打击软件盗版常常处于“民不举，官不究”状态，一直未形成常态，既没有与企业管理者职责挂钩，也没有从法律角度明确责罚尺度。最终在正版市场，国外高端软件占据绝对优势；盗版工业软件严重挤压自主工业软件生存空间。

本篇作者：赵敏

三、缺乏自主的工业软件标准体系

工业产品生产过程的组织以及工业产品的质量指标制定都依赖标准体系。很多工业“硬产品”都是在众多工业标准的有效约束下进行研发、生产与维护的。工业软件这样一种看不见、摸不着、却又极其重要的工业“软产品”来说，却一直没有建立工业软件的研发标准和评测规范。目前存在 3 方面问题：一是大量使用国外工业软件，国内工业软件市场的事实标准由国外软件企业主导（例如 AutoCAD 的 DWG 文件格式已经成了来料加工、图纸验收、设计方案评比的默认格式）；二是不同国外软件企业各自主推出自己的标准，国外软件企业之间的软件产品在使用习惯、数据格式上互不兼容，造成国内企业在软件集成、数据转换上的很多问题；三是国内工业软件的供给侧和需求侧长期缺乏互动与合作，供需双方共同认可的工业软件评价标准一直处于空白状态。

四、工业软件难以成为企业资产

在工业软件发展的生态环境上存在 4 个问题：一是工业软件无法在大多数企业作为固定资产，现行企业财务准则无法将其作为企业固定资产，企业只好把工业软件光盘做成固定资产；二是因为工业软件不能作为固定资产，不能作为实质性抵押物，既难获银行贷款支持，也难以在投融资过程中清晰计价；三是对数字资产（工业软件 + 生成的数据等）无法认定价值，长期缺失软件代码定价机制，在企业估值、数字资产的存储、管理、交易上都存在资产流失或贬值的重大漏洞。

五、资本投资方向性错位

在改革开放 40 多年的基础设施建设过程中，国内资本市场的投资长期遵循“跟跑逻辑”，存在结构性的错配，特征表现为：重硬不重软，重模仿不重创新，重规模不重质量。时至今日，以工业软件为代表的关键核心软件在资本市场逐渐引起关注。然而，市场中许多投资机构对工业软件了解还不够深入，且往往寄希望于取得类似于投资消费互联网的爆发式增长和回报，即投资人的认知与行业规律也存在结构性的错配。在认清上述问题后，我们必须意识到，不能简单地认为所有的投融资行为对工业软件企业都是恰当的、有正向赋能作用的。

上述 5 个问题，构成了我国工业软件历史发展进程中的独特问题。

题 5-5：
我国工业软件企业分布概况？

工业软件企业是工业软件产业链、供应链的实施主体，是工业软件科技创新的主体，是整个行业的核心和关键所在。接下来我们通过介绍 5 种类型的企业来描述中国工业软件企业资源的分布。

一、国外工业软件企业

国际知名工业软件企业发展至今已经不是只具有单一产品的公司，而是提供整体解决方案公司。这些企业不仅通过收购形成了一个庞大的综合体，提供端到端的解决方案，而且经过数十年的商业实践，在商业模式与市场布局上早已具备实现跨国业务的能力。这些公司不管在积累还是在营收上都已经达到一个很高的规模。以 CAX 与 EDA 软件的主要公司为例，这些公司在中国经过多年的布局，其中 Siemens PLM、Dassault System、PTC、Autodesk 市场与营销相关的员工近 3000 人，Siemens PLM 与 Autodesk 在国内还设有研发中心，研发人员的数量也在 1500 人左右。同样 3 大 EDA 公司中，Synopsys 与 Cadence 在国内一共有近 1500 人，2 家公司的研发人员也有近 300 人。再加上这两个公司在国内有近千家代理商，每家代理商平均按照 40 人计算，约有数万人在中国帮助它们推广产品。这些企业 20 世纪 90 年代进入中国市场，最早的一批员工已经步入退休年龄，人才梯度也早已经形成，意味着可以用更低的成本培养人才，也给国内工业软件企业输出了不少人才。

二、国内工业软件企业

近年来，我国培育了一批优秀的工业软件供应商，拥有了部分自主可控的工业软件产品。

1. 研发设计类

研发设计领域，涌现了包括中望龙腾、山大华天、浩辰和数码大方等在内的一批传统 CAD 供应商，其中中望龙腾和山大华天分别拥有国内唯一自主产

本篇作者：王蕴辉、陆云强

权的三维几何建模内核 Overdrive；包括英特仿真、奥蓝托、上海东峻、苏州同元、安世亚太、西安前沿、上海索辰等在内的 CAE 供应商，在集成优化类仿真产品和结构、流体、声学等部分细分领域技术差距较小，在仿真要求不高的低端工业领域可以实现工业软件国产化；包括华大九天、芯禾科技、广立微等在内的 EDA 供应商，其中华大九天可以提供面板和模拟集成电路全流程设计平台，其他 EDA 供应商以提供点工具为主；CAM、CAPP、PLM 等产品技术相对差距较小，数码大方、中望龙腾、国睿信维、奥蓝托、开目、山大华天、上海思普、用友、金蝶等企业产品可以占据国内市场份额的 10% ～ 20%。

2. 生产制造类

生产制造领域，涌现了和利时、中控技术、亚控科技等一批企业，它们在电力、化工、冶金等领域产业化取得突破，具备一定的国产化替代能力，整体占据 20% 以上市场份额。

3. 经营管理类

经营管理领域，涌现了用友、浪潮和金蝶等一批企业，其产品具备基本替代能力，可以占据国内 70% 的市场和国内 40% 的高端领域市场。

4. 运维服务类

运维服务领域，涌现了容知日新、赛宝腾睿、国睿信维、浪潮等企业，占据 30% ～ 40% 的国内市场份额，在轨道交通、风电、钢铁、石化、煤炭、冶金等领域可以基本替代国外软件。

5. 基于云的工业软件

在工业软件云化发展趋势下，我国涌现出一批新兴力量。山大华天基于云架构的三维 CAD 平台 CrownCAD，拥有自主研发的几何建模引擎 DGM 和几何约束求解器 DCS；用友、山大华天、杰为软件、杰信软件等推出了云 PLM 产品；黑湖智造、新核云、迈艾木、欧软、木白科技等推出云 MES 产品；用友、金蝶、浪潮、鼎捷等国内企业在积极布局 SaaS 业务。

三、工业软件产业链公司

工业软件产业链是工业软件行业成熟的标志，因为工业软件开发规模大，特别需要模块化或者组件化的开发模式，一款大型工业软件公司不可能拥有开发软件所需的所有技术，经过 60 多年的发展，欧美已经形成了成熟的产业链结构，就像汽车行业一样，有专门的变速器厂家、电机厂家、轮胎等供应商，术业有专攻，通过产业链规模化及其成熟稳定的部件，从而让工业软件变得更加稳定、可靠、性价比更高。工业软件产业链分为基础产业链与生态产业链，基础产业链构成了工业软件的地基，如几何引擎、几何约束器、数据转换器、可视化引擎、网格剖分器、路径规划等，国外工业软件的基础产业链如图 5-3 所示。

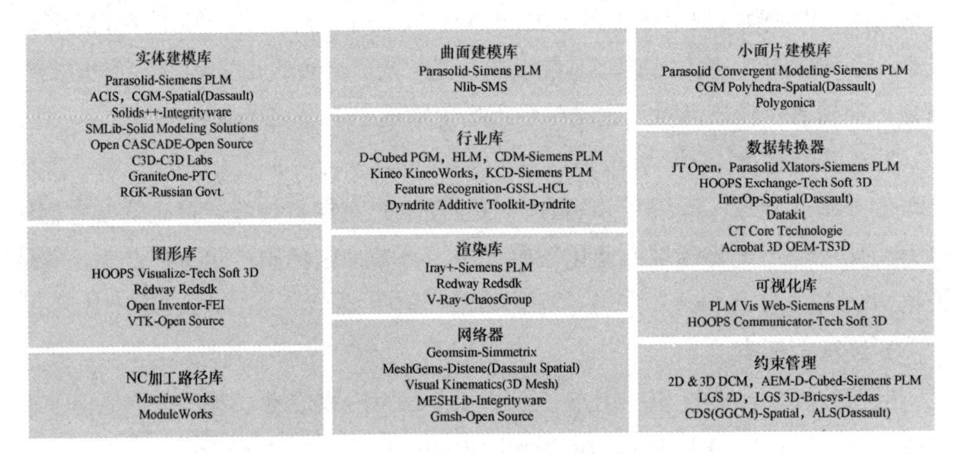

图 5-3　国外工业软件的基础产业链

工业软件的几何引擎、约束求解等核心技术在国外发展较早，几何引擎 ACIS 和 Parasolid、几何约束求解引擎 DCM 等早在全球市场占据垄断地位。国内也有数家企业在几何引擎上投入开发，如中望、山大华天、天枢摇光、泊松科技、漫格科技等公司。在几何约束器上，如山大华天、华中科技大学、数禺科技等。在网格剖分器上，如上海格宇、杭州晶图等公司。但整体来说，我国工业软件在基础组件方面起步较晚，企业技术研发能力普遍薄弱。

四、工业软件代理商

工业软件代理商，不仅反映一些工业软件企业产品的成熟度，也反映市场化覆盖率。目前每家国外大型工业软件公司在中国基本有上百家的代理商，通过数十年的沉淀，这些代理商网络构成了纵横交错的市场覆盖网络，并且通过长期给客户提供服务，客户有很高的黏性。国内有一批大型国外工业软件公司的代理商，或者说增值服务商，从头部的代理商来看，营收规模为 1 亿～ 10 亿元。这些公司不仅熟悉客户的需求，对客户也有深刻的了解，而且有很强的技术支持能力与研发能力，如果不特别强调自主产品，其能力已经完全可以和国外工业软件公司在中国的团队媲美。从综合能力看，这些公司也是具备自主化能力的，只是机会成本过高而不太容易过渡到自主业务上。

五、工业软件系统集成商

大型企业的需求是多方面的，大型企业使用的软件可能有上千款，怎样让这些软件有序地系统工作在一起，就需要软件服务商对客户的业务流程、各种平台型的管理软件，以及各种工具软件的二次开发都非常熟悉，能够提供此种服务的公司就是系统集成商。国外工业软件主要系统集成商如图 5-4 所示。国内也有一批优秀的系统集成商，并且有数家企业也已经上市。系统集成商也是成就高质量国产工业软件的路径之一。

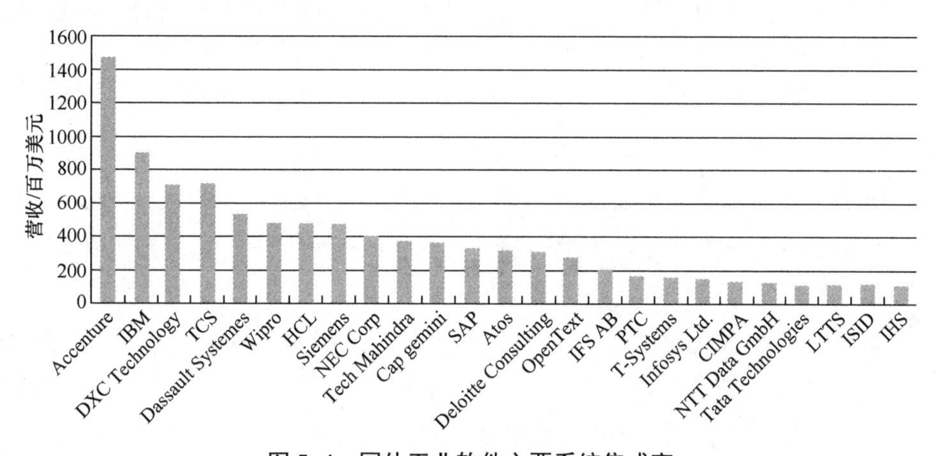

图 5-4　国外工业软件主要系统集成商

近几年，我国不管是从国家政策，还是从产业资本上都在大力推动工业软件产业的发展，但是我国与国外相比还存在不小差距，只有一方面持续扶持培育工业软件龙头企业，另一方面给创新性公司提供好的科技孵化环境，让众多的工业软件企业在各个细分领域茁壮成长，才能支撑起丰富的工业软件产业生态。

题 5-6:
我国工业软件行业发展挑战?

工业软件行业发展前途广阔，但挑战也巨大，这与工业软件行业自身属性有关。工业软件第一属性是工业，第二属性是软件。工业与软件这两个行业属性无论是在技术上还是在商业上都存在很大的挑战。

一、工业软件自身属性决定了行业发展存在极大的挑战性

1. 工业属性决定了工业软件行业的艰巨性

第一，工业行业繁杂。工业可分为流程行业与离散行业，再进一步细分，我国有 41 个工业大类，207 个中类，666 个小类，行行不同。

第二，专业种类繁多。工业涉及机械、电子、光学、声学、磁学、流体、热处理等众多专业，每门学科都蕴藏着巨量的知识与经验。

第三，产品本身复杂。既有服装、玩具等较为简单的制造业，也有航空、航天、高铁等复杂制造业，如空客 380 有 600 多万个零件，产品的复杂程度及难度超乎想象。

第四，生产过程复杂。企业涵盖了研发、生产、营销、运维、供应链管理等大量业务环节，涉及了生产设备、生产设施、测量测试设备、仪器仪表等成千上万的不同设备，这些设备种类不同，功能不同，开放程度不同。

第五，厂家协作困难。例如，波音 747 由 6 个国家的 16 500 多家大中小企业协作生产，如果一个企业出问题，甚至一道工序出问题，就会造成严重后果。

第六，对实时性、可靠性要求高。“失之毫厘，谬以千里”，一点小失误，就会酿成严重的后果，工业对实时性、可靠性等的要求远超其他行业。比如，一个传感器数据失误，有可能就造成严重的质量事故。

2. 软件属性决定了工业软件行业竞争的残酷性

软件是一个非常特殊的行业，具有前期投入大、后期复制成本低等特点。

本篇作者：朱铎先、宋华振

与传统行业不同，除去实施等成本，软件几乎没有传统产品的再生产成本，软件销售的套数越多，单套软件的平均成本就越低。工业软件上述两个属性，决定了这是一个大投入、长周期、竞争激烈、“强者越强、弱者消亡、赢者通吃”的行业，因此，即便市场容量很大，但CAD、CAM、CAE、PLM等全球市场基本被国外巨头公司垄断。工业软件行业注定是一个道阻且长、发展之路充满困难、艰辛和风险的行业。

二、我国工业软件行业发展面临的挑战

1. 技术挑战

我国工业软件行业发展面临的挑战首先是工业知识的积累与提炼。将工业的机械、电子、光学、声学、磁学、流体、热处理等各种行业知识进行梳理、抽象、机理建模等，并经过大量的物理测试、验证、迭代，这是长期而艰巨的工作。其次是IT技术实现，工业软件企业或研究机构面对日新月异的技术发展，需要积极采用新一代信息技术，如人工智能、物联网、云计算、微服务等，深度结合工业行业知识，针对工业客户开发出技术领先、功能强大、性能稳定且价格有竞争力的工业软件，为企业提供有针对性的解决方案。

2. 市场挑战

（1）工业软件支出意识弱

当前中国工业企业平均利润不足5%，受到国际环境的影响，很多企业面临很大的经济压力，企业将保生存、保生产放在第一位，很多企业很难拿出更多资金进行工业软件等方面的建设。

由于业内普遍存在“重硬件轻软件”的传统思维，企业宁愿花上百万购买使用率不高的“硬装备”，也不愿意出几十万购买工业软件这样的“软装备”。即便购买，也是货比三家，最后往往选择最低价。在项目实施过程中，企业需求不断扩展，要求不断更新，但又不愿意为此增加费用，成本只能转嫁到工业软件公司身上，这些都会极大地影响工业软件公司的可持续发展。

（2）面对国外工业软件强大的竞争压力

近些年来，西门子、达索系统、PTC等工业软件巨头斥资上百亿美元并购众多优秀工业软件公司，用来迅速补齐自己的短板，或者有效地拓展自己的新领域，构建起强大的工业软件产品竞争链与生态圈。对绝大部分国内工业软件

公司而言，它们与国外工业软件公司已经不是单点产品的竞争，而是产业链、生态的竞争，形成了难以逾越的鸿沟。

（3）工业软件行业人才短缺

工业软件开发人员需要经过多年历练才能成为行业专家，企业为此付出了很大的培养成本，但在 IT 人员短缺的市场上，这些开发工程师很可能被互联网公司高薪挖走，并且形成对工业软件开发人员的虹吸效应。专业人员的流失对工业软件公司是很大的损失，对社会也是一种损失，因为沉淀多年的行业知识随着人员的流动化为乌有。

（4）知识产权保护等软性环境不完善

尽管国家大力推进知识产权等相关工作，但由于发展阶段的不同，我国在工业软件行业知识产权保护方面还不完善。作为知识产权高度集中的行业，工业软件企业面临着被盗版、剽窃等困扰，极大地制约了企业的再发展。没有好的知识产权保护氛围，中国工业软件不可能得到快速发展。相信随着国家对知识产权的重视与相关法律的贯彻实施，对恶意侵权者起到严惩与震慑作用，为工业软件产业提供一个越来越有利的发展环境，工业软件企业可以心无旁骛地研发，从而促进产业的健康发展。

题 5-7：
工业软件强国的典型发展路径？

随着科技的飞速发展和全球经济的竞争加剧，工业软件已成为各个国家重点关注的战略性产业之一。在这个领域，美国、法国、德国等老牌工业软件强国起步较早，积累了不少发展经验，这些国家的工业软件发展路径也为我国提供了重要的借鉴和启示。

一、工业需求牵引，推进工业软件创新突破

工业软件强国的典型发展路径通常由需求牵引而起。工业软件是"用"出来的，工业软件作为工业知识和各行业经验的沉淀和结晶，只有在各行业典型的应用场景中真正被用起来并理解客户需求、获得反馈并进行优化迭代、获得经验并内化封装到软件中，工业软件才能取得扎实的进步。美国、德国、法国等工业软件强国的工业软件产品的快速进步都离不开它们强大而完整的工业体系，更离不开工业企业的密切支持。

因此也有一个普通现象，欧美工业软件多以国家工程、军工项目或工业企业为孵化源头，例如在 20 世纪 70 年代后期，美国石油危机引发了整个流程行业对效率提升的迫切需求，随即美国能源部专门成立了"过程工程的先进系统"（ASPEN）的项目，这也是目前化工、石化领域的流程模拟软件 Aspen Plus 软件的源头。法国是全球领先的航空航天工业大国之一，其工业软件的发展源于航空航天工业需求的牵引。达索系统 CATIA 就诞生于幻影飞机研制过程中，并一直在达索航空的主导下发展，达索航空既是需求提供者、使用者，又是软件的开发者。德国制造业是其工业软件发展的重要领域之一，德国制造业具有高度自动化和精细化管理的特点，要求工业软件能够实现工业生产中的数字化、模拟和自动化控制，其工业软件产业就在这种需求和应用迭代的循环中不断强大。

本篇作者：刘玉峰、孙桂花

二、国家战略引导，持续投入助力工业技术发展

除了市场需求驱动，工业软件发展同样需要“有形的手”——国家政府相关政策和资金的支持，可以带来相关资源的倾斜。工业软件强国通常高度重视国防、工业、高科技的重要性及工业软件在当中的重要角色。

20世纪60年代，美国掀起了“计算科学”运动并出台了一系列相关政策，并通过NASA、NSF（美国国家科学基金会）、美国国防部、能源部等多个机构开展工业软件研究与应用，为把握国际工业软件领域的先机奠定了坚实基础。在数十年的发展过程中，美国通过了“高性能计算与通信”总统行动计划，NSF和NASA共同发起“先进工程环境”研究计划，美国国防部启动了CREATE计划，推出先进制造合作伙伴（AMP）计划等；美国政府还颁布了发布《美国制造业——依靠建模和模拟保持全球领导地位》白皮书、《国家先进制造战略计划》《美国制造业促进法案》、“电子复兴计划（ERI）”政策等多项政策法令，为工业软件的发展提供了多方面保障。美国政府还通过NSF、国家卫生研究院（NIH）、NASA等机构，向高校提供工业软件基础研究相关资金支持。德国出台“信息通信技术2020”规划，设置开放式课题逐一完成工业软件等信息技术产业领域的创新项目和科技成果转化，2007—2011年，德国政府持续投入了32亿欧元。在法国，软件产业一直被认为是国家经济的“火车头”。2012年法国发布《数字法国2020》，提出以科研税务贷款（CIR）支持创新中小企业发展。企业为科研项目支出相应经费后，才可申请获得CIR，企业无须偿还CIR。包括工业软件企业在内的技术研发导向型企业获得了可观的资金支持，“先支持后补贴”的方式使政府的资金支持更落到实处，实质性地助力法国工业软件的发展。

三、产学研机制创新优化，促进工业软件技术成果转化

产品的研发和商业化如同支撑产业的两条腿，只有成功商业化的工业软件才真正具备活力和竞争力。美国、德国等工业软件大国，向来注重成果转化，带领工业软件产业跨越创新和应用之间的“死亡之谷”。例如，NASA自1964年起，建立了“技术转移计划”，将成果转化作为项目立项的必要条件，设立专门的技术转移办公室，引入第三方机构加速技术成果转化，建立快速授权转让

平台，促进工业软件的应用推广。美国的高校大部分设有专门的机构负责技术转移、转化工作，并引入技术、经济、法律等一系列服务机构投入技术转移活动。德国高等院校尤其是工科大学，普遍建立了专业化科技成果转移转化中心。四大科研机构，弗朗霍夫协会、马普学会、亥姆霍兹联合会、莱布尼茨联合会都高度重视科技成果转化，探索出各具特色的科技成果转化模式。这些机构和机制的设置都促进了工业软件的商业化和推广应用。

四、知识产权保护体系不断完善，夯实工业软件体系化发展基座

工业软件产业十分重视创新和技术的进步，知识产权保护是工业软件公司获得市场竞争优势、保护财产权益、提高企业价值、促进技术创新的重要手段之一。欧美地区及国家一向注重加强知识产权保护，维护公平竞争的市场环境。例如，美国国会出台《拜杜法案》和《史蒂文森－威德勒技术创新法》，明确了知识产权的归属，此后，美国又出台和修订《拜杜法修正案》《国家合作研究法案》《联邦技术转移法》《12591 号总统令》《国家竞争技术转移法》等一系列相关法律法规，允许大学和非营利组织将其拥有的工业软件专利向企业转让或发放许可，解决“有权转”的难题。美国政府还加强了知识产权的执法和保护，维护市场的公平竞争。德国、法国较早建立了完善的知识产权制度体系，充分调动了工业软件领域发明创造的积极性，吸引了大量资金注入工业软件领域，给工业软件发展带来了巨大创造活力。政府还开展了大量的知识产权培训和宣传活动，为企业提供了专业的知识产权保护指导，向公众普及知识产权保护的重要性。

五、教育与产业紧密结合，打造复合型工业软件人才

作为知识密集型产业，工业软件涉及数学、物理等基础科学及计算机、机械、建筑、电气等工程学，相关领域的复合型高端人才在工业软件的发展中发挥着极其重要的作用。工业软件强国无一例外地重视工业软件人才培养及产学研协作，为本国工业软件供应商、学校、科研机构创造产学研协作的有利“土壤”。

美国政府为高校及研究院提供大量资金支持，鼓励院校开展工业软件相关研究，并推动其研究成果走向市场，促进工业软件迭代更新。同时，高校学生能够深度接触工业软件，有利于培养学生对工业软件的兴趣，加上学校

重视相关专业人才的系统化培养，为工业软件供应商、相关科研机构持续输送高精尖人才，助力本国工业软件发展，而工业软件供应商为相关专业学生提供实践和就业机会，互利共赢。德国的软件工程专业培育计划规定，该专业的学生必须辅修一门其他专业，拿到其他专业的学位证书才能获得软件工程专业学位。因此，德国培养了大量懂机械、工程等专业知识的算法工程师，这为德国工业软件行业的发展奠定了坚实的人才基础。此外，复合型人才在制造业、信息产业自由流动，且两者薪资水平相当，大量复合型人才能潜心在传统制造业和工业软件企业发展，促进了两者的协同和高质量发展。

总之，工业软件强国始终坚持需求牵引，充分发挥政府和市场的作用，优化产业环境，注重人才培养，有效平衡不同利益相关方的利益，保证工业软件产业从技术研发到产品应用的产业链上不存在任何断点或堵点，最终成就了工业软件领跑的国际地位。

题 5-8：
工业软件龙头企业典型发展经验?

欧美能够持续引领全球工业软件技术和产业发展方向，以法国达索系统、德国西门子、美国参数技术公司（PTC 公司）、德国思爱普（SAP）等为代表的工业软件龙头企业发挥了重要作用。研究这些公司的成功经验和发展路径，梳理分析其发展路径、模式、亮点，可为国内工业软件企业发展提供借鉴。

一、扎根工业，做精特定领域，辐射拓展增值

强大的工业软件源于强大的工业支撑。达索系统起源于法国达索航空公司，起步初期，达索系统聚焦航空航天领域并不断深耕，丰富其工业软件产品类型，建立起行业“护城河”。随后通过和行业客户建立深入的合作关系，以及广泛的资本运作，达索系统不断扩展到汽车、船舶、建筑等各个行业应用。20 世纪 80 年代初，达索系统对汽车行业了解非常有限，通过与业内客户密切合作，达索系统对汽车行业的知识进行积累不断加深，持续开发新的软件以完善解决方案，帮助汽车企业实施业务转型，改善原有的设计和构建方式。逐步地，客户开始在车身设计中使用 CATIA，这也使得达索系统在汽车行业中逐渐拥有竞争力从而达到高市场占有率和应用率。达索系统用类似的路径将产品推广到轨道交通设计、工程机械、医疗设备、通用机械、工业零部件、消费产品设计、模具设计等行业。

西门子与达索系统的发展路径类似。21 世纪初，西门子基于自身在电子电气工程领域的深厚的工业积累，围绕 PLM 布局工业数字化产品，完成了从工业硬件到工业软件的跨越，并在自动化领域大力推广自家产品，沿着自动化和数字化主线持续扩大工业软件版图。

二、内生研发和外延收购双管齐下，注重新兴技术，构建体系化壁垒

除内生研发外，外延并购也是国外工业软件企业快速发展的重要路径。以

本篇作者：刘玉峰、谭震鸿、林剑玮

达索系统、西门子、SAP 等为代表的国外工业软件企业，通过不断投入技术研发成本和向外收购，丰富其产品线，将原先单一品类的拳头产品，集成、融合形成一套组合产品，在行业中独占鳌头。

达索系统通过内生研发和外延收购策略，从单纯的三维 CAD 设计软件一步步发展为全流程（CAD/CAE/CAM/CAPP/PLM）、全系统（CAE 部件仿真 /Dymola 系统仿真 /MagicDraw 系统设计）、全领域（CAD/CAE/ 系统模型库）的研发管理一体化、虚实融合一体化的全生命周期数字化、网络化协同研发与管理平台。

西门子经历了 3 个阶段的收购，包括 MES、数字工厂、工业云与大数据。在 MES 阶段，西门子开始收购 ORSI、Compex、Berwanger 等 MES 供应商；在数字工厂阶段，西门子收购工业软件公司 UGS，从而获得了 3D 设计软件 UG、产品生命周期管理软件 Teamcenter、数字化工厂装配系统 Tecnomatix 等产品，成为西门子数字化的重要力量；在工业云与大数据阶段，西门子推出了 MindSphere 工业云平台和 Mendix 低代码开发平台等产品，旨在将云计算和大数据等新技术引入工业领域，以推动工业数字化转型。

SAP 则非常注重内部研发投入，2019 年其研发投入超过 43 亿欧元，占总收入的 15.5%，拥有 27 634 名研发人员，占全体员工总数的 27.5%。SAP 在全球拥有 20 个 SAP 研发中心（SAP 研究院）、17 个联合创新研究院和 5 个 SAP 创新网络所在地。SAP 的核心云 ERP 产品均为自研，例如 S/4HANA Cloud、Business ByDesign（中小型企业云 ERP）、Business One（小型企业云 ERP）。除了核心自研，SAP 其他的产品线如企业支出管理、人力资源管理、客户资源管理则通过并购 Ariba、Concur、SuccessFactors、Hybris 等整合而成。此外，SAP 还通过收购 Qualtrics 云平台，投资 Cohere、Anthropic 和 Aleph Alpha 等 AI 技术企业，结合新兴技术，提升其产品整体竞争力。

三、依托平台和云化产品，创新业务模式，推动产品生态建设

随着技术的不断创新与发展，工业软件已从解决某个单一技术问题的软件工具，向解决客户整体业务流程问题的融合数字化解决方案发展。国外龙头企业如达索系统、西门子等都依托平台化和云化产品，将各大产品线整合，打造

覆盖完整业务流程的工业软件生态系统，形成从设计到生产再到维护的全流程数字化解决方案。达索系统通过 3D EXPERIENCE 平台建立起“点、线、面、体”的生态，推动工业软件产品规模化应用；西门子则以 Xcelerator 和 MindSphere 平台为依托，致力于 IT/OT 融合。这种全流程的数字化，可以实现数据来源的统一和无缝整合，解决长期以来工业各环节的数据不兼容、数据转换等问题，将设计、制造和项目管理无缝整合到同一个协作和互动环境中，实现产品应用、工厂工效和生产安全的闭环。同时，通过云计算的订阅服务模式，可以帮助客户获得更高的可访问性、可扩展性和灵活性，进而加速企业数字化转型。与达索系统、西门子自研平台化和云化产品不同，PTC、SAP 等企业则通过收购云平台、AR 企业，将云计算、人工智能、虚拟现实等新兴技术与工业软件相结合，完成一体化集成，实现数据自上到下的完整贯通。以上这些工业软件龙头均通过整合和应用平台化、云化等新技术，进行新的业务模式创新，推动生态系统建设。

四、构建合作生态网，推动工业软件产品规模化应用

工业产业涵盖研发、制造、生产管理等多个环节，工业软件产业链的正常运行离不开上下游软件之间的匹配与兼容。这不仅要求工业软件企业具备覆盖从设计到封装使用全流程的工具链产品，而且需要与上游软硬件设备供应商、下游应用需求方形成超脱传统供需关系的战略共赢关系。这种密切嵌合关系逐渐成为工业软件产业的发展常态。国外龙头工业软件供应商非常注重生态系统建设，在全球建立了实施服务商、系统集成商、增值经销商体系，并与硬件供应商、工业自动化供应商结盟，为客户提供开放的配置工具和客户化开发工具。这个生态系统不仅包括上下游的合作伙伴和用户，也涵盖了竞争对手。在一个更加开放的产业环境中，与竞争对手合作构建生态实现多赢，已经成为一种更加明智的选择。以达索系统和西门子为例，两家企业均广泛地与硬件供应商、工业自动化供应商、自动化工厂、工控供应商、过程控制、工业网络服务商等合作伙伴联手，共同组成全流程工业软件生态系统，使得客户可以获得更加全面、高效的解决方案。总之，生态系统建设是工业软件产业链正常运行的重要保障，工业软件龙头企业通过与合作伙伴构建生态系统，更有利于其产品的规

模化推广和应用。

五、与全球合作伙伴共赢，推进技术和业务发展

为了扩大市场份额，世界工业软件龙头企业通常会与众多全球合作伙伴建立战略合作关系，以帮助企业在全球范围内推广销售产品。这些合作方式包括以下 4 种。

（1）打造优秀的合作伙伴计划：世界工业软件龙头企业通常会为合作伙伴提供一系列优惠政策，包括合作伙伴激励机制、销售奖励政策、产品定价等，以吸引更多的合作伙伴参与。

（2）提供技术支持与培训：世界工业软件龙头企业通常会为合作伙伴提供技术支持和培训，确保合作伙伴具备足够的技术能力和知识，以便有效地推广和销售其产品。

（3）提供营销资源：为了帮助合作伙伴更好地推广产品，世界工业软件龙头企业通常会提供各种营销资源，如市场调研报告、宣传册、演示文稿等。

（4）定期举办合作伙伴会议：世界工业软件龙头企业通常会定期举办合作伙伴会议，与合作伙伴分享最新的产品信息、市场趋势和最佳实践，以加强与合作伙伴的联系和沟通，保持良好的合作关系。

通过这些合作方式，世界工业软件龙头企业能够与众多合作伙伴共同推动产品的销售、扩大市场份额，进一步巩固其在工业软件领域的主导地位。

六、积极参与工业软件标准建设和推广，扫清产品推广阻力

正如 5G 标准争夺战一样，掌握了标准的制定权，就掌握了市场的主动权。一直以来，欧美龙头企业通过多种方式和角色的参与，积极推动工业软件标准的建设和推广应用，为产品推广应用扫清阻力。这些方式主要包括以下 4 种。

（1）参与制定标准：通过积极参与制定工业软件标准，对标准的内容和方向产生影响，推动标准的发展和普及。

（2）推广标准：在市场上积极推广标准，向客户展示这些标准的好处和优点，通过产品和服务的支持，鼓励客户采用这些标准，推动标准的普及和应用。

（3）建立生态系统：在其生态系统中积极推广标准，通过与其他供应商、开发者、用户等建立合作伙伴关系，共同推动标准的应用和发展，建立一个更

加健康、互相协作的生态系统。

（4）推动标准迭代：在标准发展的不同阶段，通过提出建议、反馈意见等方式积极推动标准的更新与迭代，确保自身所制定标准的时效性与稳定地位。

综上所述，欧美工业软件龙头企业通过专注产品创新、主动融合新技术、开展与战略匹配的多项收购活动、大力构建合作生态网、充分利用合作伙伴资源、积极参与标准建设等方面，不断夯实技术底座、拓展全球市场、提升企业竞争力，这些经验对于后来发展工业软件的国家的企业具有重要的借鉴意义。

题 5-9：
并购在工业软件发展中起到什么作用？

回顾世界工业软件巨头的发展历程，可以看出并购是企业成长壮大非常重要的一环，企业并购是工业软件企业特别是行业巨头近 20 年来发展的主旋律。

一、工业软件企业并购概况

工业软件发展历史进程中，不断出现收购和兼并，领先企业通过收购加快发展速度，不断壮大。相关统计数据表明，仅在 1978—2019 年这 40 多年间，主要的研发设计类工业软件公司完成的收购总计多达 540 次。主要的研发设计类工业软件公司完成的收购次数统计如图 5-5 所示。

工业软件	2010年	2011年	2012年	2013年	2014年	2015年	2016年	2017年	2018年	2019年	总计
Altair	1	1	1	1	1	2	3	4	4	3	24
Altium	1					2	2	2	4	1	12
ANSYS		1	1	2	3	3	1	3	1	5	30
Autodesk	3	11	6	10	17	6	6	1	2	1	100
Bentley	3	3	4	1	1	4	1	1	7	4	30
Cadence	2	2	1	3	3		2	1			39
ESI Group		3	1	1	1	4	3	1			19
Hexagon	1	1	2	7	9	1	11	8	11	4	86
PTC	1	2	1	3	2	3	1		2	3	34
Siemens PLM		2	3	4	2	3	3	5	9	6	50
Synopsys	6	2	7		3	6	5	4	4	1	66
Zuken						1			1	1	3
Dassault System	4	4	4	8	3	1	4	4	2	3	47
总计	22	32	31	40	45	36	42	34	47	32	540

图 5-5　主要的研发设计类工业软件公司完成的收购次数统计

二、并购在工业软件发展中的作用

工业软件企业的收购兼并主要有以下目的和作用。

1. 拓展产品线，增强竞争力

工业软件来自工业企业的需求，伴随着工业技术的发展，但是，工业软件企业在发展过程中不可能面面俱到，对于新的需求企业固然可以选择自行开发

本篇作者：海强、陆云强、郎燕

的模式，但是，通过兼并收购获得对应的软件技术和软件人才，补全自身的产品线，无疑是最快速的一种方式，还能够同时获得收购对象的客户资源，扩大自身的市场规模和市场占有率。

2. 消灭潜在的，有成长潜力竞争对手

工业企业需求多种多样，软件新技术层出不穷，不断催生出新的小企业，满足市场的特定需求，这些企业会随着工业应用和市场的成长而成长，并获取一定的市场份额，对原有的市场格局产生冲击。为了避免这些新创立的企业在未来的发展中对自己造成威胁，领先的工业软件企业会不断扫描和评估同行和相关行业的工业软件公司，有选择地进行收购，将产品和技术纳入自己旗下，避免后续潜在的竞争。

3. 在新的领域获得新的发展，实现企业转型

有的工业软件发展到一定阶段，技术比较成熟，缺乏热点和创新点，竞争日趋激烈，企业会根据行业发展趋势，选择新兴领域的领先软件企业进行收购，持续投入，利用现有的客户资源和销售资源进行推广，实现企业的转型发展，同时也促进了新技术的发展。

4. 构建体系化壁垒，改善用户体验

软件企业通过收购和兼并，将收购的产品与自身原有产品进行整合、集成，可以更好地满足市场需求，完善软件功能，构建对应的工业软件生态体系，更广泛、更深入地覆盖行业应用，逐步形成“一站式”解决方案，改善客户体验，降低最终用户的总使用成本。

兼并和收购也有负面作用，最主要的就是供给端集中度提升，技术和创新活力下降，一些特色鲜明的工业软件公司在被收购以后，由于市场容量小，被重视程度显著降低，随着人员流失和技术重组，同时受限于收购协议和专利壁垒，很难得到进一步发展。

三、工业软件巨头并购案例

国际著名的工业软件公司都是在不断发展自身的同时，也不断地收购兼并获得快速发展。

1. ANSYS公司

以 ANSYS 公司为例，ANSYS 始终专注于仿真工业软件，通过对 CFX 和

Fluent 两个领先流体动力学计算软件的收购，ANSYS 获得了最先进的仿真技术，结合自身的结构仿真工具，通过 Workbench 平台的开发，将结构和流体软件整合在一起，建立了业界最早的流固热耦合多物理场仿真环境；进一步地，通过收购 Ansoft 公司，极大增强了电磁场仿真的技术能力和市场份额，并将 ANSYS 电磁场仿真工具整合到 Workbench 环境中；后续，又进一步收购了材料管理系统、数字任务系统、优化工具、嵌入式代码开发工具、光学仿真系统、光电子仿真系统、显示动力学仿真系统、基于模型的系统工程软件等，实现了电磁、声、光、热、流体、结构多物理场耦合仿真与优化平台，构成了结合基本物理仿真、数字孪生、材料管理的完整齐全仿真环境和仿真生态体系。在过去 20 多年里，ANSYS 进行了 26 次收购，总花费超过了 50 亿美元，巩固了自身在多物理场仿真的领先地位，极大地推动了企业的发展，同时，也使得多物理场仿真这样复杂的问题变得更简单、更易用，推进了相关技术在工业界的应用。截至 2021 年 ANSYS 重要收购如图 5-6 所示。

2. PTC公司

PTC 公司的收购，则是典型的在新的领域获得新的发展的例证。成立于 1985 年的 PTC 公司，以其独树一帜的参数化设计方式，打破了原有的 CAD 市场格局，在高端 CAD 市场，和西门子、达索三分天下；并且在收购 CV 公司时，通过收购其 Windchill 产品，进入 PLM 市场。随后 PTC 的收购有着 4 个主要阶段：1998—2008 年，针对 CAD 领域的产品扩展和行业推广进行收购；1998—2014 年，针对 PLM、ALM、SCM、SLM（服务生命周期管理）的功能扩展进行收购；2014—2018 年，通过收购 ThingWorx、Axeda、Vuforia 进入 IIoT（工业物联网）和 AR 新领域；2018 年至今，通过收购云 SaaS CAD Onshape、云 SaaS PLM Arena、ALM Codebeamer、SLM ServiceMAX 开始了对工业软件进行 SaaS 化的进程。观察 PTC 的收购历程可以发现，PTC 往往通过收购进入新的领域，在随后的几年会进行多次针对新业务的收购整合（在此期间很少进行针对其他业务的收购），专注于新业务的发展，并形成完整的产品。

我国应结合自身工业软件发展现状，合理学习、采纳国外工业软件巨头并购的经验，探索我国工业软件企业通过并购发展壮大的路径。

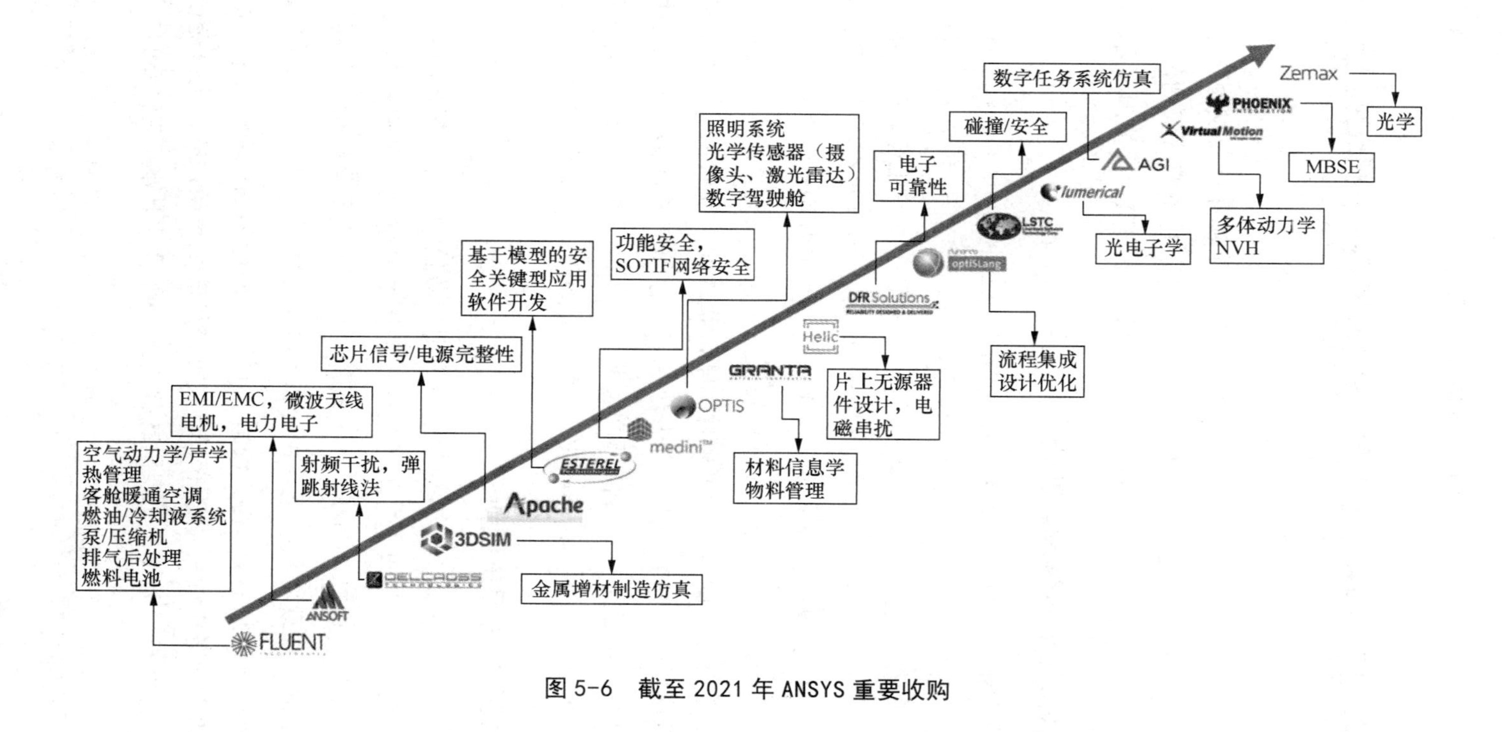

图 5-6　截至 2021 年 ANSYS 重要收购

题 5-10：
如何统筹好自主创新和国际合作的关系？

掌握工业软件核心技术自主化有助于我国工业软件行业发展，把握发展主动权，为我国工业发展提供坚实的安全保障，但同时也应认识到，我国工业软件要实现高质量发展，必须要有更开放的环境，必须深化开放国际合作。

一、认清我国工业软件发展现状

我国的工业软件在技术水平、业务模式、应用的广度和深度上都远远落后于国外同行，排斥国外软件，拒绝国际合作，会直接影响我国实体工业的发展。工业软件高度依赖工业化水平和信息技术的发展。欧美工业软件强国，在工业化与信息化的融合过程中，具备了先发优势，并在发展过程中建立了技术壁垒。我国由于工业化进程相比国外晚了很多，真正在工业领域发展自己的设计能力不过几十年时间，没有形成工业软件发展的环境。同时，受限于技术水平、发展环境、知识产权、创新体系等多种因素，我国的工业软件长期不受重视、投入不足、发展缓慢。随着中国产业升级和设计水平的不断提升，对工业软件的需求不断增长，但是可供选择的国产工业软件少之又少，而且只有点工具，不成体系，无法满足我国工业由中国制造向中国创造、中国设计转变的需求。

二、脚踏实地推进自主创新

我国工业软件的自主创新受到空前重视，政策利好加上资本涌入，使得工业软件成为热点。但热点之下工业软件企业更要冷静思考，究竟要实现怎样的自主创新，如何实现自主创新。炒作概念，贪大求全不是创新，不利于我国工业软件的发展。在现实状况下，由于国产工业软件和国外工业软件差距巨大，因此首先要实现的并不是“自主创新”，而是通过国产替代实现自主可控。然而，在全球化和产业分工的大背景下，自主可控只能是有条件的，也只能在很小的局部范围才能实现。要真正实现国产替代，需要学习国外工业软件的先进方法、

本篇作者：丁海强

先进技术、业务模式和成功经验。要想超越，首先要做好跟跑，利用“后发优势”，少走弯路，利用最新的软件和硬件技术，如云平台、高性能计算、人工智能、大数据、虚拟显示等，踏踏实实把基础工作做好，充分重视客户体验，贴合我国用户和我国工业发展的需求，由点到面，不断缩小技术差距，充分利用我国巨大的市场规模和发展潜力，发展国产工业软件，逐步从国产替代到自主发展和自主创新。

三、充分利用国际资源，开展国际合作

自主创新并不是自我孤立、另起炉灶、什么都靠自己。对工业生产和设计部门来说，还是要紧紧抓住当前发展的窗口期，开展国际合作，充分参考国外先进工业软件的体系、流程、方法和最佳实践，提高软件应用水平。在这个过程中，不断学习国外先进工业软件的发展经验和业务模式，结合我国工业的应用需求，开展自主创新，发展国产工业软件，推进工业化和信息化的融合，实现数字化转型，提高我国工业的整体水平。

我国正在从制造业大国向制造业强国迈进，市场潜力巨大。国外工业软件企业普遍高度重视我国市场，“在中国，为中国”，致力于服务我国工业，快速响应我国需求，设立研发中心，开发适合我国市场的功能和应用，培养工业软件开发和应用人才，为我国工业软件的发展做贡献。

四、开放，包容，走出去

工业软件是创新和发展的关键要素，没有先进的工业软件，我国工业很难实现从大到强。我国工业软件要脚踏实地，目光长远，在服务我国工业同时，要瞄准国内、国外市场，提高自己的技术能力，把握行业趋势，服务国际领先企业，勇敢地参与国际竞争，才能够获得更好的发展。历史经验表明，只有真正实现自主创新，形成竞争力，才能打破国外垄断和限制，也才能够更好地实现国际合作。不论是单纯靠政策保护，自我封闭，排斥外来产品，闭门造车，还是片面接受落后现实，不进行自我创新和发展，都是不可取的。这既不利于我国工业软件的发展，也不利于我国工业的发展，更无法支撑我国工业当前和未来的可持续发展。

综上所述，发展工业软件，既要坚定信心，也要正视差距、稳扎稳打、补

足短板，才能切实提升工业软件自主创新能力，而这个目标的实现需要我国在国际合作上着力，只有积极融入全球产业体系，深化国际合作，才能最终实现我国工业软件真正的自主和创新。

第6章 工业软件人才培养

本章主要从供给侧、需求侧、测试评价等方面重点讨论工业软件人才培养的相关内容。

题 6-1：
如何理解工业软件人才是数字化转型升级不可或缺的人才？

工业软件非常重要，在工业企业数字化转型中起着非常重要的作用，然而工业软件人才的重要性却不是因为工业软件的需求而凸显，它是工业文明、物质文明高速发展的必然需求。本题以人为本，从“人”的四要素来解读为何工业软件人才代表的知识型、智力型人才是亟须人才。

人力是指人的劳动力，人的力量。人的体力、技能、智力、知识构成了人力四要素。

想要理解人才，首先来看一下什么是人力。从人力的定义来看，随着物质文明、社会文明、工业文明不断发展，人们的物质生活水平越来越高，人们不再仅仅满足食物、衣服类生理需求；随着互联网经济发展，人们也基本满足了工作、生活保障类安全需求，这时“体力”要素参与价值创造已经发挥到了尽头，体现在“体力型劳动力”将会逐渐消失，这部分红利正在逐步转移到东南亚等地区。我国进入“智力、知识、技能”剩余三要素红利构建及释放阶段，随之而来的就是要改变原有使用“体力”要素的生产方式、管理模式，进而打造适合“智力、知识、技能”三要素创造价值的环境，最终创新商业模式（见图 6-1）。这是我国工业企业借助数字技术转型升级的底层逻辑。

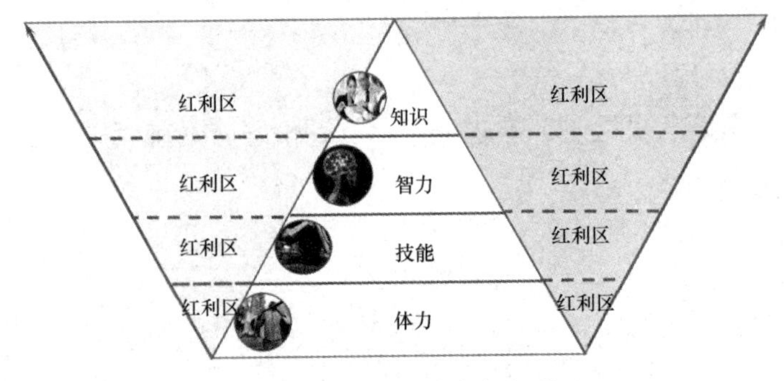

图 6-1　人力四要素与红利

本篇作者：刘俊艳

再来看人才，人才是指具有一定的专业知识或专门技能，进行创造性劳动并对社会作出贡献的人。具体到企业中，人才是指具有一定的专业知识或专门技能，能够胜任岗位能力要求，进行创造性劳动并对企业发展做出贡献的人。这部分人是推动“技能、智力、知识”三要素红利与构建与释放的承载者。

以“人的体力”为主要素创造价值中的操作经验、操作方法，即操作智慧、操作知识被机械化、自动化装备替代，提高了加工效率，这是工业化进程的必然结果。这一结果冲击的是主要以人的体力要素创造价值的人力，即现场工人（见图 6-2）；这一阶段是以人口基数为基础，核心竞争力在人口“量”。而新型工业化进程，工业企业数字化转型，将以“智力”“知识”要素为主，是进入知识经济、数字经济必经之路，这一阶段向管理要效率，向管理要效力，冲击的是工业企中高层管理者，尤其是中层管理者的管理技术、管理知识，改变的是管理行为，创新的是管理模型。

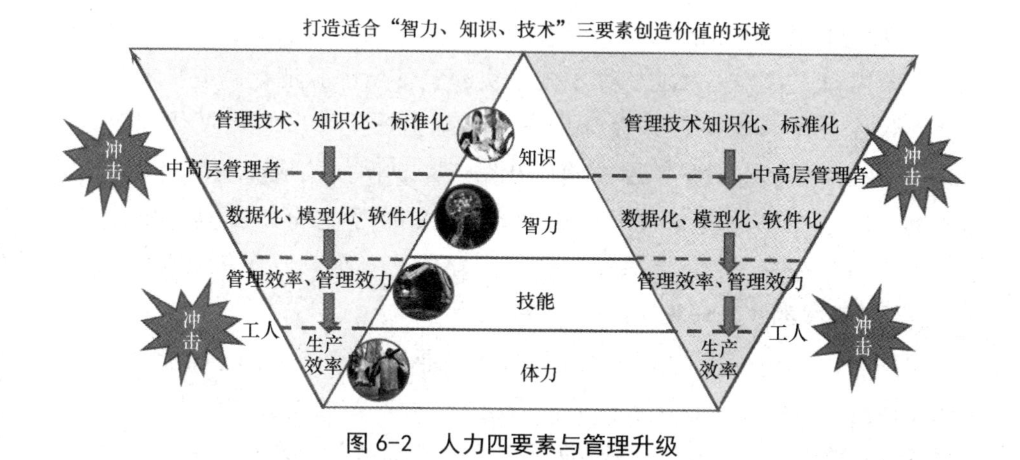

图 6-2　人力四要素与管理升级

工业软件是工业知识的载体，工业软件人才是典型智力红利、知识红利等新型红利创造者，是目前我国工业企业数字化转型升级不可或缺的人才资源。

题 6-2：工业软件供给侧需要什么样的人才？

本题从工业软件型企业角度探讨该类企业人才构成。一个成熟的工业软件研发团队，一般需要多种知识背景的人才通力合作。包括底层算法和软件开发人员、用户界面设计人员、验证和测试人员、有相关工业行业背景知识的专家，以及客户服务和技术支持人员等。其中，最主要的两大类人才分别是工业软件的研发人才和工业软件的服务人才。

一、工业软件的研发人才

工业软件的研发人才包括底层算法和软件开发人员、产品经理、验证和测试人员等，一般应该具有下面这些核心知识。

1. 熟悉现代程序设计的基本思想和流程

当前工科背景从事工业软件研发的人员，普遍相对缺乏现代程序设计方面的系统化知识。大型工业软件不同于实验室使用的验证代码或脚本，开发人员不仅需要了解相关程序设计语言的基础语法，还应掌握现代程序设计的基本流程，会使用一些常用的软件开发工具。例如集成开发环境（IDE）、编译器、版本控制系统、代码自动化构建工具、静态分析工具、单元测试工具等。

2. 具备基本的数学和算法功底

大多数工业软件底层代码侧重的往往不是业务逻辑，而是相关的数学算法。工业软件的开发人员应该至少能够读懂相关的算法，并将其转化为代码实现。根据不同的软件类别，与工业软件开发有关的数学知识一般包括最基本的微积分、偏微分方程，线性代数中的矩阵运算、特征值等概念。开发者还应了解各类常见的数值计算方法及算法优化需要的时间复杂度、空间复杂度等知识。具体的公式推导和算法细节可以借助一些软件或借鉴学习开源代码，但开发人员需要对这些基本概念有一定的理解。

本篇作者：毕绍洋、刘俊艳

3. 对物理过程和相应的数值算法有一定理解

传统的软件学院毕业生掌握的知识主要以软件和编程为主，较少接触工业知识、工业机理和相关数学模型 。对于 CAE 等涉及物理仿真的工业软件，研发人员需要对要仿真的物理对象有一定的理解。例如结构仿真分析软件核心求解器部分的开发人员需要深刻理解有限单元法和近代固体力学理论；流体仿真软件的开发人员需要理解 N-S 方程，不同的湍流模型及其数值解法等；CAD 等建模类软件的开发人员，需要具备扎实的计算机图形学相关知识。

4. 具备一定的算法优化能力

许多工业软件都需要进行较长时间的求解计算。因此核心求解器部分的开发人员需要对计算机和操作系统的底层有一定了解，掌握并行计算的基本概念和技术，能够利用多核 CPU 或 CUDA 等 GPU 通用计算功能优化代码的运行效率。

5. 有较为广阔的技术视野

工业软件行业依托计算机技术而存在，随计算机技术的进步而发展。虽然许多工业软件的底层代码和算法相对固定，但学术界和工业界不断有新的算法被提出，软件行业也不断有新的技术可以被应用于工业软件当中，例如 GPU 并行、云计算、人工智能等。

一些国际大牌工业软件虽然起步非常早，但相应的也有一定的历史包袱，从设计架构上会有一些历史局限性。中国的工业软件行业总体上仍处于起步和追赶阶段，追赶者相比先驱者，最大的后发优势就是可以直接采用当前时代最新的技术和算法，而不必将工业软件中为某一功能准备的所有算法全部实现出来。此外在软件的设计架构等方面，可以总结其他行业领先软件的经验教训，择善而从，不善而改。要做到这一点，就需要工业软件的开发人员具备比较广阔的技术视野。开发人员应当能通过阅读论文、参加相关研讨会、参考行业内的标杆工业软件等方式，了解教科书上的哪些技术在当前已经被淘汰，在某个领域当前最优或较优的技术实现方案是什么。

6. 有较强的学习能力

虽然许多工业软件的底层算法对应的物理定律不会随时间发生变化，但整个工业软件行业仍然在不断进步。各类工业软件都需要在不断迭代中针对客户需求增加新功能，补充新的算法，这就需要开发人员具备较强的学习能力，不断学习新知识。总体来说，工业软件行业的知识积累是很有价值的。由于底层物理定律不变，工业软件行业更多的是累加性的进步，相对比较少出现一些颠覆性的、会让过去积累的知识全部失效的变革。

从人才供给侧看，一个人很难同时具备以上全部知识，一定会有所侧重。例如算法研究人员具有更扎实的基础理论，擅长阅读论文、追踪前沿算法；软件开发人员更熟悉代码的实现和调试；界面设计人员和产品经理更熟悉行业内常见的其他工业软件，了解各种不同设计方案在使用体验上的优劣，并对相关技术的最新进展有一定的敏感度等。但如果工业软件的开发人员能对与自己工作相关的环节至少有最基础的了解，团队内部不同角色间的沟通过程就会顺畅许多。从人才培养的角度，如果能以通识教育的形式初步为学生介绍上述各相关领域的知识，也能为未来针对具体方向的深入钻研打下扎实的基础。

二、工业软件的服务人才

工业软件的服务人才的工作一般包括编写软件文档和验证案例、使用软件帮助企业完成仿真分析和咨询工作、售前和售后培训等。这类人员一般应该具有下面这些核心知识和技能。

1. 熟悉企业所使用的工业软件和背后的基本算法原理

大多数工业软件的用户是企业中的研发部门，使用这些工业软件也需要极高的门槛和知识储备。工业软件服务人员的职责就是使用公司研发或代理的工业软件满足用户的需求，因此他们需要熟练掌握企业所研发或代理的相应工业软件，包括其背后的基本算法原理。当客户遇到技术问题时要能够给出解决方案。

2. 具有较强的沟通和表达能力

工业软件的服务人才需要频繁与客户企业的工程师打交道，包括培训、项目实施、售前和售后服务等。这就需要较强的沟通能力和足够清晰的语言表达能力，来满足工作要求。

3. 广阔的技术视野和较强的学习能力

由于工业软件在不断迭代，客户的需求也在不断升级。工业软件公司的服务人才需要第一时间整理新版本软件的更新功能，并为客户进行讲解，所以他们同样需要广阔的技术视野和较强的学习能力。在这方面与工业软件的开发人才的要求是一致的。

三、工业软件销售与市场人才

工业软件销售与市场人才专注于推广和销售软件产品，以及市场调研和客户关系管理等活动。主要包括以下几类。

1. **销售代表/销售经理：**负责与潜在客户接触，了解其需求并推动销售过程，与客户协商合同条款、提供解决方案，并与内部团队协作以满足客户要求。

2. **市场营销经理：**负责市场调研、制定市场营销策略，并进行品牌推广和产品定位，分析竞争对手、识别目标客户，并制定市场推广计划。

3. **客户成功经理：**负责与现有客户建立良好的关系，提供售后支持和解决方案，以确保客户满意度和保持客户关系的稳定性。这类人才除需要具备通常的沟通能力、销售能力、客户管理能力、市场分析能力以外，需要熟悉工业软件行业、产品和解决方案，具备深入的业务知识，需要理解客户的行业的需求和挑战，并能够将工业软件产品的价值与客户需求相匹配。

以上这些人才类别的组合构成了工业软件行业的人才生态系统，他们共同合作，推动工业软件的发展和应用，以满足行业需求和客户期望。

题 6-3：工业软件需求侧需要什么样的人才？

本题将工业企业定位于工业软件需求方，从工业企业角度探讨其在工业软件应用、使用、开发等方面人才需求情况。工业软件需求侧的人才需求，与企业所处的发展阶段及其使用的工业软件来源及方式紧密相关。目前，工业企业使用的工业软件，来源于以下 4 种主流形式。我们将基于这 4 种形式分别阐述其对于人才的需求。

一、完全由工业企业根据自身需求和场景进行自主研发

钢铁行业里宝武旗下的宝信 ERP 系统，石化行业里中国石油化工集团旗下石化盈科的 ProMACE 平台等工业软件是由工业企业根据自身需求和应用场景进行自主研发的。在这种情况下，工业软件需求侧需要的人才与供给侧的人才需求没有太大区别。这支队伍需要在具备普通软件开发队伍的所有能力的同时，还需要具备行业专业理论及长期积累的行业知识，以及将这些知识翻译或重构为计算机语言的能力，核心难点是通过编程语言将工业领域经验进行数学建模并求解的算法设计和实现。这类工作涉及需求分析、场景提炼、功能规划、方案设计、架构搭建、前端 UI 及交互设计、后台的算法设计实现以及单元测试、集成测试等多种角色的群体智力。开发队伍需要掌握编程、操作系统、计算机网络、服务器，数据库，中间件，以及版本控制工具、集成开发环境、代码自动化构建等软件开发通用技能，同时还需要掌握特定的专业理论和行业知识，如各类工业机理模型、工艺流程知识和业务流程知识等。具有特定领域工业知识和软件编程能力的高级算法工程师或科学家是这一类需求的核心。

工业企业完全自主开发自己需要的工业软件，并非目前需求侧主流的模式。一般只有超大型的工业龙头企业，才会组建一支强大的 IT 队伍，来量身定制自己的软件，以此来构建自己的竞争壁垒。通常大型集团型工业企业在 IT 队伍人

本篇作者：盛玲玲

数突破 1000 时，才具备这种能力。

二、工业企业在采购外部标准版本的基础上，根据自身业务情况，进行二次开发和运维

这是目前很多企业都在践行的方式。这种企业一般具备自己的 IT 队伍，一般在几十人到几百人的规模。这个队伍在相关的工业领域积累了基本的工业知识，并且具有中等水平的软件开发能力。企业能够根据自己的工艺流程、业务流程进行一些非核心技术的（算法和模型之外）的功能开发、参数调整和系统改造。这个队伍，相比于第一种情况，专业分工没有那么细，专业深度较浅，尤其是随着低代码平台的流行，对二次开发人员的软件开发能力要求降低。但是单个开发人员而言，二次开发涉及的知识面会更广，需要开发人员对软件有全局视野。

三、工业企业利用第三方打造定制化的软件，但是由自己的队伍进行日常的运维服务

工业企业引入专业的软件供应商或 IT 咨询服务公司等第三方进行定制化开发，但由自有 IT 人员进行运维是目前很多中等规模企业广泛采用的方式。这种模式下，工业企业对自有 IT 人才的软件开发能力要求较前两种模式有所降低。目前一些实力强大的工业软件供应商都采用了面向对象的封装方式，运维人员可以进行低代码开发。但是这种情况下，要求运维人员对软件中各个功能要有全面了解，能熟练掌握各个模块之间的关联关系，并且有较强的业务理解能力，能够快速处理现场的一些突发状况。

四、工业企业完全依赖外部第三方来完成代码层面的工作

即便是开发和运维都完全外包的情况下，有实力的企业也会配备自有的专职或兼职的系统管理员和数据库管理员。在这种情况下，要求管理员熟悉工业软件涉及的业务全貌，能够熟练地进行各类角色的权限配置，并保障工业软件正常工作，且在出现问题的时候，能够协调外部供应商解决相应的问题。

除第一种以外的其他 3 种模式，工业企业真正核心的人才需求是数字化应用和管理人才，而非数字化技术人才。这一类人才，一般由工业企业对内部具

有数字化思维的核心业务骨干进行长期培养而来。他们熟悉本企业的工作流程、运营模式、思维方式和决策方式。在以对外采购软件而非自主开发的模式下，需求侧期望核心人才具有开阔的行业视野、较强的同行对标交流能力，深刻理解本企业业务需求，跨部门、跨领域的沟通协调能力，并能持续地进行需求收集，应用分析及功能转化。这一类人才专注于将新技术应用到熟悉的业务领域，并对相关业务进行创新和优化，而开发人员和运维人员等技术实现人才则起到支撑作用。

在现实世界中，以上 4 种模式往往会根据企业的实际情况，以不同的组合方式交叉出现在不同类型的企业里。即便是大型的龙头工业企业，在拥有一支强大的 IT 队伍的情况下，也依然会出现第二种、第三种和第四种模式。他们会根据市场上已有的标准产品和自身业务的匹配度以及企业 IT 人员能力域和业务实际情况，而采用不同的模式。因此这种需求侧的工业软件人才需求最为复杂多元。相对应，一个小型的非技术密集型的工业企业中，第四种模式则处于主导地位。这一类企业往往会在企业内部寻求具有一定 IT 知识且熟悉企业内部业务的员工转型为项目经理和系统管理员。而在第二种、第三种模式下，企业相关的从业人员一部分来自外部供应商或行业内同类企业，而另一部分则由企业进行内部培养和转岗。

大部分优秀的企业都会经历从第 4 种方式不断向第一种方式演进的过程。在这个过程中，工业企业对工业软件人员的工业知识的理解和软件开发能力的要求都在不断地提高。

题 6-4：
工业软件测试评价需要什么样的人才?

工业软件开发与应用过程中有一个非常重要的衔接工作，即工业软件测试。工业软件测试评价是根据既定的目的和需求，采用人工测试 / 工具测试等方法，依据相关标准规范，对工业软件开展相应的测试验证，并评价其是否达到预期的目的或符合预期需求的活动。与常规的软件不同，工业软件同时具备工业与软件的双重属性，因此相应的，工业软件测试评价类人才需要既懂软件又懂工业，否则很难真正做好工业软件的测试评价工作。那么，工业软件测试评价需要什么样的人才？下面主要从能力的角度、人才类别的角度分别进行阐述。

一、工业软件测试评价类人才需要的能力

工业软件测试评价类人才需要具备软件测试技能、行业与产品业务知识、质量与测试标准知识、产品技术实现领域知识、知识产权知识、测试实践能力以及良好的素质。前 6 项可以概括为“硬能力”，素质是“软能力”。工业软件测试评价类人才应同时具备“硬能力”和“软能力”。

1. 软件测试技能

工业软件测试评价类人才首先需要掌握软件测试基础知识、测试技术和方法、测试文档编制，以及熟悉测试工具的使用。

软件测试基础知识包括计算机、软件工程、操作系统、数据库、网络、编程语言，以及软件测试的基本概念、原则、方法论等。

测试技术和方法包括黑盒测试方法、白盒测试方法，以及测试需求分析、测试用例设计、自动化测试脚本编写和调试、测试数据分析等。

测试文档编制包括测试需求、测试计划、测试方案、测试用例、测试执行记录、测试问题报告、测试报告等。

测试工具包括代码分析测试工具、性能测试工具、安全性测试工具、接口测试工具、质量管理工具以及各类专用工具。

本篇作者：罗银、徐巍

2. 行业与产品业务知识

工业软件测试评价类人才需要了解与行业有关的背景知识，熟悉工业软件的应用场景以及相关的业务流程。

与行业有关的背景知识包括工业软件所应用的行业特点、行业知识及相关的政策法规、标准规范等。

工业软件的应用场景以及业务流程涉及复杂的生产流程、生产工艺、设备控制、数据采集和处理等各个方面，具有鲜明的工业属性，与常规行业应用软件有很大的不同。需要应用场景与业务流程，以便更好地理解测试需求，有针对性地制定测试方案和测试用例，确保测试结果的准确性和可靠性。

3. 质量与测试标准知识

需要熟悉软件质量、软件测试与评价相关的标准规范，充分理解软件质量模型及质量特性的定义、内涵，掌握软件测试、软件质量度量和软件质量评价的方法、流程等。

4. 产品技术实现领域知识

需要在一定程度上了解或熟悉工业软件的技术实现和内在逻辑，包括核心的算法、模型、机理等领域知识。

5. 知识产权知识

需要了解知识产权保护相关的法规和要求。

6. 测试实践能力

需要具备较强的动手操作能力，而不只是停留在理论层面。因此需要积累一定的测试实践经验，并充分理解常规软件测试与工业软件测试的不同。

7. 素质

工业软件测试评价类人员应具备良好的素质，包括学习能力、分析总结能力、细节把握能力和沟通协调能力。

学习能力：工业软件不仅是一个需要积累的领域，也是一个不断快速发展的领域，因此需要较强的学习能力，包括业务知识、新的标准规范等方面的学习，同时还需要持续跟踪学习软件测试的发展趋势和最新技术，如工业 AI、微服务、大模型等，以便更好地应对不断变化的测试需求。

分析总结能力：包括对测试数据结果的分析总结，以及缺陷的分析总结等。

细节把握能力：需要具备较好的细节习惯，通过把握好测试过程中的具体细节问题，可以更好地发现软件潜在的缺陷；同时也能够尽量避免文档性错误。

沟通协调能力：需要具备良好的沟通和协调能力，能够与供给侧企业、需求侧企业相关人员保持良好的合作关系，以便更好地开展测试环境部署、测试数据准备等相关工作。同时，还需要具备团队合作精神，能够在团队内部做好协调，共同解决测试问题，高效完成测试任务。

二、工业软件测试评价类人才的分类

工业软件测试评价类人才分为执行类人才、管理类人才两类。

1. 执行类人才

执行类人才是测试团队中的执行者，负责具体的测试评价实施工作。他们的工作主要包括测试用例设计、测试执行、测试结果记录等。他们需要了解测试要求，执行测试任务，并及时报告测试结果和任何发现的缺陷。执行人员需要熟练掌握软件测试技能和实践能力。与互联网软件相比，工业软件通常具有更高的复杂度、更严格的可靠性要求和更多的安全性考虑，对此，执行人员需要精通工业知识。测试人员需要和其他团队成员、开发人员和管理人员等进行交流和协作，以获取更多的信息和资源，从而更好地完成测试任务。执行人员能够根据测试质量指标，评估测试的质量和整个软件项目的质量水平，从而达到测试质量的控制和优化的目的。执行人员能够掌握测试项目的进度，从而掌握整个项目的节奏和方向，及时反馈项目进展情况，并进行进度地调整和跟踪。

2. 管理类人才

管理类人才是测试团队的把控者，负责项目的质量及进度管理。管理类人才需要精通软件测试流程和技术，能够对测试过程和测试结果进行全面审核，确保测试结果准确、可靠、完整。他们需要熟练了解工业软件在工业领域的应用特点和标准，熟练掌握软件质量管理的方法和技术，评估测试结果和质量，保证测试结果符合需求和标准。管理类人才需要具备较高的工业知识和专业技能，了解工业软件在实际工业生产中的应用场景、工业标准和行业背景等方面，以便能够更好地审核测试方案和测试结果。同时，管理类人才还需要具备统筹规划能力和风险管理能力，对测试项目进行全面管理和把控，保证测试项目的整体质量和进度。

总体来讲，工业软件测试评价类人才需要具备以上能力，才能确保完成工业软件包括功能、性能、可靠性、易用性等质量方面，数据安全、功能安全、供应链安全等安全方面，水平工具链、垂直软件栈等兼容适配方面，代码自主率、知识产权等国产化方面的测试评价要求。

题 6-5：工业软件标准规范需要什么样的人才？

工业软件标准规范撰写人才是推动工业软件行业标准化发展重要人才，该类人才也需要既了解也软件也了解工业的综合性人才。

标准化人才，广义来讲，指参与标准化或从事标准化管理的人员；狭义来讲，是参与或从事标准化工作，能创造性地开展标准化的研究、管理等工作的那些能力较强、素质较高的标准化工作者。

随着工业软件产业的快速发展，越来越多的国家和企业将目光转向标准层面，企图争夺标准制定的制高点。越来越多的企业认识到技术、标准对企业发展的重要作用，技术与标准的融合已经成为企业发展的必然趋势，如何加快技术与标准的深度融合就成为工业软件企业竞争的重中之重。推动企业标准化创新、实现企业高质量发展，人才是关键。这是因为技术研究与标准制定都是由人实现的，无论是技术，还是标准，都离不开“人”的因素。技术与标准的融合也是由人引导的，无论技术与标准以何种方式融合、融合程度的深浅都是由“人”决定的，尤其是掌握生产技术的标准化人才。人才在创造性活动中发挥着不可替代的作用，工业软件标准化更离不开人才的推动。随着我国对工业软件标准化工作的重视度越来越高，对工业软件标准化人才的需求也愈加急迫。

工业软件标准化需要以下几种人才。

一、工业软件标准化定位复合型人才

目前，我国大多工业人才只懂工业技术但不懂软件研发，而软件人才对工业技术又不了解，此外，往往是懂技术的不会编写标准，会编写标准的又不懂技术，这在客观上增加了工业软件企业参与制修订标准的难度，严重制约了我国工业软件标准化工作的发展。工业软件本身具有跨学科、跨专业属性，工业软件标准化人才需要同时掌握行业工业知识、工程经验、软件技术、标准化知识，工业软件标准化人才更强调领域知识、软件技术和标准化知识的复合交叉，

本篇作者：于敏、张宝林

这对工业软件标准化人才的综合能力提出了较高的要求。

二、工业软件标准化需形成人才梯队

社会既需要各种各样的人才，也需要各种层次的人才。工业软件标准化需要逐渐形成“标准总监—标准化工程师—普通职工”的人才层次梯队，合理配置人才资源。工业软件企业应设置标准总监，标准总监是更高层次的标准化人才，是企业高质量发展的重要抓手和领军人才，让标准总监成为企业高质量发展的标配，还要充分发挥政策引导功能，鼓励企业逐步建立和推行企业标准总监制度，从而充分发挥标准化工作在推动企业转型升级、提升企业核心竞争力中的基础性、引领性作用。同时，在专业技术人才中选拔培养标准化工程师，造就一支熟练掌握国际规则、精通专业技术的标准化人才队伍。营造“学标准、懂标准、用标准”的良好氛围，使标准化知识深入普通职工人心，推进全员参与标准化工作。

三、工业软件需要国际标准化人才

工业软件行业是高度国际化竞争的行业，外向型特征十分明显，尤其是其产业的核心技术仍掌握在部分发达国家手中。我国工业软件标准化工作需要推动工业软件领域国际标准提案，将国内成熟的工业软件标准转化为国际标准，贡献中国智慧，提升我国在工业软件国际标准制定方面的国际话语权和影响力。

国际标准化是一项长期系统性且充满挑战的工作，工业软件国际标准化人员需具备较强的综合能力，应具备工业软件领域的技术知识，掌握标准化基础知识和标准写作知识，熟悉国际标准制定的各项规则以及相关知识产权保护和法律法规，同时还应具有流利的外语表达能力。但是，目前在我国，懂技术、会管理，同时熟悉国际标准各项规则并兼具外语能力的标准化人才较少，这也导致在工业软件领域我国无法实质性参与国际标准化工作。因此，迫切需要打造一支高质量高水平的国际标准化人才队伍，为我国实质性参与工业软件国际标准化活动不断提供人才和技术支撑，为提高我国工业软件标准国际化水平、提升国际话语权奠定基础。

综上所述，人才培养绝对不能浮于表面，要落到国家政策上，工业软件人才的培养很不容易，工业软件标准化人才的培养更是难上加难。工业软件标准化工作需要培养工业软件标准化人才，而且一定要落实到行动上。

题 6-6：优秀的工业软件人才需要掌握哪些技能？

工业软件来自工业，服务工业，种类和应用范围非常广泛。在编程，算法、界面，软件工程，项目管理等软件基本技能的基础上，优秀的工业软件人才需要掌握与工业产品研发、生产、管理和运维等相关的多种技能，具体如下。

一、掌握相关学科知识并关注其在工业前沿问题的发展

作为一个跨学科的应用方向，工业软件涉及数学、机械、电气传动与控制、计算机与信息技术等多个领域的知识。工业软件往往要对声、光、热、电磁、结构、流体等物理量进行计算，需要进行多物理量、多维度的建模输入和输出。对于每一个具体问题往往已经延伸到科学研究的前沿问题，需要对具体的科学理论有充分的认知和较高的水平才能够从事相关工业软件算法核心的开发。优秀工业软件人才必须在相关领域有非常扎实的学科基础，了解这些学科最新技术进展及其对产业的影响，将最新的科学研究成果应用于工业软件，解决工业界基本问题。

二、能够将理论和实践充分融合的能力

工业软件的核心不仅仅是软件更是工业知识，它决定了工业软件人才需要跨越工业和软件两个领域深入协作。在知识与能力结构上，工业软件人才需要的不是软件技术与工业技术知识的简单叠加，而是二者相互渗透、相互结合、互为支撑；工业软件人才应追求理论和实践的有机结合，拥有必备技术或专业基础的同时，需要对复杂工业机理、产品对象、业务场景和操作流程有较为深入的认识和理解，具备实际场景下的软件开发、测试或应用的实践能力；工业软件人才还需要对工业的知识和框架有整体了解，并能通晓工业领域专家的话语体系，以便与工业领域专家进行无信息衰减、无障碍地顺畅沟通。

本篇作者：丁海强

三、掌握最新软件、硬件和算法技术

随着工业产品的复杂度越来越高，工业软件需要计算和处理的数据量急剧增加，对工业软件的计算速度、计算规模和健壮性等要求在不断提高。优秀的工业软件人才需要掌握工业软件理论、算法、程序设计与实现的相关知识，不断学习并掌握工业软件底层的求解器和算法，了解和追踪如并行计算、GPU 计算、存储与通信、云计算、人工智能、机器学习、互联网、5G、大数据等最新的软件和硬件技术，以及网格剖分、数值求解算法、矩阵求解技术、数据与流程管理技术等，充分利用新的软硬件技术和新的算法提升带来的收益，提高工业软件的性能。

四、软件设计和测试能力

软件设计和测试可以体现工业软件人才的综合应用能力。在充分明确和理解企业需求的基础上，能够采用成熟的技术实现工业软件的概要设计和详细设计，根据设计方案编写、调试代码，通过单元测试、集成测试等软件测试手段，查找、更正软件中的漏洞和缺陷，还要能完成软件开发文档的编写。

五、软件应用能力

工业软件成功的关键在于应用。优秀的工业软件人才要对软件本身的功能、操作流程、算法核心、主要特点和局限性等非常熟悉，要能正确地使用软件；同时，对企业的具体问题和应用场景也要有充分的了解，为工业软件提供正确而完整的输入，从工业软件中获得可信和精确的结果，清晰明确地解读工业软件的输出结果，指导本企业的研发和生产，推进工业软件在企业充分发挥作用。

六、有较强的沟通、观察和归纳能力

优秀的工业软件人才要充分观察企业的生产研发、运维流程和应用场景，能和企业进行良好有效的沟通，结合工业领域相关知识，从中提炼出工业软件的功能需求、输入和输出，确定算法实现路径、界面、测试方法和典型应用场景等，能让工业软件真正解决企业的问题。

七、持续的自主学习和创新能力

工业软件行业仍在不断进步，尤其随着新一代信息技术在工业软件领域的深入应用，产业技术、形态、业态都在不断变化，工业软件人才不断学习新技术、应对新环境变化等将成为未来常态，因此具备持续的自我激励、自主学习、创新能力，以及较强的判断力、决策能力尤为重要。

工业软件本身“工业”和“软件”的双重属性决定了对工业软件人才的复合型能力需求，创新驱动的实质是人才驱动，只有着重加强工业软件人才的能力素质培养，才能驱动整个行业的健康发展。

题 6-7：
工业软件人才培养的主体及其特点是什么？

由工业软件定义可知，工业软件具有工业属性及复合学科属性，这两个属性说明了工业软件人才培养的主体主要是高校及科研院所、工业软件服务类企业及工业企业。这三类主体都拥有“培植”不同体系结构下的工业软件人才的土壤，但它们均不能独立完成工业软件人才培养之使命，需要以工业现场为场景，紧密融通，方可完整实现工业软件人才培养，工业软件人才培养主体及特点如图 6-3 所示。

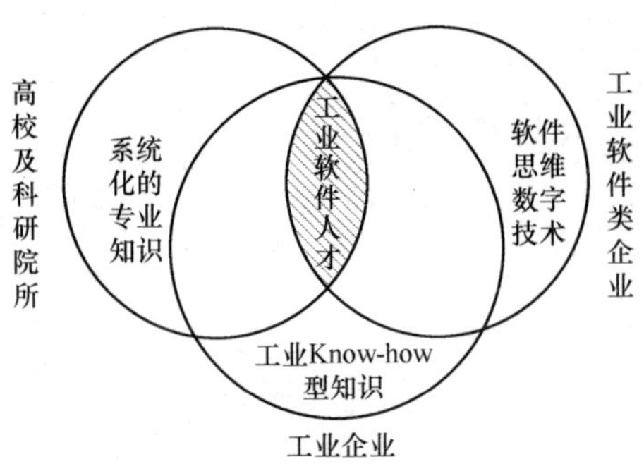

图 6-3　工业软件人才培养主体及特点

这里需要对“培养”“育成”两个词进行解析。

“培养”是指“按照一定的目的长期地教育和训练使成长”，“培养”重点在“养”；既然是“养”，就会根据培养主体所处的自身条件形成不同培养体系，势必具有各自培养主体优势特点，优势也是局限，但当培养主体进入其他生长环境时，这种培养体系就会不再适用。

“育成”一词在词典中没有专项解释，然而在工业企业却有着重要的应用场景。高校培养的学生在企业不能很快发挥知识价值的问题就在于高校“培养”了人，但不能即刻在工业企业使用，即不“成”，所以“培养”不代表“育成”，“育

本篇作者：刘俊艳、冯升华

成”重点在“成”，即人具备能适应不同环境，能与之共生、共存、融合发展的能力，对于工业软件人才来说，这环境就是工业现场，适应复杂多样工业现场，就要既保持自身知识体系特点，又能快速补齐缺失的能力，才能整体向好。

理解这两个词语能较好帮助大家从客观角度理解人才培养主体及其各自特点，正视并准确找准人才定位，明晰人才培养能力补齐的方向，以“育成”为终极目标，共同发力，完成工业软件人才培养之使命。

一、高校及科研院所培养的人才具有良好的理论素养

该培养主体优势在于其具有系统化的理论知识与体系，即按照学科专业进行人才培养。该主体培养的人才具有良好知识结构及理论素养，代表性专业有软件工程、工业工程等。

在企业管理转型升级中，工业软件人才的基本理论素养对工业企业，尤其是传统中小企业非常重要，它意味着较好的开放性学习能力，而学习型组织是成为先进制造业的内核。以笔者多年辅导传统企业管理升级的经验来看，让没有经过系统化教育的管理者，尤其对于中、基层管理者，建立良好的理论素养是非常难的事情，而工业软件或数字化转型升级首要的是中、基层管理者应具有理论素养及向下管理能力。

在工业现场，该类人才首先需要掌握该企业或行业 Know-how 型知识，如工艺等知识，这部分知识以隐性的形式存在，而掌握这部分隐性知识的快慢取决于所在企业长期对工业 Know-how 型知识的沉淀与显性化程度，当前以“工业知识模型化→知识模型算法化→知识算法软件化→软件算法智能化”的数字技术为隐性知识显性化提供了很好的实现路径。

二、工业软件或软件相关服务类企业培养的优势

软件思维是指从具体到抽象的思维能力、结构化和层级化思维能力。

具备软件思维的人才大多来自高校科研院所的细分学科专业，如软件工程、计算机科学与应用等。该类人才掌握计算机、软件、算法等先进数字化技术知识，对数据结构、数据架构、算法等技术能解决什么样的问题有良好的认知，能够借助结构化和层级化的思维能力把具体的工业现场场景进行解构，凭借从具体到抽象的思维能力快速找到业务逻辑、数据逻辑，建立数学模型。

这类人才是工业软件开发的基础性人才，但该主体培养的人才与高校科研院所培养的人才相似，他们也需要掌握该企业 Know-how 型知识，并有能力将隐形 Know-how 型知识显性化。

三、工业企业培养的工业软件人才对工业现场 Know-how 型知识有良好的沉淀

这类主体培养的人才来自工业现场，在现场的实际操作或管理中沉淀非常多的企业、行业经验型知识，他们全面掌握工业现场具体需求的。行业内领先企业、龙头企业具备将经验型隐性知识显性化，将工业知识模型化、知识模型算法化、知识算法软件化、知识软件智能化的最有利条件。

在上述三类工业软件人才培养主体中，高校科研院所、工业软件类企业培养的人才需花费较长时间方可沉淀工业企业所需 Know-how 型知识，且相对困难，而掌握工业 Know-how 型知识的工业人借助理论、数字技术开发工业软件相对容易。这也就解释了为什么若不能深入工业现场就不能成为工业 Know-how 型知识的专家，无法开发出适合的工业软件。而工业企业更不能简单认为一个工业软件企业就能帮助自己解决难题，打铁必须自身硬，只有工业企业自己具备将经验型工业知识 Know-how 型知识沉淀并显性化的能力，使其成为支点，才有可能借助工业软件企业或高校院所杠杆之力助力自己升级，而这个能力是释放智力红利、知识红利的基石，也是为什么数字化转型升级是工业企业管理能力、管理技术升级的本质。

题 6-8：工业软件人才培养中存在的问题？

工业软件所需人才是集管理、软件工程、装备制造、工业设计等多学科、多专业融合、懂工业现场的复合型人才。“复合型”这三个字就决定了工业软件人才不能也不应该由某一独立学科或某一类工业软件服务类企业完成人才培养，就像复杂产品装配，最后的“复合”“加工”工艺只能在工业现场才能完成。这就说明工业软件人才的核心竞争力需在工业现场锻造而成，而人才锻造需要战略和耐心。这一认知是指导工业软件人才培养的纲领。

目前，三大培养主体在工业现场培养人才才是工业软件人才培养之道。三大培养主体在工业软件人才培养中存在以下几个主要问题。

一、高校及科研院所在工业软件人才培养中存在理论与实践脱节现象

这是一个老生常谈的问题，产学研教融合创新是非常行之有效解决这一问题的模式。这一模式实施需要具备以下四要素。

1. 实践能力强的教师

人才之源在教育，教育之源在师资，因此站在讲台传输专业知识的教师是社会人才输出的源头。教师行为具有非常强的引导，甚至主导作用，因此拥有主观能动性强、勇于走出“象牙塔”、积极投身到理论实践中的教师，是解决产学研教融合创新实践教学落地的最基本要素。

这一要素队伍的壮大，只需高校坚决打破“唯论文”“唯国家项目”论，给予做技术转化、技术转移等企业服务型教师更多机会，如开创“产业教授”评定通道，吸纳企业服务型教师进入评价专家队伍，建立话语权，便可以逐步形式良性的产学研教融合文化。

2. 与创新教学理念一致的制度

创新理念模式在高校落地时，需要有与之配套的制度依据。创新教学模式由国家倡导，产学研教融合创新实践教学是新教学模式，然而创新就有风险，

本篇作者：刘俊艳

好的政策在各高校实际落地执行时需要有相应的制度、流程，教学管理者只传达创新精神而没有具体制度的出台，对于普通教师来说，实践教学模式推行起来会有非常大的难度。

3. 有格局与风险担当的管理者

有了创新导向的政策、制度，更需要有在面对风险时，勇担后果的管理者，管理者有容错的心胸与格局，才能将创新理念传递下去。

4. 有耐心的制造业企业

产学研教融合创新教学模式成功落地的另一关键因素是承载产业的企业。企业需要有真正的人才战略并有足够的耐心，与高校在人才培养方面深入合作。某企业采用该方式培养学生 5 年，先后有 15 名学生成为该企业工业软件设计、数字化转型的主力军，重塑该企业核心竞争力。

二、不符合实际的理论不能指导实践

除了高校及科研院所本身在产学研教融合模式推行方面需继续砥砺前行外，“理论不能指导实践”的论调也成为阻碍包括工业软件人才在内的所有应用型人才培养的障碍。实际上该论调是某些管理者用来阻止管理行为、管理模式改变的借口。

这一观点存在的根本原因是管理者对理论实施条件不甚了解，理论素养不够、不具备学习能力，即理论落地实施是需要条件的，而引入新理论、新技术，需要先把现有环境改良成适合新技术、新理论生存的环境，这就是转型升级，这是管理问题，而不是技术问题，管理者需要有能力创造条件让理论落地。

当然，随着高校及科研院所实践型教师越来越多，在理论传授时更多传授通用的理论，让学生知其然更知其所以然，将来学生在工业现场有的放矢，设计适合落地的行动方案。

三、工业软件人才不能仅来自高校软件学院等工科技术类专业

工业软件人才是具备一定管理知识的“管理 + 技术”复合型人才。这类人才不是仅靠软件学院这类工科院所培养而成的，结构性人才培养也需要工业工程这类管理交叉型学科或化工、石油、医药等这类行业型学科参与。目前，解析工业软件、工业企业数字化转型升级路径或机理模型基本从硬件、技术角度解构，这不符合工业企业语境，不能直接反映工业现场管理场景，加深了工业

企业对工业软件人才知识结构的误解，降低了工业软件人才理解工业管理类知识和工业现场的能力要求。

软件工程、计算机科学与应用等专业人才掌握计算机、软件、算法等先进数字化技术知识，对数据结构、数据架构、算法等解决什么样的问题有良好的认知，能够借助结构化和层级化思维能力把具体的工业现场进行解构，这是“术”之层面；但是将什么内容进行解构，按照何种管理维度进行解构，解构到何种颗粒度，这是“道”之层面，“有术无道，止于术”，工业软件人才需要具有管理全局观。这一认识误区很大程度限制了以 IT/ 软件 / 大数据算法团队主导工业软件推行的步伐。

四、不能准确认知工业企业之关键作用

社会普遍认为工业软件企业或 IT 服务企业是推动工业软件的发展主力军，各种政策补贴或奖励偏向于软件供应商这一现象也迎合了“主力军”之观点，该类企业不能将工业 Know-how 型知识在短时间内实现数字化，尤其服务对象是不具备隐性知识显性化能力的传统工业企业，更为困难。工业企业，特别是能够引入先进管理、技术的工业企业是推动工业软件发展关键力量，工业企业才是数字化转型升级的主导者。

工业软件企业是高科技型脑力劳动密集型企业，其人力成本高，生存压力及运营成本决定了它不能让其团队 3 年、5 年、8 年陪伴式服务某一工业企业，为了盈利，工业软件服务型企业会以某个企业为蓝本建立整体解决方案对外推广，为了方便部署、快速开发，其开发平台往往采取结构化、模块化形式，一旦遇到需求多样或知识算法与蓝本企业不一致的情况，就会冲击其平台开发底层结构，引发高昂的开发费用，更无法保障开发成功。某家企业就遇到了这个问题，最终以原有软件开发团队退出项目而结束，给工业企业及软件服务企业双方都造成了高昂的资金与时间成本损失。

以上案例说明了，工业企业是推动工业软件发展的主力军，在工业软件发展中起到关键性作用，工业软件是带有工业 Know-how 型知识型软件，以工业知识为核心，只有工业企业才真正掌握该核心知识，工业企业需要首先完成工业知识沉淀，释放智力红利、知识红利。而知识、智力红利，可以继续复制与向外推广，这就完成了工业企业从制造型向生产服务型转型的蜕变，实现两业融合的新型商业模式。

题 6-9：
高校在工业软件人才育成有效模式是什么？

在题 6-7 中，已经提出，产学研教融合创新是非常行之有效地将企业、高校、人才多位融合的模式。该模式着力培养学生应用能力，解决“高校育人与企业需求脱节”的矛盾，提高学生动手实践、创新意识、综合应用、分析问题和解决问题的能力，提高高校教育质量，以实践教学活动内容为主体，将课堂教学与企业现场教学融合，将企业现场纳入实践教学体系，构建包括实践教学目标体系、实践教学内容体系、实践教学师资体系、实践教学考核体系及其保障体系、产教融合教学实践管理平台建设 6 部分内容，加速知识转化为生产力价值落地机理如图 6-4 所示。

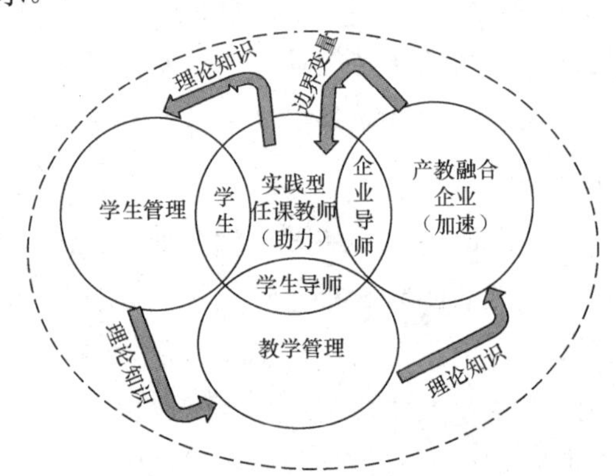

图 6-4　加速知识转化为生产力价值落地机理图

一、人才育成目的设计

该模式重新梳理理论课程教学与产教融合下的实践教学目的，以提升行业、产业、企业所需人才的实践能力为出发点，在原有专业培养目标的基础上重点强调构建实践教学目标体系。

本篇作者：刘俊艳、唐滨

（1）挖掘理论约束条件的理论素养培养

在制造业转型升级过程中，阻碍企业，尤其是占有绝大多数体量的民营中小企业转型升级的是其生产运营一部分管理者缺乏理论素养。他们认为理论不能指导实践，只见到理论“其然”，而“不知其所以然”，故在应用时不清楚理论使用的边界条件，误把理论应用的约束条件当成理论不能指导实践的理由。在产教融合实践的教学模式下，要重点培养学生“知其然，更知其所以然”的理论素养，培养学生在企业工作中挖掘约束理论实施的约束条件的能力，真正发挥理论指导实践的作用。

（2）链接知识模块的专业综合技能培养

高校教育培养方案中的课程是以知识模块进行划分设计的，各模块之间不相互独立，这些知识在不同学科的授课教师的体系中很难组成知识体系链。产教融合这样的创新教学模式，培养学生综合应用自然科学与工业工程专业知识与方法，系统的解决生产、运营等的效率、质量、成本及环境友好等管理或工程方面问题的能力。

（3）职业伦理与职业素养培养

目前高校教育缺少对学生职业伦理与职业素养的培养，当代大学生的职业兴趣、职业能力及职业情况等方面会与强大的自我意识冲突，导致学生在技术伦理、角色伦理以及冲突解决规则方面知识的缺失。同时与工业工程专业相关的产业、行业、企业较为具象，产教融合下的实践教学活动会非常明确地让学生认知专业、认知职业，提升学生社会职业了解与适应能力。

二、产教融合实践教学师资选择

产教融合实践教学模式中，采用高校教师＋企业导师的双师指导制，对高校教师的实践能力有较高的要求，对企业层面参加实践教学的企业人员的专业能力、教学能力也有较高的要求。师资的选择应采取企业推荐、学院评估、内容试讲的方式，筛选善于表达、专业能力强、有一定理论素养的企业中层管理者进行教学内容、教学场景的开发。

三、产教融合创新实践教学考核办法设计

传统、单一的考核方式既不利于规范实践教学过程，也不利于充分调动师

生参与实践环节的积极性。因此，应建立“多元化”的实践教学考核体系。不同类型的教学模块，由于其培养学生能力的侧重点不同，应设计不同的考核内容与考核形式。

四、产教融合实践教学实施保障设计

产教融合实践教学改革是创新的活动，创新就有风险，需要良好的保障体系保证教学改革的实施，故成果重点从以下 3 个方面展开教学改革保障体系设计。

（1）实践教学渠道的保障

良好的实践教学环境是培养学生实践能力的基础保障，以校级或院级或系级实践教学基地、教师产学研项目所在企业落地实践教学渠道，从校内、企业两个角度共同发展建设的思路，提升其实践教学的资源质量，从而保障实践教学培养的效果。

（2）“教学口”与“学生口”融合管理

完善的实践教学体系必须要有与之相适应的管理机制作为保障。管理机制采取分级“教＋学”融合的管理制度，逐级落地，协同创新。

在“教学口”，校级部门制定实践教学总的管理办法总纲；由二级学院负责拆分并建立适合本学院的实践教学的组织方式和实施办法指导意见；再经专业负责人制定实践教学各环节的大纲及相应的各项具体措施并监督实施的质量；最终由任课教师完成落地实施，任课教师在实现方法、手段上有较高的自由度。

在“学生口”，教师积极解决产教融合实践教学在企业现场的安全风险与创新教学之间的矛盾冲突，就学生实践教学中的外出问题，尤其是学生的安全方面，进行保障制度设计，配合实践教学实施风险控制。

（3）本科导师制助力产教融合

对本科学生采取导师制，从大一入学便为其分配导师，由导师配合任课教师、企业导师，尤其在实战模块，将学生数“化整为零”，以导师为管理单位，进行产学研教学给管理。

（4）企业方保障设计

产教融合教学，除在教学内容设计方面要降低教学质量波动风险以外，也需要突破教学体制、机制，减少高校教学经费缺乏的矛盾冲突。因此，高校可与企业，在教学质量、费用、安全保障方面达成以下人才育成保障措施。以下措施有效保障产教融合创新教学的落地有效性、可持续性。

① 企业方提供企业导师，负责全程配合授课教师所提应用场景的搭建。

② 企业方为学生提供意外险，生活费。如果企业是外地企业，还需为学生提供食宿、生活费及一次性往返学校的交通费用。

③ 因学生所学技能可直接指导生产，其实践成果能提升效率、降低成本，可为企业带来收益，企业基于产教融合效益成果可为参与学生颁发一定金额的奖学金，且该奖学金直接交付给学生。

④ 产教融合的企业优先为参加实践教学的学生提供就业岗位。

五、产教融合教学实践管理平台建设

在产教融合体系中有企业现场实践教学模块，该过程脱离了高校对教学质量的过程控制，且学生实践过后，其实践能力的提升无法进行跟踪与评价、展示。因此，产教融合企业可以为参与实践教学的学生的实践能力进行跟踪与评价，有益于学生就业。

六、加速产教融合教学模式落地的本质

产教融合教学模式落地实施的整个过程，其本质是知识要素的流动，以任课教师实践课程知识点的合理设计作为知识生产力价值变现的助力剂，将承载知识要素的学生，在助力剂的助力下，快速融入产教融合企业；再以企业导师作为加速反推剂，将企业应用现场加持过的知识及其践行变量，反作用于教师的课堂教学中。这样在助力剂、反推剂的作用下，提升学生在企业现场用理论知识发现问题，用践行变量指导应用知识的能力，缩短人才智力转化为企业生产力的周期，产教融合－实践创新人才育成体系（见图 6-5）。

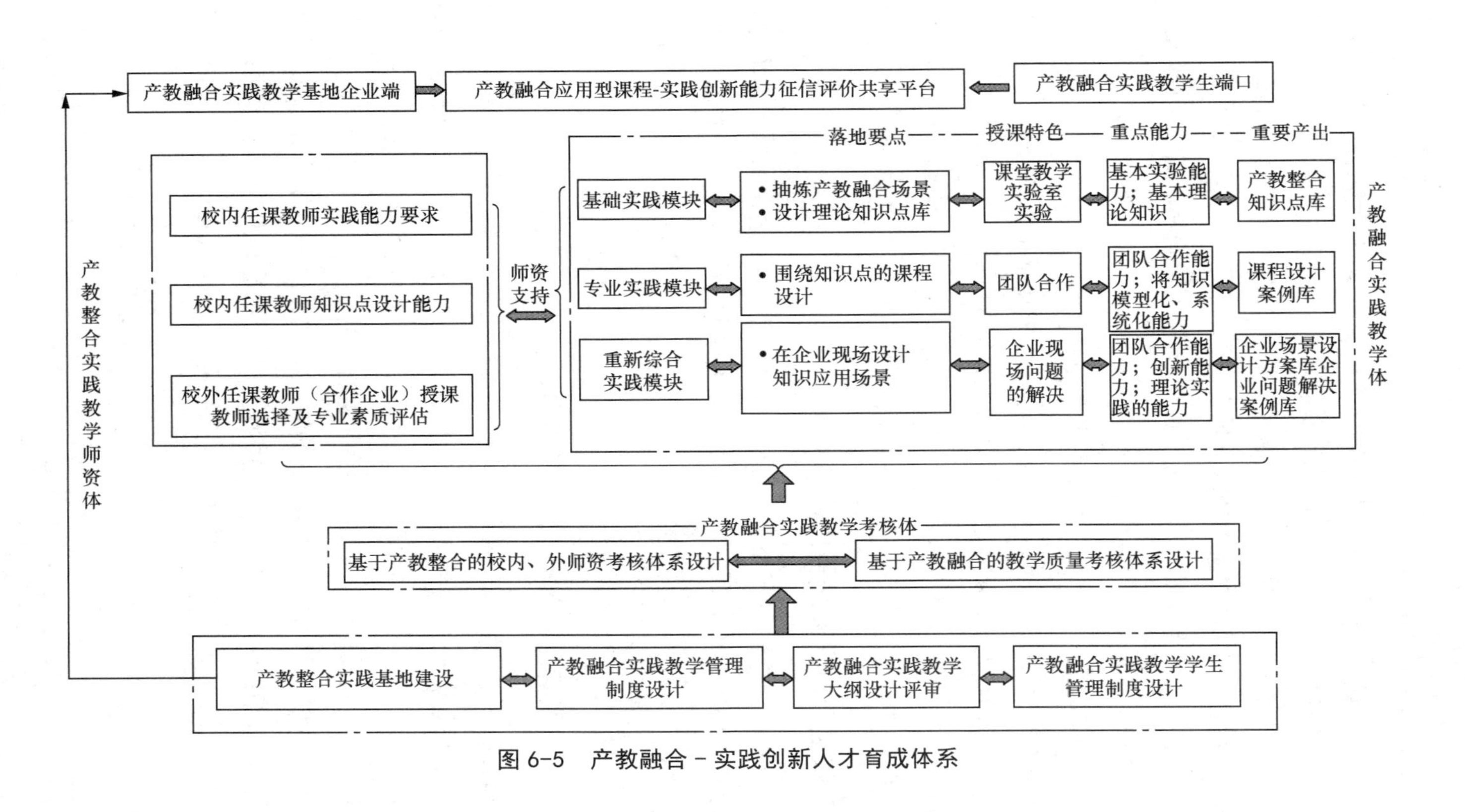

图 6-5　产教融合 - 实践创新人才育成体系

题 6–10：
软件学院应怎么样进行培养方案设计？

作为工业软件人才培养三大主体之一——高校的软件学院，在工业软件人才培养方面起着重要的作用。工业软件人才属于工科与软件工程交叉人才，需要高校的软件学院与相关的工程学科学院合作培养。在培养计划上，可以将与工业软件有关联的学科专业课程如工业工程、项目管理等与软件工程专业的内容融合，进行学科交叉建设，工业软件人才培养三主体协同育人机理如图 6-6 所示。

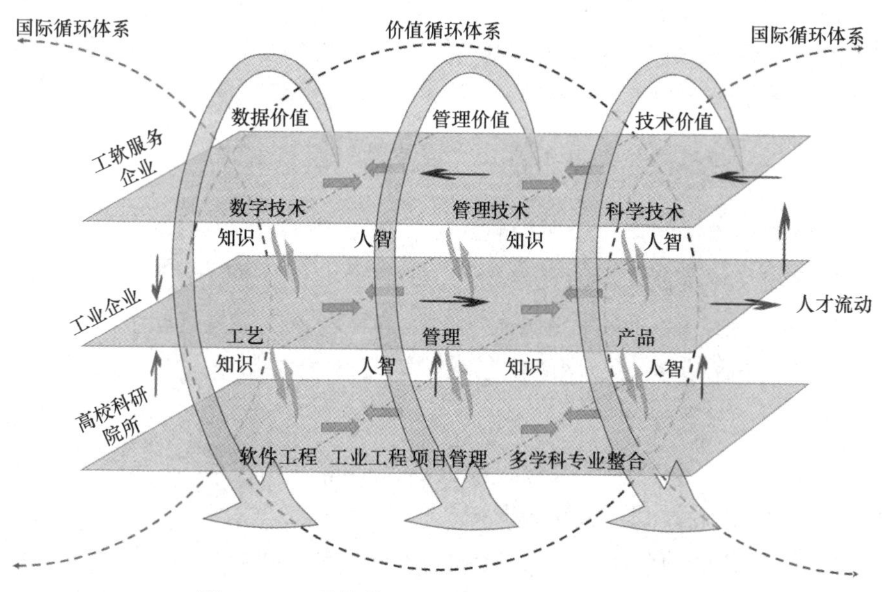

图 6-6 工业软件人才培养三主体协同育人机理

2022 年国家教育部与工业和信息化部联合发布《特色化示范性软件学院建设指南（试行）》，首批遴选 33 所特色化示范性软件学院，如何规划好关软件学院有关工业软件专业培养方案，是专业发展的关键。可从以下 4 个维度进行软件学院培养方案设计。

本篇作者：刘俊艳、毕绍洋

一、按照人才层次化培养目标规划课程

工业软件分为研发设计、生产制造、经营管理和运维服务四大类。包括但不限于CAD、CAE、CAM、EDA、PLC、MES、ERP、PLM等软件，贯穿工业企业从研发设计、生产控制、运维管理等全生命周期，这些软件的应用与开发对工业软件从业者提出了不同层次要求。经营管理类软件以计算机软件操作和领域业务数据为主，相对来说对从业者的基础理论要求较低。例如ERP软件中的分销管理模块，只需要熟悉软件操作流程和业务特征，即可完成客户信息管理、订单销售、销售结果分析等任务。研发设计类软件，涉及数学、物理、力学、计算机等学科，要求从业者具有较强的理论基础，即使在软件应用过程中，拥有相关专业的基础理论背景也是用好软件的关键。例如，在利用CFD软件进行飞行器气动分析时，若对湍流模型比较熟悉，相应参数配置准确，计算的结果也会更准确。因此，需要依据高等院校和职业类院校学生基础、学习能力、专业方向等方面，针对层次化培养目标开设工业软件相关课程。

二、坚持人才分类培养课程规划

工业软件人才培养定位于既懂软件，又懂工程领域知识的复合型人才，强调软件技术与工业领域知识的复合交叉，在制定培养方案时需要考虑双重的课程内容。同时，由于工业软件领域较多同时岗位角色的差异化较大，对所需人才具备的能力和专业知识提出不同要求，短期很难培养出全能型人才，因此，采取人才分类培养课程规划，人才分类包括应用型人才，开发型人才和科研型人才。应用型人才课程规划，针对具体领域工业软件应用需求，结合市场成熟的工业软件产品开设相关课程，例如西门子、达索系统、PTC、SAP、中望、华天等厂商的CAD、PLM、ERP、MES等软件，注重培养软件操作以及行业工程积累的经验。开发型人才课程规划，专注培养具有工业软件二次开发和自主软件开发能力人才，课程内容涵盖编程语言、脚本语言、工程数据库、物理方程求解等，如针对具体业务需求，基于ANSYS Workbench、Altair HyperWorks、SIEMENS Simcenter等大型综合工业软件平台进行二次开发，以及面向我国航空、航天、船舶、汽车、武器装备等领域开展大型工业软件自主开发；科研型人才课程规划，基于将科研人员的研究内容和方向与工程需求接轨，面向国家重大需求、工业产业升级，开展基础理论创新、核心算法突破和基础共性关键

技术研究进行培养该类人才课程的规划，例如 CAD 内核、网格划分算法、大规模并行求解算法等相关课程。

三、打造工业属性特色化课程体系

工业软件的本质是工业经验和知识的软件化封装，由于不同的行业研发设计、生产流程与工艺差异明显，面向不同行业的工业软件通常存在较大差异，不同行业工业软件之间存在明显壁垒。因此，在高校人才培养过程中应充分结合学校优势专业学科，打造具有行业属性特色的工业软件课程体系。以该行业对工业软件人才能力需求出发，将专业特色贯穿到人才培养全过程中，在基础课程之上增加专业背景知识课程，加深人才在特定领域工业软件应用和开发的理解，提升市场竞争力。例如，船舶与海洋工程是哈尔滨工程大学一流学科专业，围绕船舶工业软件展开人才培养，开设船舶设计、船舶分析、船舶制造、船舶运维等课程，可以汇聚更多船舶领域产业需求、科研需求和产品化需求，以及船舶行业资源，打造产学研融合交叉促进的闭环人才培养体系。

四、重点加强与工业工程、项目管理专业进行跨学科综合性人才知识结构培养

工业软件工业属性、多学科融合属性决定个工业软件人才是复合型人才，这里重点强调工业工程专业、项目管理专业知识的应用，这是两个被严重忽视的专业，尤其工业工程。

1. 工业工程

工业工程（IE）是对人、物料、设备、能源和信息等所组成的集成系统进行设计、改善和实施的一门学科，它综合运用数学、物理学和社会学的知识和技术，结合工程分析和设计的原理与方法，对该系统所取得的成果进行确认、预测和评价。

工业工程不同于企业管理、工商管理等传统学科，企业管理、工商管理相关技术无法解构包含制造端的工业现场，而工业工程相关技术是基于工业现场能够切实实现降本增效的先进管理技术。工业工程专业人才就像清障兵，是数字化转型升级、工业软件等软件开发的先头部队。例如，笔者辅导某企业新增的数字运营部 15 人中，有 10 人来自工业工程专业。他们是先锋官，是在工业

软件开发之前进行流程再造、管理标准化、知识建模的先头部队，为工业软件开发与落地扫清障碍。

2. 项目管理

项目管理专业是管理学分支学科，在有限的资源约束下，运用系统的观点、方法和理论，对项目涉及的全部工作进行有效地管理，包括工业软件开发在内的各种创新性活动均适用项目管理技术，在项目管理技术应用下，能够做好项目任务分解，合理安排项目的进度，有效控制节约项目成本；加强项目的团队合作，提高项目团队工作效率，尤其是在需要协调多专家共同协作完成任务的情况，工业软件开发属于典型的项目管理范畴；项目管理应用能够减小项目风险，提高成功率；有效控制项目范围，增强项目的可操控性；可以尽早地发现项目实施中的问题，有效地进行项目控制和经验积累。

总之，在高校工业软件课程体系的打造方面，应该坚持理论、实践、需求相结合的原则，先培养人员的通用型知识后再加强培养专用领域综合能力，在跨学科、复合型课程设计的基础上，针对不同领域、不同类别、不同层次的人才设计针对性课程。

题 6-11：工业软件人才需掌握哪些科学计算方法？

工业软件同时具备工业与软件的双重属性，工业软件开发涉及的知识是集数学、物理、计算机科学、工业知识、工程经验之大成的有机结合，是一项复杂的系统工程。因此，工业软件人才需同时具备掌握理工学科知识、算法、工业知识，以及将工业知识软件化的能力；另外还需要具备将理论和实践有机结合的能力，尤其是对复杂工业机理、产品对象、业务场景和操作流程要有较为深入的认识和理解，且拥有良好的工业知识体系。

工业软件之所以可以解决实际工程问题，是因为软件中蕴含了大量工业经验和知识，究其根本是它集成了物理世界的各种科学计算方法。在人类不断的探索中，牛顿第二定律给出了宏观世界中物体的运动规律，而薛定谔方程则解决了微观粒子在微观世界中的运动规律，Navier-Stokes 方程使得我们可以模拟复杂流体的流动。即使这些科学方法在求解时采用一定简化和等价方法，但其反映了主要客观规律，对于探索、预测、优化工程问题具有关键指导作用。因此，对于从事工业软件的各类人才应掌握科学计算方法的基础知识。

理解各工程学科的基本方程以及科学计算的算法相对困难，需要扎实的理论功底和深入学习，工业软件的开发则更侧重于代码实战，需要阅读和编写一定量的代码才能熟练掌握。在学习时应充分结合两方面知识和技能的特点，以工业仿真软件领域为例，按照以下 3 个目标来培养掌握科学计算方法的工业软件人才。

1. 强化数学和各物理场通用的基础知识

着重将抽象的数学定理、方程与实际的物理现象相结合进行学习，强调对方程的理解，而不是专注大量理论公式推导。在学习各物理场的基础理论时，适当减少传统的复杂笔算作业和习题，同步结合使用相关工业软件，用仿真的方式加深对物理过程和算法的理解，同时着重培养对工业软件应用流程的认知，加深理解理论方法与工业软件的对应关系。

本篇作者：唐滨、刘俊艳

2. 提升科学计算方法代码实现能力

在学习工业软件相关算法开发时，应密切结合实践，尽可能同步参考源代码或行业内优秀的开源软件代码。工程学科背景的人才应该着重补充学习软件工程的基础知识，尤其是数据结构、软件架构、设计模式等内容，在一些软件对性能敏感的领域更要掌握并行和异构计算等算法的开发知识。应注重产学结合，适当选择一些软件开发中实际面临过的挑战作为案例，强化解决真实问题的能力。

3. 重视工程/试验数据对工业软件的修正

基础理论反映的是一般客观规律，工业软件通过理论方程的简化数值方法求解问题，但由于工程场景相当复杂，软件的易用性和稳定性就会有更高的要求。因此，工业软件人才不仅需要具备将理论方法转化成工业软件的能力，更需要有开展工程 / 试验来验证工业软件正确性的意识，以及掌握基于大规模数据提升工业软件精确性和稳定性的方法。

综上所述，培养具备科学计算方法的工业软件人才，是一项复杂且漫长过程，不同人的基础知识和学习能力存在较大差距，需要采取层次化要求，针对不同领域工业软件从业人员，制定不同的培训内容及培养目标。

题 6-12：工业企业如何进行人才培养？

工业企业需要充分认知自身在推动工业软件发展的关键作用，工业企业是知识型软件开发、数字化转型升级的主导者，只有建立这一认知，工业企业才能回归制造本质，踏实做管理、完成工业知识沉淀。百年树人，人才培养属于人才战略范畴，面对构建及释放智力红利、知识红利的需求，重构核心竞争力，工业企业亟须做以下工作。

一、设计人才架构，调整人才结构

工业企业人才培养首先要根据企业发展战略，制定人才战略，根据人才战略进行人才架构设计，设计如 2 年、3 年、5 年等阶段的人才培养计划，逐步调整人才结构，进行人才结构性改革。人才结构调整是“练内功”，是让组织建立新动能的必经之路。

笔者辅导的企业在企业发展战略指导下，制定人才战略，经过 3 年时间，新建数字运营部（15 人），重组技术中心、生产管理部，重构人力资源部，采用内部招聘 / 转岗 + 外部引入方式，逐步完成岗位调整→人员替换→人才培养→人才育成四步走。这一路径实施并不容易，尤其是“岗位调整→人员替换”是“智力”“知识”要素生存土壤、环境再造期，改变了管理行为、管理习惯、利益平衡，属于组织变革，是管理升级最动荡时期之一。以工业工程先进管理技术为抓手，采取“先进管理技术撬动 + 人事等职能部门护航”等策略，在先进管理技术导入、落地过程中重新评定人员能力，稳步进行岗位调整、人员替换，目前该企业构建的“智力、知识”要素生存之新土壤、新环境已经成为一股新“势力”，形成的新势能正在逐渐发挥作用。

二、调整人才知识结构，补齐相应知识盲区

工业企业应调整人才知识结构，健全高校系统化知识体系，尤其补充如工

本篇作者：刘俊艳、冯升华

业工程等综合管理类知识体系，同时了解数据结构、数据架构、软件架构等内容，建立软件思维。

知识结构的调整要求各类专业人员各自补齐知识短板，如IT人员要补充管理知识、工艺知识，管理人员要补充软件开发所涉及数据结构、数据架构等相关知识，这样就可以弥补在工业软件开发时IT人员与管理者因知识结构差异带来的沟通障碍。这种知识体系带来的沟通障碍会导致软件在开发过程中反复修改底层结构，也会导致开发完成的工业软件无法满足使用功能，当该软件是工业软件企业开发时，工业企业除时间成本外会损失大量资金成本。

笔者在工业软件开发过程中，就因为软件开发团队与管理者对"功能"二字产生了认知歧义，导致系统开发受阻。举例来说，同一"功能"下对应不同数据结构示意如图6-7所示，A、B、C三种方式均可实现将整体加工产能数字化的功能，即最终都展示了自加工及外协加工能力之和为"45"，但开发者与使用者（从事管理工作的人员）正是因为各自知识体系障碍，造成了软件推倒返工及额外费用。该企业在开发软件时，由使用者提出将自加工能力与外协加工能的管理起来，软件开发团队就按照企业实际数据进行了后台算法固化，将代表自加工能力数值"25"与外协加工能力数值"20"按照A的形式进行了建模、建库、建结构，A方式的数据结构不支持基础数据"25""20"调用、多维建模，使用者知识体系不能够判断A方式是否需要数据调用、数据建模，如果需要能够实现数据调研与建模，那A方式的底层数据结构、架构就要重新设计，这在开发团队来看属于新增功能、需求变更，需要增加开发费用，这就是时间成本、资金成本所在。B方式的结构支撑基础数据"25""20"被其他软件调用，但是因其算法被数据写死，失去算法编辑的功能，C方式的结构是相对A/B方式最具可拓展性，能够实现多系统数据调用、多维决策的数据结构。知识体系不同带来的沟通障碍是非常普遍的现象，是造成软件不畅，影响使用的重要原因。

以上案例说明，掌握工业知识的管理者/使用者需要有数据全局观，同时了解数据结构知识，建立软件思维，才能在某一专项领域数字化时根据数据传递需求，判断数据结构是否符合真实的"功能"。同理，软件开发人员也需要掌握一定的工业知识、管理知识，才能避免出现软件开发底层结构不能满足客户使用功能拓展的问题。调整人才知识结构，补齐知识盲区是工业企业在工业软件开发过程中避坑、抗雷必须要做的工作。

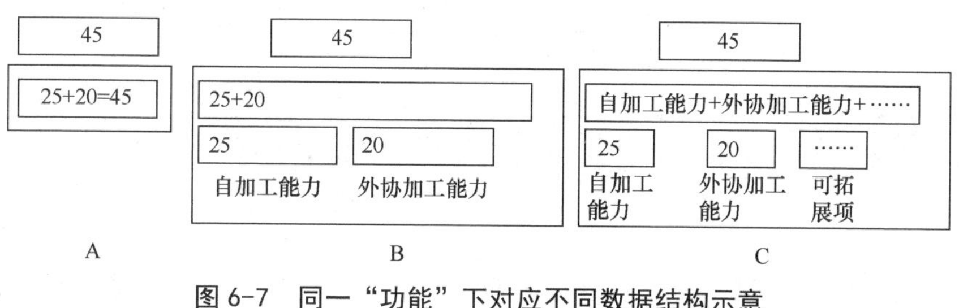

图 6-7　同一“功能”下对应不同数据结构示意

三、进行人才梯队建设

人才梯队建设的本质是建立一套动态的、例行化运作的人才考察、选拔、培养、淘汰、使用的机制。工业企业构筑智力红利、知识红利，进行数字化转型升级，开发承载工业知识的工业软件，对人才梯队建设有较高要求，大多数企业尤其是中小企业都存在人才断层现象，导致企业内在蓄力不足，无法支持企业变革。同时，应对工业软件等知识创新型产品研发、开发下的人才培养需要一段时间，没有人才梯队建设，无法支持人才战略下的企业发展战略，而这一部分工作是企业战略人力资源的工作内容。

四、运用好 HRBP

HRBP 是企业派驻到各个业务或事业部的人力资源管理者，主要协助各业务单元高层及经理在员工发展、人才发掘、能力培养等方面的工作。优秀 HRBP 可以很好解决人岗不匹配的冲突，通过在相应岗位匹配更合适的人员，补全、补强团队功能。

对于工业软件人才培养各主体，在工业软件建设中、在数字化转型升级过程中、在新型工业化建设进程中，工业企业始终是主体、是主导，没有“灵丹妙药”似的技术能解决管理问题，工业企业需要回归制造业，踏实做好人才建设、调整人才结构、补全人才知识结构，才能有能力借助高校、工业软件企业之力赢得智力红利、知识红利，实现创新。

题 6-13：工业软件人才就业前景如何？

工业软件是工业发展到一定阶段的产物，是一种高级工业产品，工业软件人才的就业前途需要放在工业发展这个大视角中进行分析。

一、发展的大环境决定了工业软件人才光明的就业前景

1. 新型工业化是国家战略

作为工业中的重要组成部分，制造业是国民经济的主体，是立国之本、兴国之器、强国之基。历史与实践表明，没有强大的制造业，就没有强盛的国家和民族。习近平总书记指出："要坚定不移把制造业和实体经济做强做优做大""加快建设制造强国"。近些年来，国家高度重视工业的发展，并推出了一系列有关制造强国的战略与政策。党的二十大报告也强调指出，坚持把发展经济的着力点放在实体经济上，推进新型工业化。

2. 工业软件成为"最紧急、最紧迫"的发展方向之一

作为工业知识的重要载体，作为工业发展的关键工具，工业软件一直是各主要工业国家竞争的制高点。

2021 年 5 月 28 日，在中国科学院第二十次院士大会、中国工程院第十五次院士大会、中国科学协会第十次全国代表大会上，习总书记指出："科技攻关要坚持问题导向，奔着最紧急、最紧迫的问题去。要从国家急迫需要和长远需求出发，在石油天然气、基础原材料、高端芯片、工业软件、农作物种子、科学试验用仪器设备、化学制剂等方面关键核心技术上全力攻坚，加快突破一批药品、医疗器械、医用设备、疫苗等领域关键核心技术。"工业软件已经成为国家高度重视并重点发展的行业。

3. 工业软件成为制造业转型升级的核心工具

当前，我国制造业一方面面临着人力成本上升过快、劳动力短缺、竞争加剧等巨大压力；另一方面，受到制造业高端向欧美发达国家回流、低端向东南

本篇作者：朱铎先、宋华振

亚分流的“双流”挤压，制造企业亟待通过数字化、网络化、智能化等技术手段进行智能化转型升级。制造企业转型升级的核心动力与主要手段就是工业软件，通过先进的工业软件，在研发设计、生产管理、售后服务等环节进行深度应用，全面提升企业的竞争力。随着产业竞争的加剧，创新竞争的增强，企业必然会更重视工业软件人才的需求和培养，工业软件人才领域将会有更多的需求缺口。

4. 工业软件行业成为投资热点

工业软件已经成为投资领域最活跃的领域之一。据不完全统计，2022 年工业软件领域共发生投融资 70 起，同比增长 25%。其中，EDA、CAD 等设计软件工具方面的投资更为频繁。比如，EDA 及工业软件解决方案提供商上海合见工业软件集团有限公司累计融资金额近 30 亿元，国产三维 CAD 工业软件提供商新迪数字完成累计近 7 亿元融资，工业互联网平台领军企业蓝卓数字科技有限公司完成第二轮 5 亿元融资。在当前形势下，工业软件在国家高度重视及资本热捧下，国产工业软件迎来了前所未有的发展机遇。

二、独特的竞争优势决定了工业软件人才光明的就业前景

1. 专业人才少，成为市场上的抢手职业，薪资会水涨船高

由于前些年社会上对工业软件重视不够，很多软件开发人员去了互联网等高薪行业，导致工业软件开发及应用人员供不应求，成为工业软件公司及大型制造企业争相聘请的对象。随着工业软件成为制造业转型升级的核心工具、带来巨大的市场潜力，依据价值衡量、稀缺性定价的市场机制会发挥作用，必然会使得工业软件类人才的收入水平水涨船高。

2. 复合型人才，门槛高，行业竞争力强

工业软件本身具有跨学科、跨专业属性，人才一般具备软件工程、计算机科学与工程技术等多学科知识，这类人才具有专业性强，行业竞争力强，在市场上具有行业门槛高的职业优势。

3. 不同于传统IT行业，工业软件行业人才的职业生涯长

与传统 IT 行业及互联网等行业的从业人员往往具有“35 岁危机”不同，由于工业软件人才具有深厚的行业知识，随着年龄的增大，对行业的认知越深刻，行业知识愈加丰富，开发出来的工业软件在应用性、稳定性等方面具有更

高的优势，在一定程度上，年龄大的开发人员与应用工程师由于经验丰富，职业竞争力反倒更强，这有利于实现个人长期的职业发展目标。

4. 不易被ChatGPT等人工智能技术替代

随着 ChatGPT 等人工智能技术的快速发展，将来很多一般性开发岗位会被人工智能所替代，但由于工业软件行业具有浓厚的行业知识，需要技术人员在实践中长期积累，虽然 ChatGPT 这类技术可以帮助工业做一些智能化设计，但在可见的未来，还远远达不到替代资深开发与应用工程师的程度，与其他行业相比，工业软件从业人员具有较高的职业抗风险性。

总体来讲，发展的大趋势决定了未来对工业软件人才的需求不断增多，而工业软件人才培养的高门槛决定了人才供给的缺口短时间内无法填充，供不应求将成为较长时间的常态，工业软件人才的就业前景无疑是一片光明的。

题 6-14：
如何规划工业软件职业发展？

由于细分行业和岗位很多，工业软件职业发展没有固定的模式，但总体来说，可从定位、做深、做广、做高、做久 5 个方面进行职业发展规划。

一、定位上要精准

兴趣是最好的老师。一个人一旦对某事物或者工作产生了兴趣，就会主动去求知、去探索、去实践，并在求知、探索、实践中产生愉快的情绪和体验，即便辛苦也乐在其中。能从事自己感兴趣的工作，是一件幸福的事情，也最容易取得事业的成功。

尽管当前工业软件行业很受社会重视，但选择这个行业前，仍需要进行认真的思考。一方面，一定要认真思考自己的兴趣点在哪，自己是否真正从内心认同工业以及工业软件的社会价值，是否愿意从事这项富有挑战性的工作，是否有能长期坚持下去的动力和定力，而不仅仅是追逐热点或一时冲动。另一方面，要客观分析自己是否具备相关的基础知识，是否具有一定的职业竞争力。由于工业软件行业是一个知识密集、快速发展的行业，还要判断自己是否有良好的持续学习能力，避免在将来职业发展中出现很大困难和职业发展瓶颈。

另外，工业软件行业的细分职业很多，有软件开发、软件实施、市场推广等，一定要根据自己的兴趣与竞争优势，选择好自己的定位。

二、专业上要做深

工业软件行业是技术性很强的行业，不管哪个岗位，都需要不断学习和提升，都需要做好技术的持续精进。对于软件开发人员，需要掌握包括计算机基础、编程语言、软件工程、数据结构与算法、数据库、网络、操作系统、云计算、物联网、人工智能等相关的行业知识与技能。对于应用工程师，就需要结合研发设计、生产管理、经营管理等细分专业领域知识，熟练掌握工业软件，能够准确定位和

本篇作者：朱铎先、宋华振

诊断客户存在的痛点、难点，提出自己的专业解决方案，并运用相关工业软件从技术、业务管理等角度予以解决和优化，为客户提供增值服务。对于工业软件市场营销人员，一定要充分了解市场动态，了解自己工业软件的功能，深入理解客户行业特点，为客户提供性价比高的解决方案。

三、知识上要做广

工业软件是融合多学科的行业，需要学习和掌握非常多的知识，需要成为跨学科的复合型人才。比如，开发人员除了掌握众多且日新月异的开发技术，还要理解不同行业客户的业务需求。工业软件实施人员既要懂自己企业的工业软件，还要懂其他相关的工业软件，更要深度掌握客户的行业知识和发展趋势，只有这样才能为客户提供整体规划和专业解决方案。同样，工业软件市场营销人员也需要掌握软件基本功能、客户行业特点、市场营销等众多知识，才能精准捕捉客户问题所在，从价值传递的视角为客户制定解决方案，并最终达成项目的成交。

四、职业上要做高

做高，是指志当存高远，自己要有长远且一定高度的职业规划，并在日常工作中付诸行动，力争有一个更好的职业发展，而不能拘泥于当前的工作。

比如，开发人员在长时间熟练掌握各种开发技能和行业知识的情况下，可以向架构师、开发经理、研发总监等高层级技术或管理上发展。实施工程师通过长时间的售前、实施等工作，积累了丰富的行业经验，可以向咨询师等专家方向发展，也可以向售前 / 实施经理、总监等方向发展。市场营销人员可以向市场 / 销售经理、总监甚至营销副总等方向发展。

五、职业上要做久

工业软件是具有明显工业属性的行业，是需要长期沉淀和持续学习的行业，如果想在这个行业发展，就要有乔布斯说的“Stay hungry，stay foolish”精神，即需要保持如饥似渴的学习动力和久久为功的精进毅力，笃定信念，长期坚持，在一个细分行业做精做强，不浮躁，不要轻易追逐热点，随波逐流，甚至频繁变换工作。只有立足工业强国，肩负工业软件赋能工业的历史使命，长期坚持，努力进取，日积月累，才能走出自己理想的工业软件职业发展之路。

“条条大路通罗马”，工业软件职业发展也存在不同的路径，每个人的职业路径都不一样，需要根据自身情况而规划。“罗马不是一天建成的”，工业软件职业同样也是一个需要长期坚持、持续精进的职业，需要长时间的努力才能做出卓越的成就。

题 6-15：
工业软件与软件名城名园建设？

软件是新一代信息技术的灵魂，是数字经济发展的基础，是制造强国、网络强国、数字中国建设的关键支撑。党中央、国务院高度重视软件和信息技术服务业发展。习近平总书记强调“要全面推进产业化、规模化应用，培育具有国际影响力的大型软件企业，重点突破关键软件，推动软件产业做大做强，提升关键软件技术创新和供给能力”。做大做强软件和信息技术服务业，离不开高水平的产业集聚。

工业和信息化部 2017 年印发《中国软件名城创建管理办法（试行）》，目前已授牌的 14 个名城为全国贡献了近八成的业务收入，引领我国软件和信息技术服务业集聚发展。园区方面，全国近 350 家软件园区汇聚了超 5 万家软件企业，带动国内软件新技术、新产品、新应用竞相涌现，已成为推动产业集聚发展的重要载体。

中国软件名城、名园管理工作遵循“围绕一条主线、抓实一个重点、做好以评促建”的工作思路，即坚持以贯彻落实国家软件发展战略为主线，突出抓好关键软件供给能力和应用水平提升这个重点，建立“创建评审 + 动态管理”工作体系，并依照透明、规范的程序进行。

名城管理坚持部省市协同联动，以“统筹规划、联合推进、突出特色、务求实效、发展创新、动态调整”为原则，着重落实“四个任务”，即引导城市优政策、固基础、促集聚、育生态。名园管理以“统筹布局、协同推进、突出特色、应用牵引、动态调整”为原则，着重推进“四个转型”，即引导软件园区向特色化、专业化、品牌化、高端化转型。通过发挥名城、名园的标杆引领作用，不断推动我国软件和信息技术服务业做强做优做大。

发展和提升工业软件产业，对于深化信息化和工业化融合、推动地区制造业等传统产业优化升级、加快经济发展方式转变和产业结构调整、培育和发展战略新兴产业、实现高质量的稳定增长和可持续的全面发展具有重要意义。以创建中国软件名城、名园为抓手，突破性发展以工业软件为特色的软件和信息技术服务业，有利于引导产业要素在地区定向集聚，依托骨干企业不断完善自主可控软件产业链条，推动我国关键软件自主可控。同时，建设工业软件特色软件名城、名园有利于提升区域竞争能力，落实重大国家战略，集聚高端人才，发挥辐射带动作用，为区域发展塑造新引擎。

第7章

工业软件生态建设

本章从工业软件生态建设的视角，分析“政产学研用金”在工业软件生态建设过程中发挥的作用及面临的困境。

题 7-1：
工业软件市场主要参与者有哪些？

工业软件市场涉及的主要参与者可以分为以下几类：工业软件开发商、系统集成商、硬件控制供应商、云服务提供商、开源社区、高校、融资和投资机构、第三方测评机构。

1. 工业软件开发商

工业软件开发商指开发和销售工业软件的公司。它们提供的软件可以用于产品设计与开发、产品仿真分析、产品工艺设计、产品生命周期管理，制造运营管理、质量管理、工厂数字化等领域。国外上市企业典型代表包括 Siemens DISW、Dassault Systemes、PTC、Autodesk、Synopsys、Cadence、Mentor Graphics（Siemens）、ANSYS、MathWorks、Hexagon、Altair、ABB、Rockwell、Schneider Electric；国内上市工业软件企业典型的代表有中望软件、浩辰软件、概伦电子、华大九天、广立微、霍莱沃、用友、金蝶、鼎捷等。国内未上市工业软件企业也百花齐放。

2. 系统集成商

系统集成商指为企业提供工业软件定制化和整合服务的公司。它们将不同的软件集成到一个系统中，以满足企业的特定需求。国外典型代表包括 Accenture、IBM、DXC Technology、TCS、Dassault Systemes、Wipro、HCL、Siemens、NEC Corp、Tech Mahindra、Capgemini、SAP、ATOS、Deloitte Consulting 等。国内上市企业典型代表有宝信、赛意信息、拓维信息、汉得信息、能科科技等。

3. 硬件控制供应商

硬件控制供应商指为工业软件提供支持的硬件制造商。它们提供工业自动化设备、传感器、控制器、计算机等硬件设备，以便软件能够与这些设备进行通信。典型上市企业代表包括 ABB、Siemens、Rockwell Automation、Schneider

---

本篇作者：王蕴辉、王晨、李锋、陆云强

Electric、Honeywell、Emerson、Fanuc、Omron、Mitsubishi 等，国内上市企业典型的代表有汇川技术、和利时、柏楚电子、南京埃斯顿等。

4. 云服务提供商

云服务提供商指为工业软件提供云服务的公司，提供云计算基础设施和平台，以便企业可以将软件部署在云上，并进行数据存储和处理。典型代表包括 AWS、Microsoft Azure、Google Cloud、IBM Cloud 等。国内典型的代表有阿里云、华为云、腾讯云、曙光云等。

5. 开源社区

开源社区可为工业软件开发和使用提供开源软件和支持。它们提供免费的软件、文档和社区支持，以便开发者和用户能够更好地使用和贡献软件。典型代表包括 Stack Overflow、Reddit、GitHub、Google+Communities、SitePoint、CodeProject、Treehouse、Hack News、DZone 等。工业软件可通过这些社区分享，或用户直接分享。开源最重要的价值不是免费，而是作为创新的工具箱。开源社区也是软件产品早期路径探索与实现的重要支撑。

6. 高校

从事工业软件相关研究和开发的高校和研究机构在工业软件领域进行研究，并为企业提供技术支持和合作机会。典型代表包括麻省理工学院、加州大学伯克利分校、斯坦福大学、清华大学等。

7. 融资和投资机构

专门从事为工业软件公司提供融资和投资服务的机构，包括风险投资公司、私募股权公司、银行和其他投资者。它们通过向工业软件公司提供资金和资源，支持这些公司的发展和创新。典型代表包括 Accel、Sequoia Capital、Benchmark、KPCB、Bessemer Venture Partners 等。

8. 第三方测评机构

专门为工业软件开发商和用户提供软件测试和验证服务的公司，它们作为第三方测评机构，通过独立的测试和验证过程，帮助用户提高软件质量和可靠性。典型代表包括工业和信息化部电子第五研究所、TUV Rheinland、TUV SUD、Intertek、Bureau Veritas、UL LLC 等。

题 7-2：我国出台了哪些促进工业软件发展产业政策？

改革开放以来，从国家高技术研究发展计划（863 计划）开始，到《国家中长期科学和技术发展规划纲要》，到软件产业和集成电路发展政策，到两化融合战略，再到《国家信息化发展战略纲要》，直到“十四五”规划，我国进入了制造强国和工业软件发展的新征程，相关的主要政策规划如下。

一、软件产业和集成电路发展政策

2000 年，国务院发布了《鼓励软件产业和集成电路产业发展的若干政策》，2011 年，又发布了《进一步鼓励软件产业和集成电路产业发展的若干政策》，在投融资政策、税收、产业技术、出口、收入分配、人才吸引与培养、采购和知识产权政策方向支持软件产业的发展，工业软件在此政策下得到发展。2020 年，国务院发布了《新时期促进集成电路产业和软件产业高质量发展的若干政策》，彰显了政策的连续性和集成电路产业发展的紧迫性，并指出要加强集成电路设计工具、基础软件、工业软件、应用软件的关键核心技术研发；鼓励软件企业执行国家标准，支持示范性微电子学院和特色化示范性软件学院与国际知名大学、跨国公司合作，引进国外师资和优质资源，联合培养集成电路和软件人才。

二、两化融合战略

2008 年工业和信息化部组建成立，拉开了工业化和信息化融合的序幕。2011 年，国务院发布《工业转型升级规划（2011—2015 年）》，在国家层面首次提出两化深度融合，并在实施重点产业创新工程中推动一批技术创新示范企业和重点产业联盟，首次提出发展工业软件，在发展信息化相关支撑技术及产品专栏中明确指出发展工业软件的具体类别，持续推进两化融合体系建设，并推

本篇作者：阎丽娟、王晨、刘锋

动企业贯标。工业和信息化部推进两化融合的重点是从需求侧拓展工业软件市场，提升对软件的需求水平，发挥作用。直到“十四五”规划，工业和信息化部依然继续推进两化融合，不断从需求侧和供给侧双向发力，推动两化深度融合，推动企业数字化转型。

三、工业互联网创新发展工程

2017 年 11 月国务院出台《关于深化“互联网 + 先进制造业”发展工业互联网的指导意见》，工业和信息化部和各部委开始推动工业互联网创新发展工程，极大地推动了工业互联网平台、网络和安全的发展，由于工业软件作为工业互联网平台的重要组成部分，客观上也促进了工业互联网的发展。三年国家资金投入 100 亿元，截至 2022 年，带动社会投资 700 亿元，建成了 22 家工业互联网双跨平台，具有一定影响力行业或领域平台也超过 150 家，平台上的工业应用软件也有几十万之巨，推动了制造业的互联互通和数字化转型。

四、“十四五”规划对工业软件的支持

国务院发布的《“十四五”数字经济发展规划》，工业和信息化部发布的《“十四五”软件和信息技术服务业发展规划》《“十四五”信息化和工业化深度融合发展规划》《“十四五”智能制造发展规划》《工业互联网创新发展行动计划（2021—2023 年）》等，均将工业软件提到了前所未有的高度，并将其作为补短板的重点提升工程，研发推广计算机辅助设计、仿真、计算等工具软件，大力发展关键工业控制软件，甚至细化到具体的工业软件类别（如 CAD、CAE、CAPP、CAM、PLM/PDM、EDA、MES/APS/TMS/EMS、PHM、MRO、ERP等），开发工业操作系统、工业控制软件、组态编程软件等嵌入式工业软件及集成开发环境。推动新型软件（工业 APP、云化软件、云原生软件）的开发与应用。加快高附加值的运营维护类和经营管理类工业软件产业化部署。面向数控机床、集成电路、航空航天装备、船舶等重大技术装备以及新能源和智能网联汽车等重点领域需求，发展行业专用工业软件，加强集成验证，形成体系化服务能力。同时，通过构建先进产品体系，形成评测标准与规范，支持工业软件生态的长期发展。

各行各业，如医疗、机械电子、装备制造、机器人、材料等领域从各自需求推动工业软件与业务场景的融合，促进工业知识的软件化，用新一代信息技术为企业降本、增效、提质。工业软件领域也积极促进开源开放，全面推动跨界人才培养和工业软件生态建设，促进企业的数字化转型。

从政策层面上看，根据我国工业发展的步伐，国家匹配了相应的财税、科技、知识产权、法规、人才、资金等政策，积极推动工业软件的健康发展，对工业软件的重视程度逐步增强。从投资经费力度上看，我国在工业软件相关专项上的投入与美国等发达国家相比，相对有限。未来，为促进工业软件的发展，仍需在资金、人才、知识产权等方面加大政策支持力度。

题 7-3：我国地方政府出台了哪些工业软件发展政策？

近年来，国家层面相继出台了《“十四五”数字经济发展规划》《“十四五”软件和信息技术服务业发展规划》《“十四五”信息化和工业化深度融合发展规划》《关于深化制造业与互联网融合发展的指导意见》《关于深化“互联网＋先进制造业”发展工业互联网的指导意见》等系列政策文件，将工业软件提到前所未有的高度，各地方也在加快推动工业软件产业发展的步伐，从各自产业基础出发，出台了一系列针对工业软件的扶持政策。

一、工业软件重点省市“十四五”规划涉及工业软件相关内容

广东省“十四五”规划中提到，要“重点推进广东‘强芯’等行动，加快发展集成电路、新材料、工业软件、高端装备等产业关键核心技术，切实保障产业链安全”，要“以广州、深圳双核为引领，加快研发具有自主知识产权的操作系统、数据库、中间件、办公软件等基础软件，重点突破CAD、CAE、CAM、EDA等工业软件，推动大数据、人工智能、区块链等新兴平台软件实现突破和创新应用”，要“推动操作系统、数据库等基础软件以及CAD、EDA等工业软件发展，支持广州建设国家区块链发展先行示范区，夯实数字经济发展基础支撑”。

江苏省“十四五”规划中提到，要“加快制造技术软件化进程，开展基础软件、高端工业软件和核心嵌入式软件等产品协同攻关适配，培育工业软件创新中心，建设全国顶尖的工业软件企业集聚高地。完善技术、工艺等工业基础数据库。开展产业强基示范应用工程，深化完善首台套、首批次、首版次等政策”，要“全面增强芯片、关键材料、核心部件、工业软件等中间品创新能力，带动内循环加快升级”。

上海市“十四五”规划提出，要“加速推进下一代信息通信技术突破，推动操作系统、数据库、中间件、工业软件、行业应用软件和信息安全软件等自主创新，做好软件基础技术、通用技术、前沿技术等研究，不断提升国产软件

本篇作者：王蕴辉、李书玮

稳定度和成熟度，鼓励加大应用”。

天津市“十四五”规划提出，要“推动包括智能机器人、高性能智能传感器、核心工业软件、增材制造、轨道交通、海洋工程装备等高端装备制造技术在内的关键核心技术攻关”。

重庆市“十四五”规划提出，要“将基础软件、工业软件、平台软件、高端行业应用软件、新兴软件、信息安全软件等纳入战略性新兴产业重点方向”。

山东省“十四五”规划提出，要“聚焦人工智能关键算法等领域，开发云操作系统、数据库、中间件、工业软件等自主可控高端软件系统，巩固提升高端云装备领先优势，建设济南国家新一代人工智能创新发展试验区、济南—青岛国家人工智能发展先导区”。

二、各省市主要工业软件行业政策汇总

目前，我国31省（区、市）均提及了加快工业软件研发和推广、加快制造业数字化转型、加强工业APP开发等，其中广东提出加快发展嵌入式软件、集成电路设计软件；浙江提出推动基础工艺、控制方法等工业知识软件化、模型化，加速工业软件的云化迁移；江苏提出加强组织工业软件和工业APP相关标准研制及标准实施工具研发；山西提出推进工业技术软件化，支持面向重点行业研发工业软件、工业APP；甘肃、广西提出培育工业APP；河南提出培育工业互联网平台；云南、海南提出加强工业互联网建设；贵州提出推动工业互联网赋能；天津提出培育智能制造和工业互联网系统解决方案供应商和服务商，具体地方政策可参见表7-1。

总体来看，地方政府在工业软件产业的发展上逐渐加大了支持力度，通过政策文件的发布，为工业软件企业的发展提供了一定的保障和支持，通过资源倾斜加大研发投入、提高工业软件的应用水平和市场竞争力，促进工业软件产业的创新和发展。

表7-1　我国各省市主要工业软件行业政策汇总

地区	发布时间	政策名称	具体内容
广东	2021年7月	《广东省制造业数字化转型实施方案（2021—2025年）》	加快推动软件与信息服务产业集群赋能制造业数字化转型，强化广州、深圳等中国软件名城的产业集聚效应和辐射带动作用；加快发展嵌入式软件、集成电路设计软件、办公软件等，大力发展平台化软件和新型信息服务

续表

地区	发布时间	政策名称	具体内容
广东	2021年7月	《广东省制造业数字化转型若干政策措施》	支持行业龙头骨干企业牵头建设工业软件攻关基地，开展关键软件核心技术攻关，打造安全可控的行业系统解决方案。省财政对工业软件研发予以适当补助，对制造业企业应用安全可控的工业软件、行业系统解决方案等实施数字化改造予以适当支持
上海	2021年9月	《上海市促进工业软件高质量发展三年行动计划（2021—2023年）》	到2023年，本市工业软件自主创新能力显著增强、工业软件产品和服务体系更加健全、产业创新生态持续完善，基本建设成为国内领先的工业软件创新高地
北京	2021年8月	《北京市“十四五”时期高精尖产业发展规划》	以氢能、智能网联汽车、工业互联网等产业为突破口，推动创新链、产业链、供应链联动，加速科技赋能京津冀传统产业，协同推进数字化、智能化、绿色化改造升级
天津	2021年12月	《天津市制造业数字化转型三年行动方案（2021—2023年）》	大力发展基础软件及工业软件，支持行业龙头骨干企业、工业软件企业、制造业数字化转型服务商、高校院所等强化协同，开发面向产品全生命周期和制造全过程各环节的核心软件、嵌入式工业软件、集成化工业软件平台，加快发展研发设计类工业软件、生产制造类工业软件、经营管理类工业软件、行业专用工业软件和新型工业软件，加快工业软件云化部署
江苏	2020年11月	《江苏省加快推进工业互联网创新发展三年行动计划（2021—2023年）》	加强组织工业软件和工业APP相关标准研制及标准实施工具研发；同时支持朗坤智慧等一批已在行业中有较高市场占有率、技术实力强的国产工业软件供应商加快发展
	2020年12月	《江苏省推进工业软件自主创新发展实施计划（2020—2024年）》	将工业软件纳入30条优势产业链加以培育
	2021年7月	《江苏省“十四五”软件和信息技术服务业发展规划》	将工业软件放在五大发展重点的首位
山东	2021年5月	《山东省“十四五”工业和信息化发展规划（征求意见稿）》	山东将巩固提升高性能服务器、智能可穿戴设备、应用电子、高端软件等产品竞争力，积极培育5G、集成电路、高端传感器、工业互联网、车联网、人工智能、区块链、大数据、超高清视频等新兴产业链

续表

地区	发布时间	政策名称	具体内容
浙江	2021 年7月	《浙江省全球先进制造业基地建设“十四五”规划》	开发集成工业知识快速建模、人工智能算法、网络安全态势感知等通用微服务组件。推动基础工艺、控制方法等工业知识软件化、模型化，加速工业软件的云化迁移，形成覆盖工业全流程的微服务资源池。打造一批可复制可推广的工业移动端应用
山西	2021年8月	《山西省加快推进数字经济发展的实施意见和若干政策的通知》	推进工业技术软件化，支持面向重点行业研发工业软件、工业APP。鼓励省内软件服务企业向云服务商转型，引导云服务企业加强核心技术和产品研发，主动适应市场需求搭建个性化云平台
重庆	2021年11月	《重庆市数字经济“十四五”发展规划（2021—2025年）》	重点发展CAD、CAE、EDA等工业软件和操作系统、云操作系统、数据库、中间件、嵌入式软件等自主基础软件,推动两江软件园、重庆高新软件园、渝北仙桃国际大数据谷、重庆市工业软件产业园等园区上档升级

题 7-4：为什么说优秀工业软件产品是用出来的？

工业软件是工业技术 / 知识的最佳“容器”，其源于工业领域的真实需求，是对工业领域研发、工艺、装配、管理等工业技术 / 知识的积累、沉淀与高度凝练。工业软件第一属性是工业，浓缩工业企业设计开发、生产制造、经营管理、运维服务等产品全生命周期和企业运行全过程集成及优化等业务知识，工业软件核心竞争力在于工业 Know-how，可以说优秀的工业软件产品在很大程度上就是工业用户用出来的。

一、工业软件需求来自用户

工业软件存在的价值就是解决、优化工业场景中的问题，这种需求绝大部分来自工业用户。优秀的工业软件企业必须深入了解客户需求，准确把握用户痛点，深度结合用户所在行业特点、应用场景、存在问题、期望目标、功能需求、性能要求、用户习惯、行业标准与规范等，开发满足用户需求、具有应用价值、性价比高的工业软件，这类产品才有竞争力和生命力。例如，20 世纪 60—70 年代诞生了很多知名工业软件，基本上是工业巨头企业根据自己产品的迫切需求而开发或重点支持的。

二、工业软件功能开发离不开工业用户

理论来自实践，众多的工业行业、海量的工业知识、细化的工业应用场景、个性化的业务流程、抽象的机理模型等，以及工业软件需求分析、设计、开发、测试、发布等各个环节，都需要与用户密切配合，需要用户的深度参与、试用、反馈与优化，没有用户的参与，只有工业软件公司单方面的努力，是很难开发出优秀的工业产品的。

三、工业软件性能需要在用户真实场景中验证与优化

实践是检验真理的唯一标准。优秀的工业软件产品的系统架构、模型算法、

本篇作者：朱铎先

运行效率、可靠性、稳定性、扩展性等性能，都需要在不同规模、不同要求的用户处得到验证并进行持续优化，这是一个长期的过程，这自然离不开用户的使用与配合。工业软件只有在使用的过程中才能发现问题，才能得出更优的解决方案，工业软件功能、性能等才能进一步提升。

四、工业软件要想获得良好的用户体验离不开用户的使用

工业软件只有经过大量用户深入使用与反馈，并经过工业软件公司的持续优化，才能逐渐形成工业软件良好的用户体验，这些用户体验要素包括软件界面、操作流程、操作习惯、人机互动等方面。

五、大量用户使用工业软件有助于降低工业软件研发与市场推广成本

工业软件具有前期研发周期长、成本高等特点，大量用户使用才能降低前期的研发成本及应用推广平均成本，一方面，越多的用户使用，工业软件会逐渐被打磨得更优秀，另一方面，越多用户的使用，可以降低工业软件成本，从而以更大范围、更大规模地推向市场，使用规模与工业软件性价比形成相互影响、相互促进的良性发展局面。

当前，我国工业软件与发达国家相比还存在较大的差距，一方面，在工业企业数字化转型的进程中，工业企业需要优秀的本土工业软件产品助力，另一方面，工业软件企业也需要工业企业的大力支持。坚持软件是用出来的理念，工业企业结合重大工程需求，提出具象化的业务需求，分享丰富的行业知识，为工业软件企业提供工业软件研发、使用、打磨的机会，强化工业软件与企业业务深度融合，通过合理的制度保障、助力本土工业软件在工业企业中的应用，实现协同发展。另外，大型工业企业也可以基于自身丰富的行业知识，通过与工业软件公司合作或采用自己研发的形式，将知识与经验，以工业软件的形式沉淀为行业解决方案，在社会上进行推广，助力更多制造企业数字化转型升级。

题 7-5:
工业软件常见商业模式有哪些?

工业软件商业模式设计需要考虑的要素包括设计原则、商业模式画布及其关键要素，本问题以典型的工业软件 CAE 为例介绍工业软件商业模式设计。

一、工业软件商业模式设计原则

工业软件商业模式的设计原则一般包括以下几个方面。

（1）阐述商业模式，不是商业计划书。

（2）表达为什么（Why）、是什么（What）以及相关角色（How）。

（3）不表达时间（When）、地点（Where）和执行人（Who）。

（4）提出价值通路，不提供营销计划。

（5）提出模型（如分利算法），不提供模型参数（如单价）。

（6）提供关键策略，不提供操作实施方案。

二、工业软件商业模式画布及其关键要素

商业模式画布是一张能将组织的商业模式展示出来的画布。商业模式画布是一种用于梳理商业模式的思维方式和工具，可以帮助我们描述商业模式、评估商业模式和改变商业模式，并以一种极其简练的、可视化的方式表现出来。商业模式画布能够帮助管理者催生创意、降低风险、精准定位目标用户、合理解决问题、正确审视现有业务和发现新业务机会等，如图 7-1 所示。

商业运营过程通常可以划分出 9 大模块，通过对这 9 大模块的梳理，从而帮助商业单位更好地描述企业如何创造价值、传递价值和获取价值的基本原理，展示了企业创造收入的逻辑，帮助商业单位更加清晰地建立与商业模式有关的各种逻辑关系。

本篇作者：田锋

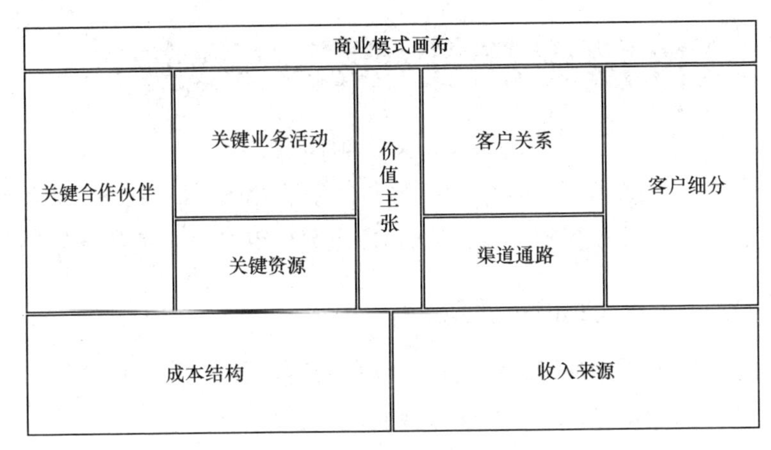

图 7-1　商业模式画布

商业模式画布的 9 大模块包括客户细分、价值主张、渠道通路、客户关系、收入来源、关键资源、关键业务活动、关键合作伙伴和成本结构。这 9 大模块覆盖了商业的 4 个视角：客户、产品或服务、基础设施及财务能力。对整个商业模式画布来讲，以“价值主张”模块为分隔线，其左侧的 4 个模块更重视“效率”，其右侧的 4 个模块更重视“价值”。

延伸阅读　CAE软件的商业模式

任何一种商业模式都不能放之四海皆准，某个具体产品的商业模式需要在具体商业环境下进行具体设计。以 CAE 软件为例，介绍国产 CAE 软件研发和推广项目在特定商业环境下形成的 CAE 软件的通用商业模式。

1. 商业模式画布

依据标准的商业模式画布的格式，形成图 7-2 所示的 CAE 软件商业模式画布。按照建议的顺序，以 9 大模块为纲，展开各模块的具体信息，并采用一定的商业操作策略。

2. 客户细分

该 CAE 软件的核心客户包括某联盟（协会）内工业企业、国内工业企业、国外工业企业，具体如表 7-2 所示。

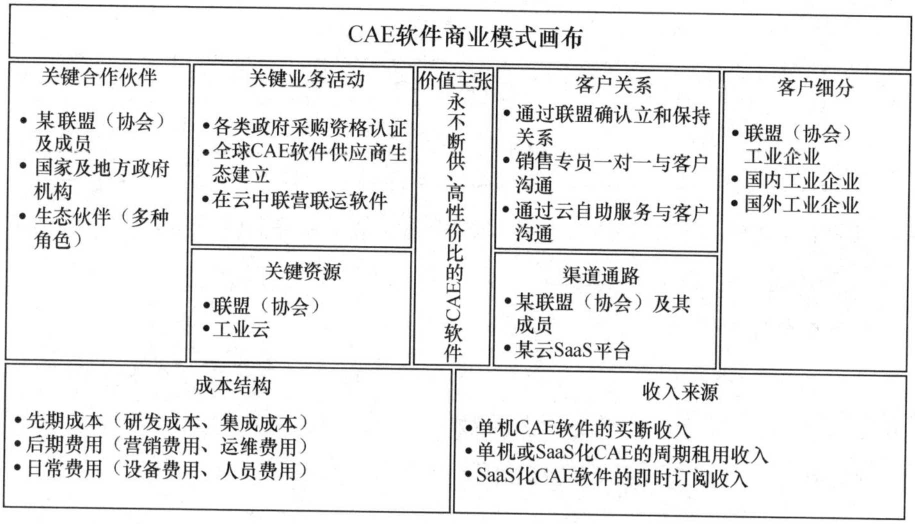

CAE软件商业模式画布

关键合作伙伴

- 某联盟（协会）及成员
- 国家及地方政府机构
- 生态伙伴（多种角色）

关键业务活动

- 各类政府采购资格认证
- 全球CAE软件供应商生态建立
- 在云中联营联运软件

关键资源

- 联盟（协会）
- 工业云

价值主张

永不断供、高性价比的CAE软件

客户关系

- 通过联盟确认立和保持关系
- 销售专员一对一与客户沟通
- 通过云自助服务与客户沟通

渠道通路

- 某联盟（协会）及其成员
- 某云SaaS平台

客户细分

- 联盟（协会）工业企业
- 国内工业企业
- 国外工业企业

成本结构

- 先期成本（研发成本、集成成本）
- 后期费用（营销费用、运维费用）
- 日常费用（设备费用、人员费用）

收入来源

- 单机CAE软件的买断收入
- 单机或SaaS化CAE的周期租用收入
- SaaS化CAE软件的即时订阅收入

图 7-2 CAE 软件商业模式画布

表 7-2 CAE 软件核心用户

客户类型	简介
某联盟（协会）内工业企业	某联盟（协会）及参与研发的工业企业
国内工业企业	国内可能用到CAE软件的工业企业
国外工业企业	国外可能用到CAE软件的工业企业

表 7-3 给出了客户的关键特征、核心需求及为此设计的营销策略。

表 7-3 CAE 软件细分客户营销策略

客户类型	关键特征	核心需求	营销策略
所有客户	国际软件价格高，议价能力低	高性价比	与国际软件进行性价比比较并推广
	替换原来软件难度高	帮助其完成替换与过渡	利用仿真能力体系建设过程完成替换
	仿真效益低	提升仿真效益	提供仿真能力体系建设服务
联盟内工业企业	具有国产化推动义务	彰显国产化推动成效	业绩突显（扩大）工程
	拥有优惠和补贴权	优惠权利充分享用	制定优惠权利实施方案
国内工业企业	文化一致性和民族认同感	参见二级细分	实证、具体化、强化该情感

续表

客户类型	关键特征	核心需求	营销策略
国外工业企业	英语系生态，不熟悉中文环境生态	国际化营销和技术支持	借力某国际营销渠道，产品材料的国际化

“国内工业企业”这一细分市场比较丰富，需求复杂，具有二级细分的必要。由于本文只做范例之用，故而省略。

3.价值主张

从以上分析提炼出来的CAE软件细分客户的核心痛点及由此推导出来的核心诉求如表7-4所示，对提炼出来的核心诉求加以总结，形成一句话形式的价值主张：永不断供、高性价比的国产CAE软件。

表7-4　CAE软件价值主张

客户类型	核心痛点	核心诉求	价值主张
某联盟（协会）内工业企业	价格高、国产化率低	不断供、高国产率、专业化、高性价比	永不断供、高性价比的国产CAE软件
国内工业企业	价格高、国产化率低	不断供、高性价比、高国产率	
国外工业企业	价格高	高性价比	

4. 客户关系

从客户关系维护方式维度来对关键客户分类，可以将CAE软件的关键客户分为三类，这三类客户的客户关系维系方式如表7-5所示。

表7-5　CAE软件关键客户关系维系方式

关键客户	客户关系维系方式
某联盟（协会）会员	通过联盟（协会）在联盟（协会）内建立和维系关系
国内外供应商	销售专员一对一与客户维系关系
全球SaaS/APP开发人员	通过云服务的SaaS自助服务平台与客户沟通

5. 渠道通路

渠道通路其实与价值通路有关，所以需要首先厘清价值通路，然后基于价值通路提出渠道通路。

（1）价值通路

总体来讲，CAE 软件将被终端用户购买、租用或订阅，从而获得直接价值。CAE 软件有两个部署方式，即非云模式（即传统模式）和云化模式，所以，对应两个细分的价值通路，如图 7-3 所示。

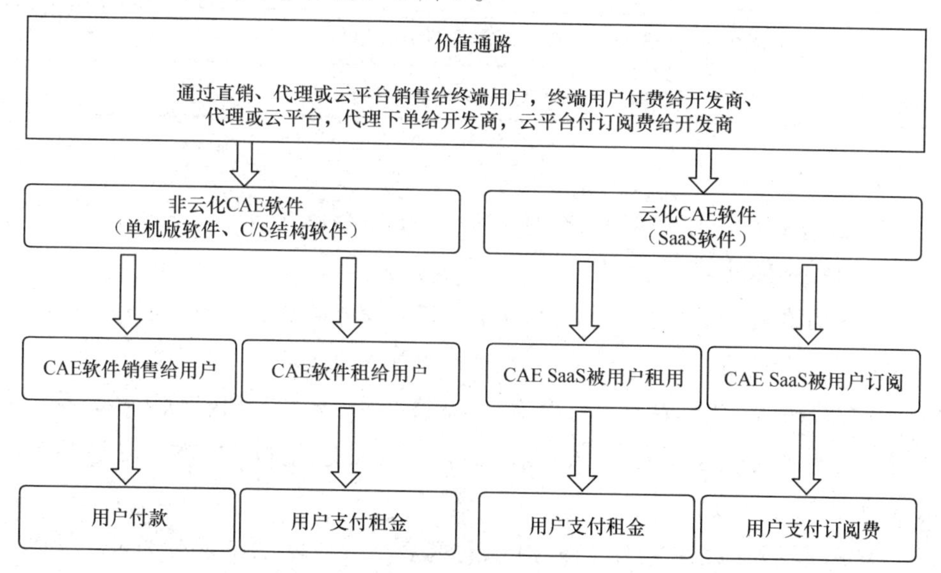

图 7-3　价值通路

通路一：非云模式，将部署在单机或者 C/S 结构的局域网内的 CAE 软件直接销售（买断）给用户或者租给用户。对于销售模式，用户下单给 CAE 软件供应商，对于租赁模式，用户需要支付租金给 CAE 软件供应商。

通路二：云化模式，CAE 软件（SaaS 软件）部署在云上，用户短周期（如月度）租用或订阅（即时）。用户给 CAE 软件供应商支付租金（月度）或订阅费（即时）。

（2）渠道通路

基于价值通路的分析，我们认定 CAE 软件的渠道通路主要有两个，一是某联盟（协会）及其会员，二是某云服务及其渠道。各自的细分渠道如表 7-6 所示。

表 7-6　CAE 软件的渠道通路

一级渠道	二级渠道
联盟（协会）及其会员	联盟（协会）向联盟（协会）内的工业软件公司推广
	联盟（协会）内解决方案商是天然的渠道
	CAE软件研发联合体是天然的渠道
云服务及其渠道	云服务的直销团队是营销渠道
	云服务的代理商是营销渠道
	云服务的SaaS平台具有自营销能力

6. 收入来源

通过 CAE 软件的价值通路分析，可以导出 3 项收入来源，并以此获得价格体系和利益分配模式。

第一项收入：用户购买 CAE 软件后，用户向代理公司按套下单形成的收入为 X 元，除去代理费 Y 元后，CAE 软件公司收入为（$X-Y$）元 / 套。

第二项收入：用户租用 CAE 软件（非云或云化）后，用户按周期（年 / 季 / 月）支付租金形成的收入 X 元，CAE 软件公司向 IaaS 支付租用费 $Y\%$ 元，最终形成收入为 $X(1-Y\%)$ 元。

第三项收入：CAE 软件（SaaS）被订阅后，用户向 CAE 软件公司支付即时订阅费形成的收入为 X 元，CAE 软件公司向 IaaS 支付租用费 $Y\%$，最终形成收入为 $X(1-Y\%)$ 元。

7. 关键资源

营销渠道中涉及的组织其实也是关键资源，不再赘述。

8. 关键业务活动

CAE 软件商业模式的运转需要以下几项关键业务活动予以保障。

（1）获得各级政府的资格认证，包括推荐采购名单和强制采购名单。

（2）建立外部工业软件生态，包括外部 CAE 软件二次开发者生态和外部 CAE 软件渠道生态。

（3）建立工业 SaaS 云生态。将 CAE 软件服务化，加入某云服务的 SaaS 平台中，与某云服务展开联营联运。

9. 关键合作伙伴

CAE 软件的关键合作伙伴包括 3 类，这 3 类合作伙伴及其成员如下。

（1）某联盟（协会）及其成员

① 某联盟（协会）对本地政府甚至对地方政府具有较大影响力。

② 某联盟（协会）成员和解决方案商是 CAE 软件的天然渠道。

③ 某联盟（协会）的工业企业是 CAE 软件的第一批终端用户、评价者。

（2）各级政府及相关机构

① 国家的认证、评测、评价机构对国产工业软件具有终审力。

② 地方政府对本地工业企业的国产软件的购买具有影响力。

③ 政府相关的联盟、协会类机构，对工业软件企业有影响。

（3）生态合作伙伴

① 二次开发或定制人员，基于工业软件开发出 APP 并服务自己的用户。

② 开放化的服务支持人员，为工业软件中小用户提供日常支持。

③ 某云服务是 CAE 软件的联营联运者，特别是 SaaS 软件的推广者。

这 3 类关键合作伙伴中，CAE 软件生态合作伙伴是一类较为特殊的合作伙伴，可以与其长期合作并保持紧密的利益关系。

10. 成本结构

CAE 软件成本结构包括先期成本、后期费用及日常费用三方面，具体如表 7-7 所示。

表 7-7　CAE 软件成本结构

成本大类	成本小类	说明
先期成本	研发成本	研发人员、外包外协人员及研发设备购置等成本
	集成成本	将CAE软件集成到云平台或解决方案中需要的成本
后期费用	营销费用	营销人员、推广费用，以及生态拓展相关的费用
	运维费用	CAE软件的日常维护、技术服务和云资源调用相关费用
日常费用	设备费用	办公场地、办公设备和办公耗材相关的费用
	人员费用	管理人员和平台服务人员（财务、HR、行政）费用

题 7-6：
为什么说知识产权保护是工业软件发展的关键？

创新是引领发展的第一动力，保护知识产权就是保护创新。工业软件的知识产权保护通过赋予创新者以产权，禁止他人未经授权使用其创新成果，从而为工业软件行业的技术创新提供内在的激励机制和动力源泉。中国工业软件产业发展面临多项障碍，包括技术积累弱、研发成本高、实现盈利难、国产替代难等，这些障碍只有在良好的保护知识产权的大环境之下，才有可能得到彻底解决。

从常规视角来看，保护知识产权就是保护企业创新意愿，从而保护市场环境，这是一个产业良性发展的基础。但一直以来也流行着另外一种观点：任何一个产业都是从逆向工程开始的。中国工业基础落后，从零开始发展必然有逆向工程的需求，40 多年的改革开放，中国工业快速发展经历了这个过程，这也是中国工业发展的必经阶段。在工业水平相对落后的时期，逆向工程之下的仿制品实实在在解决了中低端用户的需求。从另一个层面说，这些用户本来就不是需求高端产品的客户，这种产品的功能、性能、质量、档次都无法与正版产品相比。但是仿制产品也是有成本的，用户不会完全免费获得，也就是说，仿制产品的价值和价格仍然是对等的。这就导致了在任何一个行业，不论国外有多好的产品，在中国肯定能找到一批同类产品，也同样有其对应的市场。在硬件类行业，国外的好产品必然贵，因为成本是硬性的。中国制造的产品也许功能不足，但定价低一些，总是有市场空间可以争取，只要市场收益能覆盖成本，企业总是可以续存的。

但在软件行业，这个规律被打破了。软件的一个重要特点是复制无成本、功能不降低、质量不下降。如果没有良好的环境保护知识产权，任何一个企业和个人都可以以极低成本获得国际顶级软件。于是出现一个在硬件（或设备）

本篇作者：田锋

行业不会存在的问题：如果用户能免费获得质量高、功能强的产品，为什么要花钱买功能弱（先不说质量如何）的产品呢？在不加管制的情况下，知名网站上堂而皇之地发布盗版软件销售广告，盗版软件挤压正版软件市场，特别是国产软件难以在市场中依靠性价比来赢得竞争优势，难以实现零的突破，难以起步和发展。盗版软件扰乱了正常的市场机制，淡化了用户应合理地为知识付费的意识，破坏了良好的工业软件生态。这也导致了一个奇怪的现象：在硬件行业，总是被侵权的企业强烈要求打击盗版，保护知识产权；在软件行业正好相反，总是那些没被侵权的公司对盗版行为痛心疾首，强烈要求打击盗版，保护知识产权。

另外，盗版软件的存在，让中国工业软件市场规模与工业增加值明显不匹配。保护工业软件知识产权的力度不足也是中国工业软件发展缓慢的原因之一。如果每份工业软件都是合法授权的，偌大的中国工业体系造就的巨大市场，总是有中国工业软件由小到大成长的空间。

近年来，我国相关机构打击知识产权侵权行为的力度日益加大，例如，开展工业软件正版化检查，加大对互联网传播盗版工业软件的治理，依法严厉打击从事工业软件盗版活动的企业、组织及个人，加强从源头封堵盗版行为，强令关停提供盗版下载的网站等。随着时间的推移，市场环境会好转得多。

题 7-7：中国工业软件资本市场发展情况如何？

2019 年以来，工业软件成为资本市场最为活跃的领域之一。以 EDA/CAD/CAE 为代表的工业软件产品在一级市场快速崛起；同时，随着中望软件、华大九天、概伦电子等公司的上市，二级市场对工业软件的理解也逐步专业化。从成长性来看，大多数工业软件企业处于产业生命周期中的早期阶段，营收增速较快，如二级市场的广立微等；从产业链丰富度来看，近年来融资企业集中在研发设计和生产控制等国产化薄弱环节，不断补齐产业技术短板，典型企业如一级市场的华天软件、二级市场的华大九天等；从融资能力来看，工业软件企业融资能力逐年增强，2022 年仅上半年融资事件 46 起，超越 2021 全年水平，典型企业如芯华章、索辰科技等；从估值水平来看，工业软件板块近十年估值中枢为 147.4x PE/10.7x PS，在工业转型升级驱动下估值水平有望进一步抬升。

一、工业软件一级市场发展情况

1. 一级市场投融资概况

随着我国制造业加速向数字化、智能化发展，工业软件行业规模保持稳定发展趋势，资本市场也对其愈发青睐。从投融资事件来看，2019—2022 上半年中国工业软件领域的投融资案例逐年增多，据 CIC（中国投资有限责任公司）统计的数据，2022 年上半年国内工业软件领域发生投融资事件 46 起，超越 2021 全年水平，如图 7-4 所示。

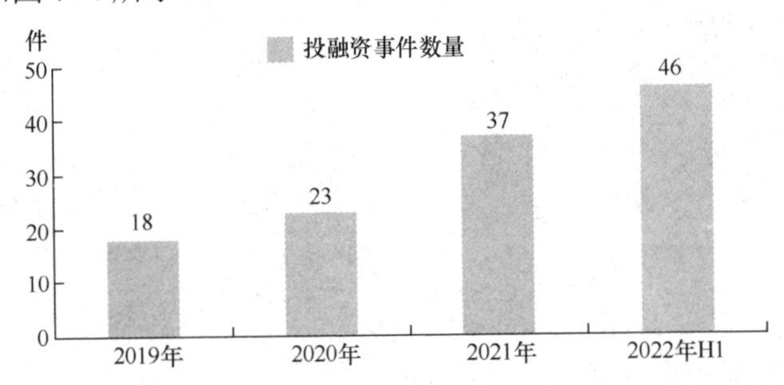

图 7-4　2019—2022 上半年中国工业软件投融资事件数量

本篇作者：谢春生

2. 投融资结构

从投融资结构来看，2021 年国内工业软件投资主要集中在生产控制类软件、研发设计类软件领域，占比均为 46%，如图 7-5 所示。目前在国内工业软件领域，研发设计类软件国产化率最低，生产控制类软件次之，随着参与相应软件的企业在一级市场获得更多资本支持，工业软件核心软件有望逐步打破海外封锁，实现国产化率提升。

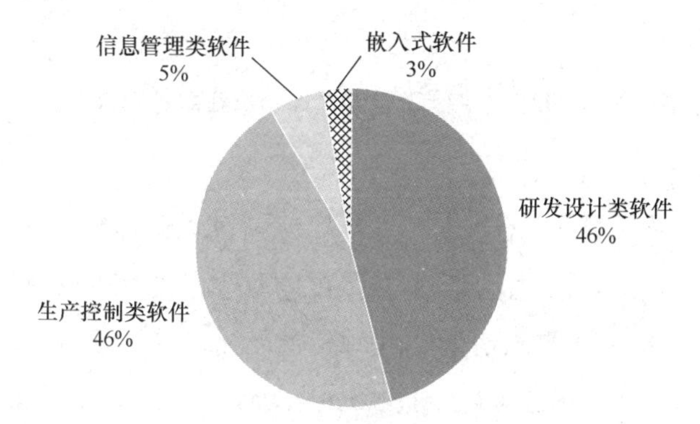

图 7-5　2021 年中国工业软件投融资数量各领域占比

3. 投融资金额

从投融资金额来看，2021 年工业软件投融资总规模大幅度上涨，达到 43 亿元，较 2020 年同比增长 153%。据 CIC 统计的数据，2022 年上半年工业软件板块 IPO（首次公开募股）总金额 121 亿元，如图 7-6 所示。新上市公司包括纬德信息、格灵深瞳、经纬恒润等，融资规模进一步提升。从细分领域来看，研发设计类软件投融资金额规模最大，占比为 45%，如图 7-7 所示。

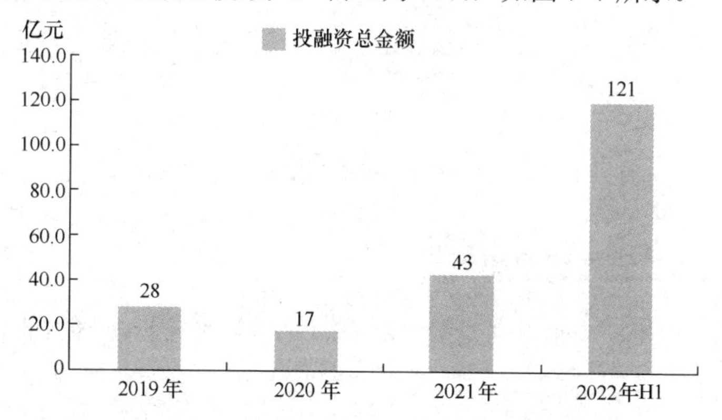

图 7-6　2019—2022 上半年中国工业软件投融资金额

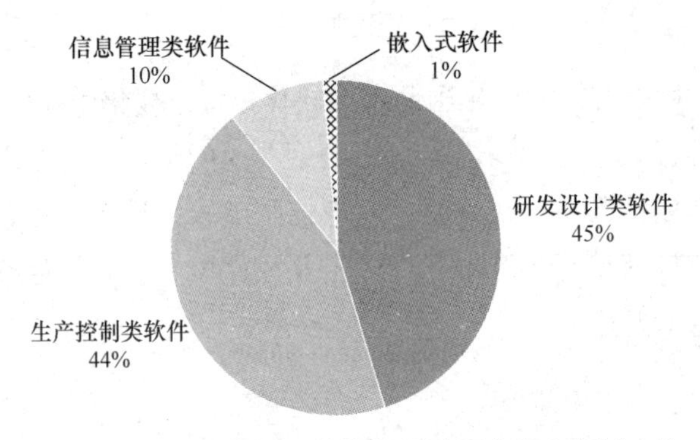

图 7-7 2021 年中国工业软件投融资金额各领域占比

4. 投融资轮次

从投融资轮次来看，2021 年，工业软件领域 Pre-A 轮投融资事件的数量最多，占比为 26%，C 轮以后投资事件数量较少，如图 7-8 所示。大部分融资都集中在企业发展早期，初创企业融资活跃度较高，符合当前产业成长周期规律。2021 年 5 月，典型的早期融资企业新迪数字完成数千万元 A 轮融资，着力在三维 CAD 建模、复杂曲面造型、CAE 前后处理、Web3D 模型轻量化、大型工业软件架构、工业软件云化等方向发展；2021 年 8 月，数益工联完成数千万人民币 Pre-A 轮融资，着力打造离散制造业的数字工厂通用软件平台。

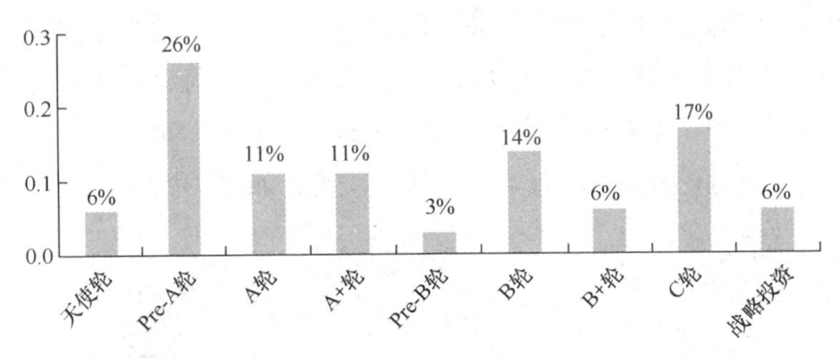

图 7-8 2021 年中国工业软件投融资轮次占比情况

二、工业软件二级市场发展情况

我们选取 Wind 工业软件指数（8841647.WI）成分股观察工业软件板块二级市场的表现。其中财务类数据采用季度数据，由于大部分公司未披露 2022 年年报，为避免加总值出现水平偏差，统计时间截至 2022 年第三季度。市值、

PS、PE 等相对指标均采用月度数据。

1. 工业软件板块营业收入

工业软件板块营业收入具有明显周期性，第四季度收入达到峰值。2021 年第四季度营业收入较 2013 年第四季度翻了 4.5 倍，实现明显增长。2013—2021 年复合增长率达 21.95%，如图 7-9 所示。随着 2022 年第四季度工业企业生产陆续推进，带动工业企业盈利能力改善、资本性支出回暖，工业信息化建设需求释放，带动工业软件板块营业收入增长。

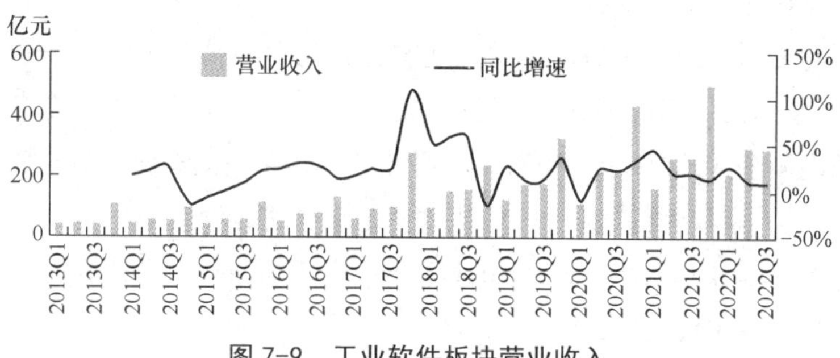

图 7-9　工业软件板块营业收入

2. 工业软件板块归母利润

工业软件板块归母利润与营业收入同趋势变动，2021 年第四季度归母利润较 2013 年第四季度增长 4.9 倍。2016—2020 年第四季度归母利润稳步增长，期间年均复合增长率达 44.75%，如图 7-10 所示。

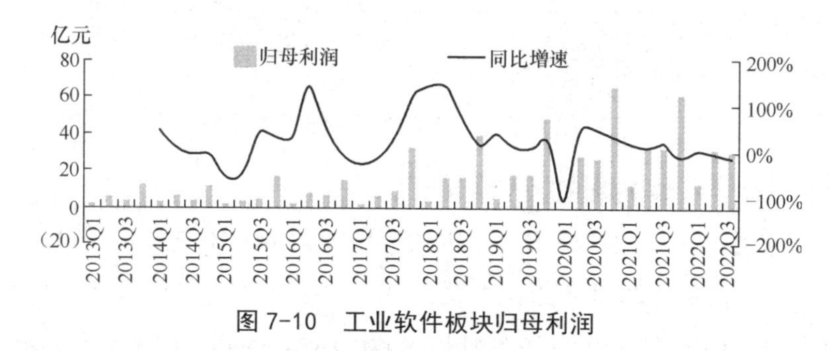

图 7-10　工业软件板块归母利润

3. 工业软件板块经营性净现金流

工业软件板块经营性净现金流通常表现出较强的周期性，在一年内呈现前低后高的特征，现金回款集中于第四季度，如图 7-11 所示。

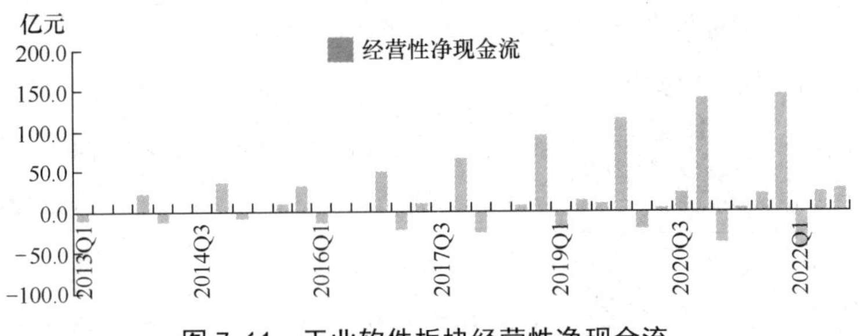

图 7-11　工业软件板块经营性净现金流

4. 工业软件板块总市值

截至 2023 年 3 月 31 日，国内工业软件板块总市值为 10 644.6 亿元，同比增长 62.9%，主要得益于上市公司数量的增加，以及业绩驱动下原有公司市值不断成长，如图 7-12 所示。随着工业产业数字化转型的深化，数据要素逐步发挥愈发重要的作用，在这一过程中，需要工业软件进行数据的采集、处理和分析。因此，随着工业企业数字化转型和数据要素应用的深化，工业软件价值重估有望带动市值进一步成长。

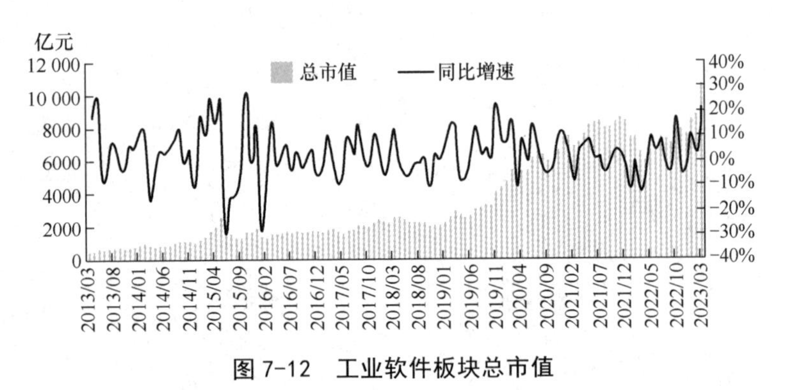

图 7-12　工业软件板块总市值

5. 工业软件板块PS和PE估值

总体来看，工业软件板块近十年估值中枢为 147.4×PE/10.7×PS，且总体呈现估值抬升态势，2023 年第一季度较 2013 年第一季度估值水平提升 3.85 倍。分区间来看，2013—2023 年工业软件板块 PS（TTM）和 PE（TTM）估值波动显著，2013—2015 年、2019—2020 年为估值上升区间，2015—2019 年、2020—2022 年为估值下行区间。从峰值来看，PS（TTM）和 PE（TTM）峰值出现在 2015 年和 2020 年，PS（TTM）最高达 20.95 倍，如图 7-13 所示。近年来，工业软件自主可控迫在眉睫。工业软件作为现代工业的“灵魂”，在外部环境日益严峻的背景下，国产化进程加速推进，陆续涌现出如华大九天、中望软件等拥有核心技术的国产企业，未来有望带动工业软件板块估值水平进一步抬升。

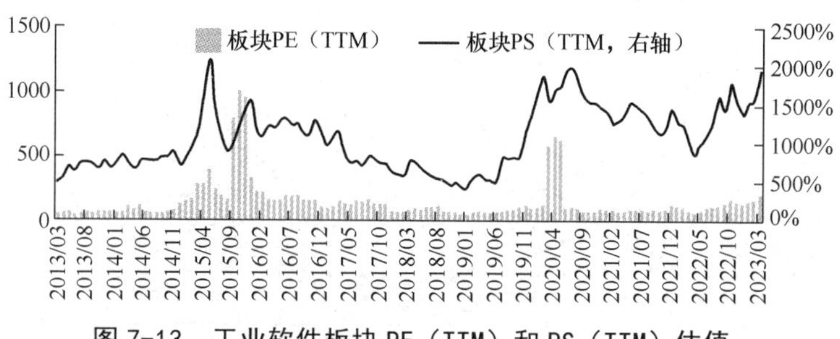

图 7-13　工业软件板块 PE（TTM）和 PS（TTM）估值

6. 工业软件板块毛利率和净利率

工业软件板块平均毛利率波动较小，大致在 50% 的水平波动。2016—2020 年平均毛利率水平稳步抬升，2021 年达到峰值后平缓下滑，2022 年第三季度平均毛利率水平为 56.67%，较 2013 年第一季度的 44.31% 增长 27.89%。平均净利率在经营周期内季度水平波动较大，板块内公司平均净利率峰值一般出现在第三季度或第四季度。其中 2018—2023 年的平均净利率较 2013—2017 年有总体抬升趋势，大致峰值水平提升 61.68%，如图 7-14 所示。

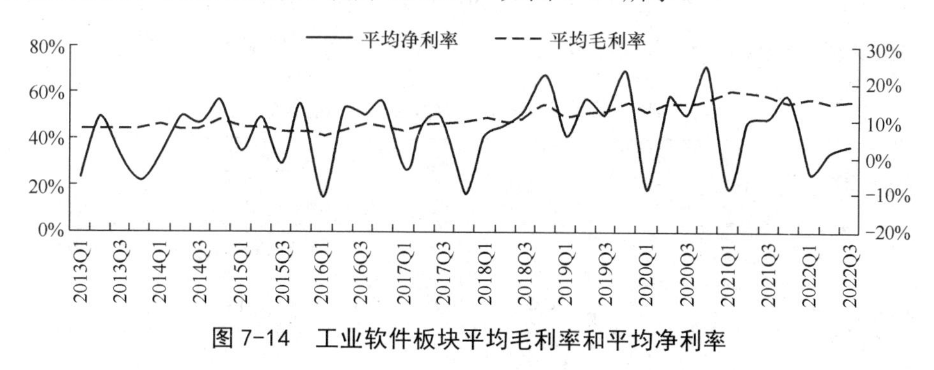

图 7-14　工业软件板块平均毛利率和平均净利率

7. 工业软件细分板块情况

工业软件不仅涉及各个工业垂直领域（航天航空、机械、汽车、消费电子、军工、制药等），同时涉及工业工艺的各个环节（研发、生产、管理、协同等），工业软件细分板块情况如图 7-15 所示。工业软件只是一个大的范畴，不同环节对应的工业软件差异比较大，标准化程度也不一样。

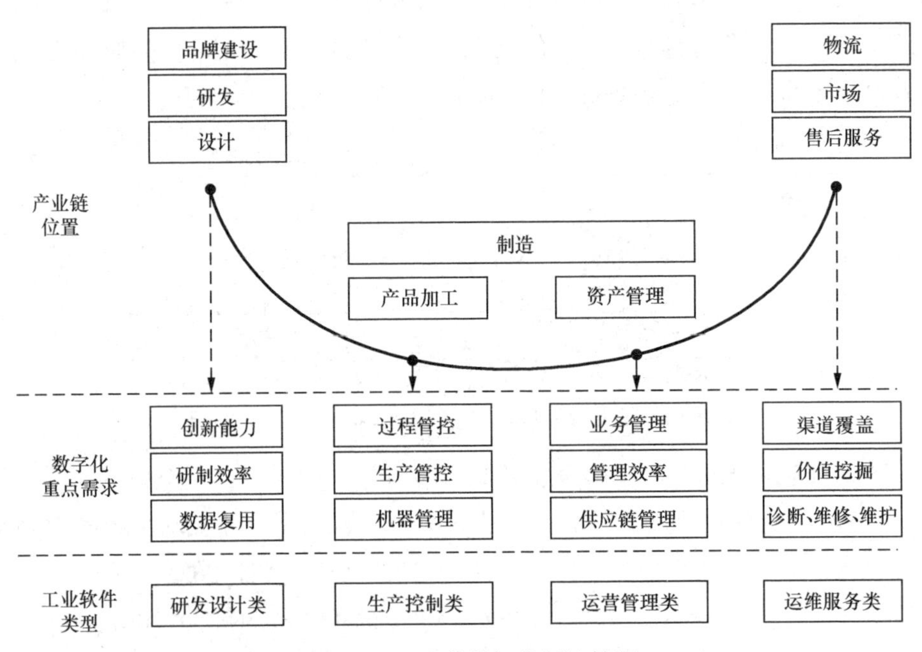

图 7-15　工业软件细分板块情况

目前，国内工业软件已在核心环节涌现出一批龙头企业，如研发设计领域的华大九天、中望软件，生产控制领域的中控技术、宝信软件等，如表 7-8 所示。在未来产业竞争格局中，这些龙头公司有望走向头部集中，成长可期。

表 7-8　工业软件细分板块公司业绩与估值

公司名称	公司类型	营业收入	营收增速	归母净利润	归母净利润增速	市值	估值方法	PE/PS（TTM）
华大九天	研发设计	5.8	39.7%	1.4	34.5%	669.6	PS	93.3
广立微		2.0	59.9%	0.6	27.8%	218.2	PS	61.4
概伦电子		1.9	41.0%	0.3	–1.4%	147.1	PS	61.4
中望软件		6.2	35.6%	1.8	50.9%	194.1	PS	31.7
广联达		56.2	40.3%	6.6	100.1%	885.2	PS	13.4
盈建科		2.3	53.6%	0.6	8.3%	26.6	PS	11.2
霍莱沃		3.3	43.8%	0.6	35.9%	50.2	PS	13.7

续表

公司名称	公司类型	营业收入	营收增速	归母净利润	归母净利润增速	市值	估值方法	PE/PS（TTM）
中控技术	生产制造	45.2	43.1%	5.8	37.4%	518.8	PS	8.9
宝信软件		117.6	15.0%	18.2	35.9%	986.8	PE	60.3
柏楚电子		9.1	60.0%	5.5	48.5%	267.6	PE	56.3
鼎捷软件	经营管理	17.9	19.5%	1.1	–7.6%	60.9	PE	65.5
赛意信息		19.3	39.7%	2.2	27.5%	156.7	PE	64.0
能科科技		11.4	19.8%	1.6	32.7%	79.6	PE	48.9
用友网络		89.3	4.7%	7.1	–28.2%	863.5	PS	9.3

注：细分板块公司营业收入、归母净利润等财务指标为 2021 年数据；总市值及相对估值截至 2023 年 3 月 31 日。

专栏　延伸阅读

1. 2022年工业软件领域十大融资事件

2022 年，工业软件领域投资活跃，表 7–9 列举了 2022 年工业软件领域的十大融资事件，投资覆盖面广，涉及工业互联网安全、企业数字化服务、设计软件开发等众多领域。投融资活动的日益活跃，有望为工业软件企业提供充足资金支持，为企业产品研发、迭代提供坚实保障，助力国产工业软件全球竞争力的提升。

表 7–9　2022 年工业软件领域十大融资事件

公司名称	金额	融资轮次	公司业务
北京六方云信息技术有限公司	2亿元人民币	C1轮	将人工智能技术植入关键信息基础设施保护、工业互联网安全中
上海优集工业软件有限公司	2.5亿元人民币	A轮	为高端研发制造型企业提供行业化的数字化转型和智能制造创新服务解决方案，以及配套的应用技术和实施服务
杭州新迪数字工程系统有限公司	近7亿元人民币	B轮	国产三维CAD软件和产品数字化解决方案

续表

公司名称	金额	融资轮次	公司业务
赛美特科技有限公司	5.4亿元人民币	A++和B轮	打造优秀半导体工程制造软件
合肥悦芯半导体科技有限公司	超5亿元人民币	战略投资	高端集成电路自动化生产测试装备
上海合见工业软件集团有限公司	超11亿元人民币	Pre-A轮	提供高性能EDA及工业软件解决方案
北京天地和兴科技有限公司	近7亿元人民币	D轮	工业网络安全
达而观信息科技（上海）有限公司	5.8亿元人民币	C轮	自然语言处理
浙江蓝卓工业互联网信息技术有限公司	5亿元人民币	A轮	打造一款普遍适用于流程行业、离散行业的通用型工业平台——supOS工业操作系统
北京智齿博创科技有限公司	1亿美元	D轮	提供一体化“客户联络”解决方案

2. 典型企业资本运作情况

（1）芯华章

芯华章致力于新一代EDA智能软件和系统的研发、生产、销售和技术服务，已发布可以提供全面涵盖数字芯片验证需求的七大产品系列。2020—2022年，芯华章已经成功完成7次融资，资金主要用于团队建设、EDA2.0研究两大方向，如表7-10所示。

表7-10　2020—2022年芯华章融资情况

日期	融资轮次	金额	用途
2022/11/27	B轮	数亿元人民币	用于加快实现产品量产、落地，强化专家级技术用于支持队伍建设，进一步夯实芯华章数字验证全流程服务能力，为数字产业发展提供安全、可靠的高质量工具链
2022/1/5	Pre-B+轮	数亿元人民币	加大产品研发投入，进一步夯实芯华章在国产验证EDA领域的领军地位，并加快新一代EDA的研究及技术创新

续表

日期	融资轮次	金额	用途
2021/5/13	Pre–B轮	超4亿元人民币	用于吸引全球尖端人才加入芯华章，启动EDA2.0的研究及技术创新
2021/1/25	A+轮	数亿元人民币	用于芯华章全球研发人才和跨界研发人才的吸引和激励，加速推进EDA2.0的技术研究和产品研发进程
2020/12/9	A轮	2亿元人民币	主要用于全球研发人才和跨界研发人才的吸引和激励，支持公司全面布局EDA2.0的技术研究和产品研发
2020/11/9	Pre–A+轮	近1亿元人民币	公司研发力量在全球的部署以及EDA与前沿技术的融合突破
2020/10/16	Pre–A轮	1亿元人民币	公司研发力量在全球的部署以及EDA与前沿技术的融合突破

（2）索辰科技

索辰科技是一家专注于 CAE 软件研发、销售和服务的高新技术企业。公司自成立以来，专注于 CAE 核心技术的研究与开发。2023 年 3 月 28 日，索辰科技披露将首次公开发行股票并在科创板上市招股意向书，拟公开发行不超过 1033.34 万股，主要用于研发中心建设、新项目开发、补充流动资金，如表 7–11 所示。

表 7–11　索辰科技募集资金情况

序号	项目名称	项目投资总额/亿元	募集资金投资额/亿元	实施主体
1	研发中心建设项目	2.83	2.83	上海索辰
2	工业仿真云项目	2.29	2.29	上海索辰
3	年产260台DEMX水下噪声测试仪建设项目	1.88	1.22	嘉兴索辰
4	营销网络建设项目	0.35	0.35	上海索辰
5	补充流动资金	3.00	3.00	上海索辰
合计		10.35	9.69	

题 7-8：我国工业软件标准化工作现状？

一、国产工业软件标准化需求分析

工业软件作为工业技术和软件技术融合的产物，在需求、知识、应用等方面深度依赖庞杂的工业技术体系，其标准化工作需全面覆盖门类众多的工业行业，以全面系统地体现工业技术的特点。我国工业软件标准体系缺失、标准零散导致了数据格式不统一、接口不兼容、核心技术受制于人、体系化发展能力不足等问题。具体原因分析如下。

首先，我国工业软件数据格式和接口标准缺失，导致工业软件产品数据格式不统一、接口不兼容、数据互联互通困难等问题突出。据不完全统计，国内外工业软件产品多达 2 万余种，产品数量庞大，主要的数据格式超过数百种，数量繁多且差异较大，无通用的数据格式。不同工业软件产品之间、不同企业开发的同类软件之间、甚至同一企业相同软件的不同版本之间数据格式难以兼容，形成了数据流通壁垒，造成了大量的数据烟囱和信息孤岛，制约了不同产业之间及产业链上下游不同企业之间的资源配置效率。数据要素价值难以有效释放，成为传统制造业数字化转型的难点。

其次，国外工业软件巨头利用事实标准建立技术壁垒，实现市场垄断和生态锁定，核心关键技术断供问题突出。当前，部分工业软件巨头为提升各自的生态主导力，分别形成了所在行业的事实标准，以提升工业企业用户对其产品的依赖度，培育形成各自的封闭生态圈。我国虽然拥有完整的工业体系、丰富的工业软件应用场景优势，但缺乏工业软件关键技术及核心产品领域的相关标准。现行的少量工业软件国际标准主要是通用的 ISO 基础标准和主流软件专用的事实标准，仅涉及部分数据格式及文档规范标准，由国外工业软件巨头主导制定，核心关键技术标准却不对外开放。若只能被动遵循国外标准，核心关键技术标准缺失的问题将严重制约我国工业软件的体系化发展。

本篇作者：王晨、李锋、韩邢健

最后，国内工业软件标准数量稀少，难以满足工业软件体系建设要求。目前，与国内工业软件密切相关的标准数量稀少，且分散于不同的标准化组织中，其全面性、系统性、可用性与当前工业软件行业发展需求差距巨大。我国在工业软件关键技术领域虽然已具备一定的标准化基础，制定了与工业软件相关的过程与方法标准，但还缺少通用基础、产品、测试验证、系统集成和行业应用等标准，尤其缺乏工业软件标准化工作的顶层设计与整体规划，标准化工作尚未形成统筹推进的机制，不利于技术创新与产业化应用的协同发展。

因此，开展工业软件标准化工作正逢其时，使标准化工作和当前工业软件产业发展更匹配，二者相辅相成，可更好地引导和规范产业发展，提升我国工业软件在国际上的竞争力。开展工业软件标准化工作的基础是要构建一个"标准体系"，建立一个自主可控、统一开放的工业软件在通用基础、数据管理、产品标准、质量测评、行业应用指南等技术规范与数据标准体系，形成可替换、可扩展、开放高效的工业软件，实现信息互联互通。开发、检测、实施、应用等各上下游企业都能在这个"标准体系"下，规范有序地开展工作，建立和发展具有自主版权的工业软件。

二、工业软件标准化现状

目前，我国在工业软件相关的工业过程测量控制、技术产品文件、软件工程等关键技术领域已经具备了一定的标准化基础，已发布专门针对工业软件的标准主要包括计算机辅助设计（CAD）、企业资源计划（ERP）等工业软件相关产品标准，以及网络安全、技术产品文件、数据格式等标准，我国已发布的工业软件相关国家标准如表 7-12 所示。

表 7-12　我国已发布的工业软件相关国家标准

序号	标准号	标准名称	归口单位	备注
1	GB/T 15751-1995	技术产品文件 计算机辅助设计与制图 词汇	SAC/TC146	
2	GB/T 16656.*n*	工业自动化系统与集成 产品数据表达与交换	SAC/TC159	系列标准（共47个）
3	GB/T 17825.*n*-1999	CAD文件管理	SAC/TC146	系列标准（共10个）
4	GB/Z 18727-2002	企业应用产品数据管理（PDM）实施规范	SAC/TC159	

续表

序号	标准号	标准名称	归口单位	备注
5	GB/Z 18728-2002	制造业企业资源计划（ERP）系统功能结构技术规范	SAC/TC159	
6	GB/T 17304-2009	CAD通用技术规范	中国标准化研究院	
7	GB/T 24463.*n*-2009	交互式电子技术手册	中国标准化研究院	系列标准（共3个）
8	GB/T 24734.*n*-2009	技术产品文件 数字化产品定义数据通则	SAC/TC146	系列标准（共11个）
9	GB/T 25108-2010	三维CAD软件功能规范	SAC/TC159	
10	GB/T 25109.*n*-2010	企业资源计划	SAC/TC159	系列标准（共4个）
11	GB/T 14665-2012	机械工程 CAD制图规则	SAC/TC146	
12	GB/T 33008.1-2016	工业自动化和控制系统网络安全 可编程序控制器（PLC）第1部分：系统要求	SAC/TC124	
13	GB/T 33009.*n*-2016	工业自动化和控制系统网络安全 集散控制系统（DCS）	SAC/TC124	系列标准（共4个）
14	GB/T 35123-2017	自动识别技术和ERP、MES、CRM等系统的接口	SAC/TC159	
15	GB/T 39466.*n*-2020	ERP、MES与控制系统之间软件互联互通接口	SAC/TC159	系列标准（共3个）
16	GB/T 41923.*n*-2022	机械产品三维工艺设计	SAC/TC146	系列标准（共7个）

可见，我国已制定一些工业软件相关标准，但数量较少，尤其缺少专门针对工业软件的通用基础、产品专用、集成验证及行业应用等方面标准。由于标准不成体系，兼容性、互操作性都存在问题，在不同工业领域、不同环节形成了数据流通壁垒，不利于发挥我国工业全产业链配套优势。因此，为统筹推进建立健全由我国主导的工业软件标准体系，强化工业软件顶层设计，着眼于整个产业链的发展需求，建立良好的产业生态环境，应配套提出与时俱进的标准化发展体系，进而推动制造业数字化转型，这成为当前工业软件标准化工作的迫切需求。

三、工业软件标准体系建设现状

工业软件标准体系是指导标准化组织开展工业软件标准化工作的指南，是编制标准及修订规划和计划的主要依据之一，是促进领域范围内的标准成为科学合理的体系。标准体系建设已成为标准化工作的主要抓手和工作支撑点，可为工业软件标准化组织的工业软件标准编制奠定基础及提供依据。目前，国内外工业软件标准体系缺失，标准处于缺、散、弱的状态，标准化工作难以统筹推进。发达国家缺少门类齐全、产业链完整的工业体系，不具备建立工业软件标准体系的产业基础，还没有能力建立完备的工业软件标准体系。我国具有全球最完整的工业体系，工业门类齐全，工业软件应用场景丰富，市场需求广泛，具备了建立统一完备的工业软件标准体系的基础。

当前，工业和信息化部电子第五研究所正组织工业软件标准体系建设指南编制工作。此外，2022 年 4 月，全国信标委工业软件 /APP 标准工作组发布了《工业软件标准化路线图》，提出了构建涵盖基础标准、通用标准、专用标准 3 类工业软件的标准体系。2022 年 11 月，《中国标准化》期刊“学术研究”版块发表了由杨春晖等作者撰写的《工业软件标准体系构建研究》一文，该文从通用基础、产品标准、测试验证、系统集成和行业应用 5 个方面介绍如何探索、构建工业软件标准体系。

题 7-9：如何快速推动工业软件标准体系实施？

发展工业软件需要一个良好的生态体系，标准化工作就是构建这个良好的生态体系的关键。工业软件标准化在推进工业软件高质量发展中发挥着基础性、规范性和引领性的作用，将标准化工作作为重要抓手和关键切入点，可有效支撑和保障工业软件产业的健康发展。目前，我国已初步建立了工业软件标准体系框架，但在具体实施标准体系过程中总会出现各种各样的问题，尤其在标准体系运行初期，出现问题几乎是不可避免的。因此，只有在实践过程中才能衡量和评价，也只有实践，才能使标准体系由低级向高级不断发展演化。如何快速推动工业软件标准体系实施，可从以下几个方面进行考虑。

一、建立工业软件标准体系实施路线图

工业软件标准体系建设路线图是运用简洁的图形、表格、文字等形式描述标准化的步骤或标准化相关环节之间的逻辑关系，可以使建设者更清晰地理解标准体系建设未来的工作重点和方向。工业软件标准体系实施路线图应按照“战略性、前瞻性、科学性、关键性、可操作性”原则，围绕工业软件标准体系的内容，从时间和标准化内容两个维度进行规划，从标准体系研究、关键标准修订、标准示范推广、政策措施、专家队伍及专业人才培养等多个方面确定工业软件标准化推进的总体进程和目标，分类推进标准化进程。

二、加快工业软件重点领域标准研制

工业软件标准体系为工业软件标准编制奠定基础、提供依据，可以看出，待制定的工业软件标准很多，而制定标准资源相对有限，建设工业软件标准体系是一个长期的过程。为了实现制定标准资源的高效利用，在建设过程中必须准确界定工业软件标准化的阶段，确定各阶段目标，区分不同标准的轻重缓急，分阶段、按步骤进行。因此，建议围绕工业软件术语、分类等通用基础标准、

本篇作者：于敏、王晨、卞孟春

数据模型标准及工业软件产品标准等重点领域开展基础性研究。同时，在标准制定过程中，应该严格按照程序进行，保证工业软件标准的高质量，进而保证标准体系的整体质量。依据急用先行的原则，加快工业软件重点急需标准制定，推进工业软件标准体系有效落实，同时，也可在标准研制过程中逐步完善工业软件标准体系，充分发挥标准体系在标准化工作中的引领作用。

三、建立多个标准化技术委员会协作机制

由工业软件标准体系可以看出，相关标准化组织研制了部分工业软件相关标准，这些标准可作为工业软件标准化工作的基础。目前，工业软件相关标准的研究、制定修订、测试验证和宣贯推广工作主要由全国信息化和工业化融合管理标准化技术委员会（SAC/TC 573）、全国信息技术标准化技术委员会（SAC/TC 28）的工业软件标准工作组负责，两者在依据工业软件标准体系开展标准制定、修订工作时应通力协作，并与全国工业过程测量和控制标准化技术委员会（SAC/TC 124）、全国技术产品文件标准化技术委员会（SAC/TC 146）、全国自动化系统与集成标准化技术委员会（SAC/TC 159）、全国工业机械电气系统标准化技术委员会（SAC/TC 231）等建立协作机制，可通过设立联络员等方式建立联络关系，共同开展工业软件重点急需标准制定工作，以推进工业软件标准体系有效落实。

四、大力推广工业软件标准应用

聚焦工业软件重点标准，分类遴选一批试点应用工业企业和软件技术服务商，推动相关标准在工业软件设计、开发、测评和应用各环节的验证，加强标准关键技术指标的试验验证，提高工业软件标准的有效性和可操作性，为标准推广实施做好技术储备。开展标准适用性和实施效果评价，跟踪标准使用情况，发现问题，积累实施经验，总结经验，完善标准，并更好地指导下一步工业软件标准的立项、制定和推广工作。加大工业软件标准宣传培训力度和推广，围绕重点领域组织编写工业软件标准实施和应用指南，联合主管部门、高校、人才和创新基地等，开展工业软件标准的宣传培训和推广，以标准应用为牵引带动工业软件技术产品的集成创新和工业软件产业的高质量发展。

五、不断完善工业软件标准体系

工业软件标准化工作是一个动态过程，工业软件标准体系同样是一个动态体系。随着技术的发展，一些工业软件标准需要复审，部分标准将被废止，需要建立新的标准，需要逐步建立和完善工业软件标准体系的长效工作机制，建立一个和谐、有效的标准维护机构，保证工业软件标准体系的可持续发展。因此，应建立有效的标准体系维护机制，根据市场需求、国内外技术发展动态等情况适时对其修订和完善，始终保持标准体系的先进性、适宜性、协调性和配套性，才能为工业软件标准研制提供指导，充分发挥标准在推动国产工业软件的体系发展、质量提升、应用推广和生态培育中的突出作用，为引领、指导、规范和保障我国制造业数字化转型提供重要方法与手段。

题 7-10：
开源工业软件有什么优势与风险？

开源工业软件指的是工业领域应用的源代码对公众开放的软件，涵盖完整软件、算法库、图形库、界面库、部件库等。开源工业软件为企业提供了一种替代商业软件的选择，开源软件在工业领域的应用可以推动技术的快速发展和创新，大量的开发者和工业用户共同参与软件的开发、测试和维护，有助于提高软件的质量和功能更迭。同时，开源工业软件也能降低企业对特定软件供应商的依赖，提高市场竞争力。但开源工业软件也存在一定的劣势，由于开源软件的研发投入不如商业软件，另外开源社区开发者水平参差不齐，管理和规划相对松散，导致在技术支持、稳定性、更新维护、专业培训和集成兼容性等方面不如商业软件。因此，企业在选择软件时需要根据自身需求和资源投入，权衡开源工业软件与商业工业软件的优劣势。

一、开源工业软件优势

有效降低研发成本：开源工业软件通常采用免费的形式发布，企业可以自由获得，直接使用，或者通过购买一定的服务支持，具有较低的使用成本。通常工业领域的商业软件价格昂贵，如商业 CAD/CAE/PLM 等软件动辄几十万，甚至上百万，对大量中小型企业来说是一笔不小的负担。开源工业软件有效降低了企业接入的成本，加速数字化转型中的中小企业工业软件的普及。

源代码开放与可定制性：开源工业软件的源代码对所有人开放，用户可以根据实际需求进行定制和优化。可获得全部源代码也使得企业能够更好地了解软件的工作原理，有助于提高系统稳定性和安全性。同时，为企业在工业软件应用过程中的经验知识固化与共享提供丰富的接口。

开放协作与创新能力：开源工业软件鼓励创新和试验，用户可以随时尝试新技术和方法，以满足不断变化的市场需求。同时，在开源社区中大量开发者基于统一的开源项目进行协作，这些社区成员还通过分享经验、修复错误和开

本篇作者：唐滨

发新功能，共同推动软件的进步和发展。

技术产品独立可控性：采用开源工业软件可以避免对某个软件供应商的依赖，降低供应商锁定的风险，增强企业在面对市场变化时的灵活性。

二、开源工业软件风险

技术支持与服务不足：尽管开源工业软件拥有一定的社区支持，但与商业软件相比，其技术支持和服务水平较低，企业在遇到问题时，需要自行解决或寻求第三方支持。

稳定性与安全性缺乏保障：部分开源工业软件可能未经过严格的测试和验证，稳定性和安全性相对较低，这可能会给企业的研发生产过程带来潜在风险。

更新和维护不及时：开源工业软件的更新和维护不如商业软件规律和及时，这可能导致软件在某些方面滞后于市场需求。

缺乏专业培训和认证：与成熟商业软件相比，开源工业软件缺乏针对性的培训和认证，这会影响企业员工的技能提升和团队建设。

缺乏丰富集成接口和兼容性：开源工业软件在与其他系统和设备的集成和兼容性方面存在一定挑战。与商业软件丰富接口相比，开源工业软件在这方面可能需要更多的定制化工作和技术支持。

知识产权风险：开源工业软件并不等于可被无限制地自由使用，必须在遵循相关开源协议的基础上注重知识产权保护。目前不同的开源许可协议在具体条款上尚存在较大差异，如果不认真分析和甄别，很容易陷入许可协议条款冲突，从而引发知识产权风险，一些开源软件从业人员对开源许可协议具有的法律效力及开源代码权益的认知较为模糊。

代码安全风险：开源代码正越来越多地应用到各行业领域，由于源代码所有人可见，黑客更容易挖掘代码中的漏洞并实施攻击行为。另外在开源代码应用过程中经常被调用和依赖，一旦某个开源组件出现缺陷和漏洞，将会影响软件供应链的安全。开源工业软件传播快、应用广，开源软件之间关联依赖，使得开源软件的安全漏洞管理和控制明显比闭源软件更难。

总之，开源与工业软件的关系体现在开源工业软件的发展和应用上。开源工业软件为企业提供了一种成本更低，更具灵活性、可定制性和创新性的解决方案，然而，在技术支持、稳定性、更新维护、专业培训和集成兼容性等方面可能存在一定的劣势。因此，企业在选择开源工业软件时，需要权衡这些优劣势，结合自身需求和资源投入，作出明智的决策。在实际应用中，许多企业会采用混合策略，将开源工业软件与商业软件结合使用，以充分发挥各自的优势。

题 7-11：
如何建设工业软件开源项目生态？

开源项目与开源项目生态相互依存、缺一不可，开源项目生态是围绕开源项目开展的开源活动、参与者、开源社区、开源规则等的集合。开源项目可以为开源项目生态提供基础和支持，而开源项目生态则可以为开源项目提供更广泛的应用场景和更多的用户和贡献者。工业软件具有用户量小、专业度高、成熟周期长等特征，因此，开源工业软件生态对开源工业软件的培育、推广、协作来说，尤其重要。

一、政府积极引导推动开源工业软件生态建设

鉴于当前我国工业软件的技术现状和产业现状，政府加强引导我国工业软件开源，充分利用政策优势，通过行政手段鼓励和推进企业开展工业软件开源社区和公共服务平台的建设，积极支持开源软件的研发和产业化，通过应用试点支持开源工业软件在重点行业和企业的推广应用，完善标准体系，组织开源教育和推广，培养开源软件人才。以国家级工业软件研究院、产业创新中心为牵头单位，积极联合工业企业、工业软件企业和第三方机构等多方主体共同参与，开展工业软件开源生态建设，各项科研成果以开源的方式向全社会共享，努力构建我国自主工业软件开源生态，保障工业产业安全可控，为我国制造业高质量发展提供支撑。

二、制定面向开源工业软件的国家级战略与政策

结合我国工业软件研发与产业应用现状，制定和实施相关政策，鼓励和引导国内软件企业和开发者参与开源项目，同时加大对开源项目的扶持力度，促进工业软件开源生态的快速发展。制定国家级战略规划，明确工业软件开源项目生态的发展方向。重点开展工业软件中基础共性技术和核心底层技术研究攻关，如 CAD 三维几何引擎、CAE 求解器等，为开发各领域开源工业软件提供

本篇作者：唐滨、王晨

基础。设立专项基金与开源专项，鼓励企业、高校、院所、开发者参与开源项目。制定开源项目税收优惠、项目资助和技术转化等政策，国家部委应持续政策支持与资金投入。加强知识产权保护，提高开源项目的合规性和安全性。

三、建立工业软件开源社区和公共服务平台

社区建设是工业软件开源项目生态建设的核心。建立一个健康、活跃的开源社区可以吸引更多的开发者和用户参与工业软件开源项目。同时，开源社区也是开发者交流、学习和合作的平台。制定开源工业软件标准体系，统一技术规范和接口标准，以便开源项目更好地融入工业生态，强化产业标准制定和推广，确保开源项目在工业领域的兼容性和互操作性；搭建统一在线平台，汇集各类工业软件开源项目，提供源代码、文档、教程等资源，方便开发者和企业查找和使用；创立开源项目孵化器，为新兴工业软件开源项目提供技术支持、市场推广、资金援助等资源，帮助项目快速成长，支持创业企业采用开源技术开发新产品，降低创业门槛和成本；鼓励成立开源项目社区，形成生态圈，共享资源、知识和技术，推动开源项目和商业软件的互动，促进双方技术创新和业务发展。如 OpenAtom OpenCAX 由开放原子开源基金会发起，致力于构建一个国际化的开源工业软件工具链，推动我国开源生态有序发展，为开源工业软件使用者、开发者、研究者提供交流平台。

四、加强工业软件开源项目人才培养与引进

人才是工业软件开源项目生态建设的根本。政府、高校和企业等各方应共同努力，加强工业软件开源项目人才的培养和引进。制定相关政策和计划，支持高校和研究机构加强工业软件相关学科的建设和人才培养。同时，企业也可以通过与高校和研究机构合作，共同培养工业软件开源项目人才，提高企业的研发和技术水平。加强对开源思想和开源文化的普及和宣传，激发工业软件开发人员贡献开源软件的热情，培养工业软件开发人员掌握开源软件规则、能够合理使用开源软件；吸引国际顶级开源项目和技术团队分享经验与技术，提升中国工业软件开源项目生态的整体竞争力；工业软件开源社区举办开发者大会、技术沙龙等活动，增进开发者交流与合作，促进技术创新和人才发展。

五、强化工业软件应用场景驱动与多主体协同创新

识别工业领域关键技术和应用场景，引导开源项目研发方向，加强与工业头部企业的合作，推动开源项目在实际应用中的落地与推广；建立开源工业软件产业联盟和协作机制，整合上下游企业、研究机构和政府部门资源，共同推进工业软件开源项目的发展，设立专门的协作平台，方便各方资源共享、技术交流和合作洽谈。

题 7-12：研发设计软件开源项目都有哪些？

CAD 的主流开源项目包括二维 CAD 的 IntelliCAD 和三维 CAD 的 Open CASCADE；CAE 的主流开源项目包括 CAE 网格创建（前处理）的 CFmesh、enGrid、Gmsh、Netgen、TetGen、Construct2D，CAE 求解器的 Calculix、Code_Aster、Code_saturne、OpenFOAM、Palabos、SU2、Elmer、CAELinux、NNW-PHengLEI，CAE 后处理的 Gnuplot、ParaView、VisIt，CAE 集成开发平台的 FastCAE；PLM 的主流开源项目包括 ArasPLM、OdooPLM、DocDokuPLM。其中，除 NNW-PHengLEI 和 FastCAE 是我国主导外，其余均是国外的开源项目。

一、CAD 开源项目

1. 二维CAD的IntelliCAD

IntelliCAD 技术联盟（ITC）成立于 1999 年，是一个非营利的合作组织，由其成员指导和创建开源 CAD 技术。其创建的 IntelliCAD 是一个完整的 CAD 引擎及开发平台，核心数据库依赖开放设计联盟（ODA）的 ODA 平台，用于处理 .dwg 数据格式、.dgn 数据格式和建筑信息模型（BIM）。IntelliCAD 主要特点是与 AutoCAD 兼容，不仅界面、命令集、文件格式和 AutoCAD 高度兼容，并且它的编程接口 LISP 和 SDS（C++）也和 AutoCAD 兼容。

2. 三维CAD的Open CASCADE

Open CASCADE Technology（OCCT）是一个提供 3D 曲面和实体建模、可视化、数据交换服务的软件开发平台。大多数 OCCT 的功能是提供面向对象 C++ 类库，C++ 类库与其他类型组成工具集，用于三维建模、制造 / 测量、数值模拟软件开发。基于 OCCT 开发的三维 CAD 软件有 FreeCAD、SALOME、KiCad、Gmesh、FORAN、JSketcher。

本篇作者：王晨

二、CAE 开源项目

1. CAE网格创建（前处理）项目

（1）CFmesh 项目（国外）

CFmesh 是一个在 OpenFOAM 框架内用于实现网格生成的开源库。CFmesh 由 Creative Fields Limited 开发，由 Franjo Juretic 博士领导，开源模式为基于 GNU 通用公共许可证（GPL）许可分发。

（2）cnGrid 项目（国外）

enGrid 是一款专门针对 CFD 的网格生成软件，开源模式为基于 GPL 许可分发。

（3）Gmsh 项目（国外）

Gmsh 是一款开源 3D 有限元网格生成器，内置 CAD 引擎和后处理器，由 C. Geuzaine 和 J.-F. Remacle 开发，开源模式为基于 GPL 许可分发。

（4）Netgen 项目（国外）

Netgen 是一个二维 / 三维四面体网格生成器，由 Joachim Schoeberl 管理，开源模式为基于 GNU 宽通用公共许可证（LGPL）免费分发。

（5）TetGen 项目（国外）

TetGen 是一个可生成任何 3D 多面体域的四面体网格的程序，由 WIAS 开发，开源模式为基于 GPL 许可分发。

（6）Construct2D 项目（国外）

Construct2D 是一个网格生成器，旨在创建用于翼型 CFD 计算的 2D 网格，由 Dan 管理，开源模式为基于 GPL 许可分发。

2. CAE求解器项目

（1）CalculiX 项目（国外）

CalculiX 是一个使用有限元法的分析软件，可以构建、计算和后处理有限元模型。CalculiX 由德国慕尼黑 MTU 航空发动机公司员工开发，开源模式为基于 GPL 许可分发。

（2）Code_Aster 项目（国外）

Code_Aster 为法国电力集团（EDF）自 1989 年起开始研发的通用结构和热力耦合有限元仿真软件，开源模式为基于 GPL 许可分发。

（3）Code_saturne 项目（国外）

Code_saturne 是法国电力公司研发中心开发的一款通用的开源 CFD 软件，开源模式为基于 GPL 许可分发。

（4）OpenFOAM 项目（国外）

OpenFOAM 是一款基于有限体积法的开源场操作软件，其前身为 FOAM，主要由 OpenCFD 公司开发的免费开源 CFD 软件，开源模式为基于 GPL 许可分发。

（5）Palabos 项目（国外）

Palabos 库是一个通用计算流体动力学的框架，其内核基于格子玻尔兹曼（LB）方法，由来自不同国家的多位学者合作开发完成，开源模式为基于 GPL 许可分发。

（6）SU2 项目（国外）

SU2 是用 C++ 和 Python 编写的软件工具的开源集合，它使用最先进的数值方法分析非结构化网格上的偏微分方程（PDE）和偏微分约束优化问题，由斯坦福大学航空航天设计实验室（ADL）和社区成员开发，开源模式为基于 LGPL 许可分发。

（7）Elmer 项目（国外）

Elmer 是一款开源多物理场仿真软件，主要由芬兰科学信息技术中心开发，开源模式为基于 GPL 许可分发，其中 ElmerSolver library 是基于 LGPL 许可分发的。Elmer 的开发始于芬兰大学、研究机构和工业界的合作。

（8）CAELinux 项目（国外）

CAELinux 是一款致力于计算机辅助分析应用的 Linux 操作系统平台，该平台基于 PCLinuxOS 操作系统，集成了一系列工程计算方面的开源软件，用于计算机辅助建模、分析模拟、设计和后处理。

（9）NNW-PHengLEI 项目（我国）

NNW-PHengLEI 软件是中国空气动力研究与发展中心（CARDC）计算空气动力研究所（CAI）开发的，它是以“网格融合”为特色的国内第一款开源流体工程软件。平台以面向对象的设计理念，采用 C++ 语言编程。

3. CAE后处理项目

（1）Gnuplot 项目（国外）

Gnuplot 是一个可移植的由命令行驱动的图形工具，适用于 Linux、OS/2、MS Windows、OSX、VMS 和许多其他平台，支持二维和三维图形。源代码是受版权保护的，但可以自由发布。

（2）ParaView 项目（国外）

ParaView 是一个开源的多平台数据分析和可视化应用程序，由美国桑迪亚国家实验室、Kitware 公司、洛斯阿拉莫斯国家实验室开发，开源模式为采用 BSD 许可证发布。

（3）VisIt 项目（国外）

VisIt 是一个开源的、交互式的、可扩展的可视化、动画和分析工具，最初由美国能源部（DOE）高级仿真和计算计划（ASCI）开发，开源模式为采用 BSD 许可证发布。

4. CAE集成开发平台

FastCAE 是一套开源国产 CAE 软件集成开发平台，由哈尔滨工程大学、青岛数智船海科技有限公司研发，开源模式为基于 BSD 开源协议发布，用户可免费使用该框架。

三、PLM 开源项目

1. Aras PLM

Aras 公司的开源 PLM（Aras Innovator）是全球首款达到 CMII 四星认证的开放许可的企业级 PLM 产品。其开放授权的做法减少了前期软件投资成本，至今已有 20 万以上报表开发者、100 万以上日均用户数、4500 以上合作客户。Aras PLM 通过软件许可（节点）免费、服务（方案或套件）收费的方式运营。

2. Odoo PLM

Odoo PLM 是 Odoo 的开源模块，是基于 Python 编写的一系列开源商业应用程序套装，允许用户在 Odoo 中管理 PLM 数据，可以将最常见的商业 CAD 系统中的数据直接上传到 Odoo PLM。Odoo PLM 目前有社区版和企业版之分，其中社区版是免费的，但企业版需要购买商业授权（仅提供 15 天免费试用）。

3. DocDoku PLM

DocDoku PLM 是一款开源的 PLM 软件，由 DocDoku 公司开发，使用 Java 开发，其源代码在 GitHub 平台上维护，曾获得 Open World Forum（开放世界论坛）、OW2Con 等颁发的奖项。作为一个高端的开源 PLM 解决方案，主要功能模块包括文档管理、产品结构、产品配置、物料清单、流程管理、变更管理、数据可视化等。

题 7-13：
什么类型工业软件或者相关技术适合开源？

全球开源社区发布的开源软件数以亿计，其中持续维护的活跃项目不足万分之一，出现这种现象的原因众多，包括发布开源项目代码质量低、源贡献者后续投入不足、开源项目所在领域小众等，未能形成贡献者、开源开发者和开源用户的良好生态，以至于很多开源项目缺少自我演进的生命力，逐渐荒废。面向工业软件细分领域，下面将通过剖析工业软件的显著特征，结合中国工业软件发展阶段、工业界紧迫需求及开源工业软件产业生态等角度，给出适合开源的工业软件或者相关技术类型。

工业软件不同于传统软件，尤其是研发设计类工业软件，其具有开发难度大、研发周期长、涉及学科多等特点，除具有传统软件的属性以外，还需要附加大量工程应用经验和知识，才可以被应用到实际工程中。可见，工业软件的研发需要多团队协同和共性组件的复用。从开源生态的角度，工业软件需要能够支撑协同开发的统一平台和大量核心关键的共性功能组件，从而不同行业的工业软件开发团队均可利用共性的组件和平台，形成庞大的开发者社区。从产品的角度，开发者可在这些开源资源基础上专注开发自己擅长的专业学科的功能代码，快速形成工业软件产品。

一、底层核心算法 / 组件

工业软件的市场以 To B（面向企业）为主，加之细分行业较多，以至于具体某个行业的用户和开发者数量不会太多，因此，只有选择底层可复用的核心算法 / 组件，才会有更多的开发者参与并促进开源项目的持续发展。

以 CAE 软件为例，软件模块包含几何建模、网格划分、求解计算、后处理可视化等，每个功能模块均包含了大量底层核心算法 / 组件。几何引擎由大量支持几何造型和运算的数学函数组成，这是几何建模功能的核心，无论哪个

本篇作者：唐滨

学科的 CAE 软件都可以基于几何引擎定制相应的几何功能，因此，其具有底层和复用特性。另外，包括网格生成算法、网格并行分区算法、方程求解数学库、通用内外存储数据 I/O 组件、可视化算法等在内的算法 / 组件均可以作为开源工业软件底层核心算法 / 组件。

二、共性框架平台 / 工具

工业软件共性框架平台不同于底层核心算法 / 组件，其具备一定组织模式，可链接具有资源、需求、人等要素的综合性软件架构系统，是开源开发者协同创新的基础，是行业先进经验固化的载体，是工业软件研发降本增效的工具和手段。基于共性框架平台统一标准，开源社区各主体更容易促成技术合作与商业交易。

以 CAE 软件集成框架平台为例，平台需要具备良好的架构设计，统一数据规范、接口规范，采用统一的交互界面，可集成几何引擎、网格生成算法、求解器算法、可视化算法等功能组件形成 CAE 软件产品，同时支持灵活的二次开发接口。可见，基于开源集成框架平台可加强各技术领域开发者的合作，加速 CAE 软件产品化及开源产业生态建设。此外，在 CAE 研发和应用过程中还涉及求解器开发框架、多软件联合仿真平台、仿真数据管理及分析平台、全周期自动化测试平台、CAE 云服务框架平台等。

综上所述，我们分析并给出了适合开源的工业软件类型，同时从技术逻辑角度和开源生态构建的角度出发，基于此推出的开源项目才可以持续运营和发展下去。当然，为了分享成果和创新技术，任何人的任何类型的开源项目都可发布到开源社区。

题 7-14：
如何从零开始构建一个工业软件开源项目技术体系？

开源软件项目获得成功的最主要标志是吸引大批用户，除软件本身的功能、性能外，成熟的技术体系也是决定开发者和用户选择该开源项目的关键因素。工业软件区别于传统的互联网软件，具有较强的工业属性和领域知识特征，因此，在软件开源之初思考和构建面向开源工业软件的技术体系尤为重要。以下给出构建工业软件开源项目技术体系的过程和思路。

首先，明确待开源工业软件项目的初衷。开源不等于免费，无论个人还是企业在推出开源项目时均有一定的目的，例如科研工作者在发表最新研究成果的同时，公开其对应的源代码或实验数据，是为了获得广泛的学术影响力。企业推出开源项目是为了引导技术市场战略，推出商业版本工业软件或实施工业软件开源运营等。国家主导的开源项目则是为了推动领域核心、共性、底层技术的快速发展和技术生态的构建。不同的初衷，导致开源项目技术体系构建的侧重点不同，进而影响时间、人力等资源的投入。

其次，选择开发语言构建开发环境。如果仅仅是为了验证研究成果而发布开源项目，可直接选择 Python 或者 Matlab 等高效的语言和工具，这类语言和工具对性能和健壮性要求不高，同时受众面较小；如果是企业或国家发布的开源项目，需要考虑更大的受众面和代码成熟度，需要针对工业软件应用场景（嵌入式设备、PC 设备、超算环境等），考虑跨平台特性、软件运行实时性、软件并行效率、大型软件架构特性、开发语言、学习成本等选择合适的开发语言和开发环境。选择合适的开发语言和开发环境是构建开源项目的前提，是开源项目可持续发展并能获取大量开发者和用户的关键。

再次，建设开源项目研发过程体系。软件项目的研发是一项系统化、体系化工程，工业软件尤其是研发设计类工业软件研发周期较长，因此，完善的研发过程体系是开源项目开放协作的保障。软件编写规范、代码注释、过程文档

本篇作者：唐滨

（设计、开发等）等是开源项目基础产出物。另外，研发过程体系覆盖需求管理、代码管理、自动编译、自动测试、代码发布等环节，需要统一规范和工具，如开源项目软件测试方案需要解决多个开发者协同开发的需求，确保软件正确性，实现自动回归测试。为满足工业软件的计算精度，需要有统一的验证算例库。可见，开源项目研发过程体系的建立，既要制定标准和规范，又要落实配套可实施的工具链。

最后，选择开源协议及代码托管平台。开源协议的选择与发布开源项目的战略息息相关，如果为了商业化运营，可以选择约束较强的GPL协议，同步推出商业授权版本；如果为了引导行业技术趋势和开放技术生态，可以选择BSD、MIT、MulanPSL等宽松的开源协议，提高开发者的商业化热情，加速该开源项目衍生软件的商业化发展。考虑国际化的开源项目可以托管在GitHub平台，如果开发者和用户只在国内，可以选择Gitee、红山开源等。开源无国界，但托管平台是有国界和政治属性的，尤其是今天工业软件的发展格局，建议尽量选择国内的托管平台。

综上所述，开源工业软件项目技术体系构建也是一项系统化和体系化的工作，需要兼顾软件和工业的双重属性。

第8章

工业软件与新兴技术的交汇与融合

本章围绕新一代数字技术在工业软件的应用进行阐述，并介绍由这些技术赋能的新型工业软件在企业数字化转型中的重要作用。

题 8-1：
未来工业软件发展可能面临哪些机遇？

一、智能化

如今，数字技术正在成为产业新动力。新产品内置传感器、处理器和软件，通过物联网传输模块（如 TBOX 等），将产品运营数据和工况数据等上传到云端进行存储管理，借助大数据分析技术让产品的功能和效能大幅提升，为企业带来新的机遇和差异化优势，助其拓展新的利润增长点。

智能互联产品是企业联结用户的纽带，为构建产品数字孪生提供了前提和基础。企业对外必将进一步促进售后服务和商业模式的转型，如由产品制造商向服务商转型，乃至向解决方案提供商转型；对内将催生数据驱动的产品创新、数据驱动的仿真和质量问题闭环等新业务场景，加速由传统研制模式向数据驱动的、互联的研制模式转型。随着产品智能化程度的提升，软件成本在产品成本中所占的比重也越来越高，"软件定义产品"时代已经来临。

智能互联产品必将促进工业软件的转型升级。一方面，它将催生一批新的工业软件，如数字孪生系统、预测性分析和智能故障诊断工具、智能互联服务 / 运营系统等；另一方面，将促进传统工业软件的升级与发展，如仿真工具将支持基于物联网数据驱动的仿真，三维设计工具将与物联网技术融合以实现基于实际工况的产品设计与改进，传统的软件应用周期管理系统将支持敏捷开发模式，并将扩展软硬件一体化配置管理、与硬件持续集成，以及远程 OTA（空中激活）软件更新等。

二、绿色化

2015 年 6 月，由全球环境信息研究中心（CDP）、联合国全球契约组织（UNGC）、世界资源研究所（WRI）和世界自然基金会（WWF）联合发起了一项科学碳目标倡议（SBTi），旨在推动企业采取更为积极的碳减排行动和解决方

本篇作者：施战备

案，共同应对全球气候变化。通过 SBTi 设定以科学为基础的碳排放目标，可帮助企业识别其业务所需的必要减排量，以符合《巴黎协定》将升温限制在 1.5℃的目标，从而实现组织自身碳减排目标。加入这一倡议的企业由 2015 年的 115 家，增加到 2021 年的 1331 家，平均年增长率 119%。截至 2022 年 7 月 27 日，财富 500 强中已有约 60% 的企业加入这一倡议。

2022 年，我国首次将“碳达峰”“碳中和”写入政府工作报告，以“双碳”目标为核心的 ESG 战略（可持续发展战略）进入了所有国民经济领域，尤其是作为国民经济支柱的制造业。

在这种形势下，传统的工业软件将衍生出新的能力，如减重设计、增材制造等，帮助企业在研发、制造、供应链、运营服务等领域实现节能减排；同时，也必将催生出一批新的工业软件，帮助企业产品全生命周期各个环节有效实现“碳中和”，如碳足迹管理、零碳管理等。

三、SaaS 化

云计算已经进入各个领域，正在改变我们的日常工作和生活模式。如 Office 365 成为我们日常办公和在线文档协作的主要平台，它可以让我们不再依赖于笨重的桌面计算机，可以随时随地开展工作，或与异地同事共同在线完成一份报告。Gartner 最新预测，2022 年全球公有云支出达到 4947 亿美元，相比 2021 年增长 20.4%。到 2023 年，这一数字预计将达到 6000 亿美元。SaaS（软件即服务）仍然是最大的公有云服务细分市场，2022 年其占比达到 36%。

公有云 /SaaS 是推动当今数字组织发展的动力和源泉。Gartner 预计，到 2025 年 85% 的企业将在其数字化转型战略中依赖 SaaS 解决方案来助其达成核心业务的转型。

在核心云服务成熟技术和应用的推动下，工业软件也正在经历 SaaS 化转型，体现其与其他产品差异化的重点在于能否颠覆传统的企业业务模式和运营模式，加速企业数字化转型。

四、以人为本

由数字技术发展、引发和促成的第四次工业革命，其关键要素包括自动化、机器人化、智能系统、虚拟化、人工智能、机器学习等技术。新一轮的工业革命正在悄然来临。实际上，新一轮的工业革命并不是真正意义上的革命，而是对第四次工业革命的延伸和优化。新一轮的工业革命的领域不仅限于“工业”，它适用于人们能想到的所有领域。新一轮的工业革命的三大支柱战略分别是以人为本、可持续性和有弹性。

以人为本的战略将是一个非常重大的转变，意味着在企业的生产组织过程中，人将由“生产工具”转为“服务对象”。在未来的企业数字化转型过程中，实现员工转型将成为企业核心战略之一。在这一过程中，移动终端、AR、人工智能等技术将大放异彩，帮助企业保护员工安全，改善工作条件，降低工作强度，提高操作便捷性等。应用于生产、维修服务等场景中的工业软件将率先采用这些技术，助力企业实现数字化转型升级。

题 8-2：
工业软件产品形态有何发展趋势？

工业软件自问世以来，主要经历了 3 种形态，即工具、平台和 SaaS。工具是工业软件最原始的形态，大部分工业软件诞生之初都是以工具形式存在的，包括 1957 年 Patrick J. Hanratty 发布第一款工业软件 PRONTO，以及 NASA 于 1966 年发布的世界首款 CAE 软件 Nastran 等。工具型工业软件的特点是将多年积累的行业经验和知识转化为软件工具，从而有效提升研发、制造、服务等效率。典型的工具型工业软件有 CAD、CAE、CAM、PLC 等。工具型工业软件脱胎于高端工业，需要扎实的工业积淀与技术积累。因此，早期的工具型工业软件往往起源于航空、国防等先进制造企业，其诞生的初衷是解决其本身产品研发的问题。以 CAD 为例，20 世纪 60 年代，手工绘图已经无法满足复杂的产品需求，波音、洛克希德、NASA 等美国航空航天巨头开始自行开发工业软件来代替手工绘图。这一时期比较典型的代表包括由洛克希德投资、达索公司开发的 CADAM，麦道公司开发的 UG，西屋电气太空核子实验室开发的 Ansys 等。到 20 世纪 90 年代，工具型工业软件进入了快速发展时期。在这一时期，工具型工业软件的格局基本形成。

随着工具型工业软件应用的普及，企业产生了大量的 CAD/CAE/CAM 等数据，这些数据的存储、管理和复用等日益成为企业的痛点。最初，这些 CAD/CAE/CAM 企业通过在各自的工具中增加产品数据管理功能或插件来满足这一需求，如 PTC 的 PRO/INTRALINK、I-DEAS 的 Data Management 模块等。然而，随着企业产品越来越复杂，其对产品数据管理的精细化需求也越来越高，这些从工具软件扩展而来的管理功能已经无法满足企业发展的需要。企业急需一种新的工业软件来对这些数据进行有效管控，同时通过流程控制实现数据在上下游之间的传递。20 世纪 90 年代，平台型工业软件 PDM 应运而生。在这一时期，随着互联网的诞生，平台型工业软件进入了百花齐放、百家争鸣的快速发展期，ERP、CRM、MES 等平台型软件纷纷面世。平台型工业软件聚焦于管理企业业

本篇作者：施战备

务数据和业务流程的，其核心是实现跨部门、多专业和上下游之间的协作。进入 21 世纪后，工业软件逐渐步入了战国时代，各个细分领域的工业软件巨头开启了收购兼并之旅，核心目的都是做大做强各自的平台，将“触角”尽可能从自身的优势领域横向延伸，扩充其业务版图。在这一阶段，工具型软件也开始转向平台化发展。以 CAE 领域为例，ANSYS 公司经过一系列令人眼花缭乱的收购兼并后，多专业仿真软件不再以独立的工具软件形态存在，而是成了综合仿真平台的一部分。

到 21 世纪初期，全球制造业分工的精细化和专业化程度越来越高，开始形成了全方位、全球化的产业链格局和供应链网络，全球化协作能力成为企业参与全球供应链角逐的入场券。而同一时期，互联网电商业务迎来了爆发式增长。以淘宝“双十一”为例，其成交额从 2010 年的 9.36 亿元到 2021 年的 5403 亿元，短短 12 年间实现了将近 600 倍的指数级增长。支撑这些海量交易的背后是强大的云计算服务和基础架构。可以说，中国的互联网电商业务成就了今天互联网企业的公有云基础设施。在综合云服务能力上，这些企业已经有与微软 Azure 和 AWS 并驾齐驱的趋势。在互联网电商的示范效应下，制造企业开始接纳云技术，将本地部署的工业软件搬上了私有云或公有云。Gartner 分析指出，目前转移到云的 IT 支出比例正在加速提升，预计到 2024 年云将占全球企业 IT 支出市场总额的 14.2%，高于 2020 年的 9.1%。

对工业软件而言，上云并非难事，难的是 SaaS（软件即服务）化。图 8-1 所示为本地部署、云部署、SaaS 的区别，与本地部署相比，云部署只是把工业软件从企业本地机房搬到了云服务提供商的机房（也称之为云服务器托管），工业软件本身无需进行任何改造。企业虽然因此降低了硬件投资和服务器运维成本，但仍然需要自行购买并获得工业软件使用许可，并负责该软件在云上的部署应用和运营维护。而 SaaS 是一种全新的软件交付模型，由 SaaS 提供商统一提供云基础服务，以及基于云的工业软件应用。SaaS 的工业软件一般通过订阅（按月 / 年）来获得应用许可，SaaS 提供商负责软硬件的部署、运营、维护及数据安全性等，企业购买许可后即可“拎包入住”。

SaaS 的工业软件与本地部署或云部署的工业软件有着本质的区别，SaaS 的工业软件是基于公有云架构，不支持私有云，它利用多租户技术为不同的用户许可开辟独立的软件实例。与本地部署或云部署相比，SaaS 的工业软件具有如下优势。

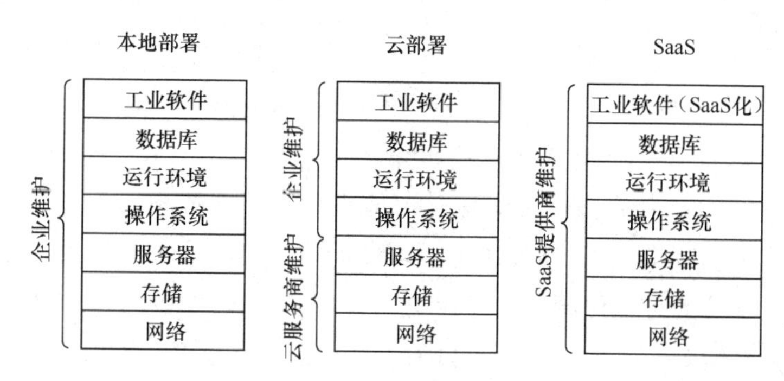

图 8-1　本地部署、云部署、SaaS 的区别

第一是可扩展性， SaaS 解决方案可以满足其用户业务不断变化的需求，无论是企业扩大规模以满足增长的需求，还是在重组收缩时缩小的规模。

第二是创新性。 加速创新是 SaaS 的主要优势之一，使企业能够持续享受最新的产品和技术所带来的红利，更便于实现跨组织的业务和数据贯通。在数字化转型过程中，这显得尤为重要。企业更容易基于 SaaS 应用和服务重构数字化业务，实现业务模式或商业模式的创新。

第三是移动性。 借助 SaaS 解决方案，企业员工能够通过各种移动终端远程访问软件工具和数据，而无须本地安装任何软件。SaaS 的这一优势对于企业保持运营效率和支持有效的分布式协作至关重要。

第四是安全性。 SaaS 的工业软件基于公有云基础架构，发布前需要经过严格的安全认证和审查，并对数据存储、访问和传输等流程都有全面的加密措施和安全策略，比本地部署的系统的安全防护级别更高。

第五是软件总体拥有成本（TCO）。 SaaS 解决方案可帮助企业有效降低工业软件运行、维护和升级等相关的总体拥有成本。它消除了部署软件所需的基础硬件成本、升级软件和数据迁移所需的 IT 投资以及相应的时间成本（升级周期、服务器停机的时间）等。

随着组织需要可扩展、敏捷的解决方案来满足一系列数字化转型的需求，SaaS 应用程序的采用率正在持续上升。Gartner 预测，到 2025 年，30% 的企业将完全依赖于 SaaS 应用程序来完成其核心业务。很多工业软件巨头敏锐地洞察到了这一趋势，开始纷纷进行 SaaS 化转型，其中最为典型的是 PTC 公司。2019 年 10 月，PTC 以 4.7 亿美元收购了全球首款云原生（SaaS）的三维 CAD 软件 Onshape，开启了其 SaaS 化转型之旅。时隔一年三个月，PTC 又以

7.15 亿美元收购了 SaaS PLM 软件 Arena。随后，PTC 正式发布了基于 Atlas 平台的 SaaS 战略，未来 PTC 整个产品系列都将 SaaS 化部署到 Atlas 平台上，包括 Creo、Windchill、ThingWorx 和 Vuforia 等。Atlas 平台将为企业构建数字化内核和底座，为前端应用软件提供核心的数据服务和通用功能服务，使 Creo、Windchill 等软件就像一个个插件一样即插即用。基于 Atlas 平台，企业可实现对产品研发过程的可视化洞察，甚至可以和生产、服务运营过程进行深度整合，更便捷地打造面向全生命周期、全价值链的产品数字主线。PTC 于 2023 年推出 SaaS 版的 Creo+ 和 Windchill+，再加上 2022 年 4 月刚收购的下一代 ALM 平台 Codebeamer，将打造一套完整的基于 SaaS 的研发数字主线；基于工业物联网平台 ThingWorx 和增强现实平台 Vuforia 可以将这一数字主线延伸到制造和服务环节。而 PTC 2022 年 11 月收购的基于 SaaS 的现场服务平台 ServiceMax，将帮助企业打造完整的服务数字主线。至此，PTC 面向产品全生命周期解决方案的 SaaS 战略已脉络分明。

由此可见，SaaS 化的工业软件能更好地帮助企业实现数字化转型和业务创新，随时随地快速获取全过程的数字化体验，必将成为工业软件未来发展的新形态。

题 8-3：工业软件研发及迭代模式有何发展趋势？

与一般软件相比，工业软件的研发难度大、体系设计复杂、技术门槛高，导致研发周期更长、研发迭代速度较慢。而工业软件的发展需要持续研发、迭代、改进和重构，不断适应日新月异的企业需求和技术发展。所有具有生命力、能够在企业广泛应用的工业软件，无不是工业界在应用中不断提出需求、软件开发商进行持续迭代和改进的结果。总结国内外主流工业软件的研发和迭代现状，并结合工业软件和技术的发展大趋势，工业软件的研发及迭代模式逐渐表现以下发展趋势。

一、聚焦低代码开发，加速软件创新迭代

在国内，开发方式相对落后，开发、测试以及运维等环节都需要依赖专业人员来完成。而这样的依赖，容易造成项目成本高、开发周期长、代码质量低、团队管理难等难题，传统开发方式已不适应数字化时代下企业的发展诉求。而低代码开发技术，具有“敏捷开发”和“快速迭代”的特点，恰恰可以解决企业面临的生产管理类工业软件研发的上述难题，使工业企业有效地推进平台沉淀应用、加快软件创新升级。

低代码开发的核心就是利用参数化、组件化的方式来封装结构，用工厂化的方式来装配软件系统，改变此前软件开发从代码做起的作坊式生产方式，进而提高代码的可复用性，控制代码的质量。低代码开发平台可以让研发人员从机械的增删查改中脱离出来，专注于解决更有价值的问题，达到降本增效的诉求。采用传统方式开发的项目需要耗时 1 ～ 2 年，使用低代码开发平台会缩短到几个月，甚至更短；使用低代码开发平台，无代码基础的研发人员也可快速上手，大大降低了学习编程语言的难度，该平台甚至可以支持零代码（无代码）开发。

本篇作者：丁海强、何彦田

二、构建云上开发能力，助推软件灵活创新

随着工业互联网的快速发展，加之云计算的高灵活性、可扩展性和高性价比的特点，工业互联网巨头均多措并举，加速工业软件的云化，而且工业软件的形态正在向工业 APP 方向快速进化。《中国移动互联网发展报告（2022）》指出，全国范围内工业 APP 数量超过 35 万个。云原生应用可以充分利用云的优势，释放企业生产力，聚焦业务创新，而其需求也自然而然催生了新的研发迭代模式——云上开发。

云上开发为开发人员提供了高可用、自动弹性扩缩的后端云服务，包含计算、存储、托管等 Serverless 化能力，可在云端一体化开发多种端应用（小程序、公众号、Web 应用、Flutter 客户端等），帮助开发人员统一构建和管理后端服务和云资源，避免了应用开发过程中烦琐的服务器搭建及运维问题，开发人员可以专注于业务逻辑的实现，开发门槛更低，效率更高。

云上开发能够对产品持续开发、持续集成、持续测试、持续部署、持续监控，甚至能在能实现随时上线新版本的同时，不影响业务和数据正常运行。其中，当下备受互联网企业推崇的 DevOps，就打破了开发人员和运维人员之间历来存在的壁垒和沟鸿，加强了开发、运营和质量保证人员之间的沟通、协作与整合，将开发人员和 IT 运营人员引向更快、更高效的协作。在应用驱动、云连接、移动化的大环境下，DevOps 实现了产品的快速、稳定、高效和安全迭代，助力业务增值。

三、积极尝试开源，探索工业软件的破局之路

开源软件在操作系统和数据库、浏览器等应用程序领域已经相当流行，且有了成熟的商业模式，而工业领域的软件开源发展要晚得多。开源软件具有透明性、可靠性、灵活性、更低成本、无供应商锁定、开放式协作等优点，能够有效加速软件迭代升级，促进产用协同创新，推动产业生态完善。例如，达索系统的三维建模引擎 Open CASCADE 也通过开源，让该产品一跃成为全球主流几何造型基础软件平台之一；Aras 通过开源的商业模式成功从一家小型软件企业成长为跻身全球 PLM 主流供应商行列的知名企业。

工业软件加入开源社区，依托开源进行创新，如同站在巨人肩膀上，不仅可以降低软件开发成本，也可以规避业务实现过程中的种种难点问题，缩小与

国外同类技术的差距，甚至可以实现国内工业软件的弯道超车，打破国内工业软件市场被国外垄断的局面。

国际上已经有很多开源的工业软件和社区，其中一部分也得到了商业化机构的支持，国内也有更多的企业加入开源社区，并在其中为开源软件的发展做出了很大贡献。更多开源社区越来越活跃，工业软件加入开源社区，基于开源进行开发也成为一种趋势。

题 8-4：工业软件在数字孪生中的应用？

一、数字孪生的起源

数字孪生的起源可以追溯到2002年，当时美国密歇根大学的Michael Grieves教授在《PLM的概念性设想》（*Conceptual Ideal for PLM*）中首次提出了一个PLM（产品生命周期管理）概念模型，这个模型里介绍了“与物理产品等价的虚拟数字化表达”观点，对现实空间、虚拟空间也进行了描述。

他提到，驱动该模型的前提是每个系统都由两个系统组成：一个是客观存在的物理系统，一个是包含了物理系统所有信息的新虚拟系统。这意味虚拟空间中的系统是现实空间的系统的镜像，新虚拟系统也被叫做“系统的孪生”。

2003年初，这个概念模型在密歇根大学第一期PLM课程中使用，当时被称作“镜像空间模型（Mirrored Space Model）”。2005年，Michael Grieves教授在一份刊物中再次提到这个模型。

到了2006年，Michael Grieves教授发表了一篇叫做《产品生命周期管理：驱动下一代精益思想》的文章，在这篇文章里他又给了数字孪生“第二世”，将其描述为“信息镜像模型”。

2010年，NASA（美国国家航空航天局）在其太空技术路线图中首次引入了数字孪生的表述。NASA对数字孪生定义是：“数字孪生，是一种集成化的多种物理量、多种空间尺度的运载工具或系统的仿真，该仿真使用了当前最为有效的物理模型、更新的传感器数据、飞行的历史等，来镜像其对应的在飞行过程中孪生对象的生存状态。”

所以，数字孪生这个概念是由多方面共同推动和发展起来的，密歇根大学、NASA等机构都对其发展做出了重要贡献。

本篇作者：陆云强

二、数字孪生的发展

2011 年，NASA 和美国空军发表了《未来 NASA 和美国空军飞行器的数字孪生范式》，重点讨论了数字孪生的需求、开发和应用。在此期间，高级仿真成为复杂系统设计和工程的核心要素。

2014—2023 年，信息化技术领域与工业领域的巨头，以及咨询机构也相应发表了自身对数字孪生的定义与价值陈述。

微软、英伟达、亚马逊等企业也发布了数字孪生的行动计划。

2020 年，微软宣布推出数字孪生智能解决方案。对象管理集团与创始成员 ANSYS、戴尔科技、Lendlease 和微软成立了数字孪生联盟。

2021 年，谷歌推出了用于物流和制造业的“数字孪生”工具；亚马逊宣布推出了 AWS IoT Twinmaker。

2022 年，NVIDIA 宣布了用于科学计算的数字孪生平台。

除此之外，这些公司与机构也都发布了各自的数字孪生参考架构。同样在这个领域，如数字孪生联盟（Digital Twin Consortium），ISO/IEC AWI 30173（WG 6），工业互联网联盟（包含埃森哲、东芝、华为、微软、三菱等 160 多成员），工业 4.0 平台（西门子、弗劳霍恩夫、SAP、博世等 200 多家机构），IDTA（工业数字孪生委员会）等也制定了各自关于数字孪生相应的标准与框架。当然我国在数字孪生领域的研究也有丰富的成果，例如北京航空航天大学、清华大学也有相关成果发布，此外，工业和信息化部中国电子技术标准化研究院也发布了一份名为《数字孪生应用白皮书 2020 版》的研究报告，分析了数字孪生技术热点、行业动态和未来趋势。

三、数字孪生的应用

数字孪生在制造业中有许多应用场景，以下是两个详细的例子。

生产线优化：通过建立数字孪生模型，可以模拟和优化生产线的运行和布局。数字孪生可以帮助制造商识别瓶颈和优化生产流程，提高生产效率和质量。例如，一家汽车制造商可以使用数字孪生技术来模拟汽车生产线的运行情况。通过收集实时数据和传感器信息，数字孪生模型可以准确地模拟生产线的运行状态，并识别潜在的瓶颈和优化机会。制造商可以通过调整生产线的布局、优化工艺流程和调整设备配置来改善生产效率。数字孪生还可以用于预测生产线的性能和产能，帮助制造商做出合理的生产计划和资源分配决策。

故障预测和维修： 数字孪生可以监测和分析设备的运行数据，预测设备故障和维修需求。这有助于制造商进行预防性维护，减少设备停机时间和维修成本。例如，一家工厂使用数字孪生技术来监测生产设备的运行状态。通过收集设备传感器数据和实时监测，数字孪生模型可以分析设备的健康状况，并预测潜在的故障。制造商可以根据预测结果进行预防性维护，提前更换零部件或对其进行修理，避免设备故障导致的生产停机和损失。数字孪生还可以提供维修指导和故障排除建议，帮助维修人员快速定位和解决问题。

通过数字孪生技术，制造商可以实现更高效的生产和运营，提高产品质量和客户满意度。数字孪生的应用还可以扩展到产品设计和改进、资源管理、培训和技能发展等领域，使制造业具有更多的创新机会和竞争优势。

四、工业软件在数字孪生中的定位与作用

数字孪生是一种建模技术，适用于工业软件和其他数字化技术，用于创建虚拟化的实体。不同的数字孪生实体可以通过不同的路径或流程在数字空间中进行静态或动态的互联，以完成特定任务。这些互联路径可以被称为数字主线。数字孪生的关键特点之一是具有可伸缩性，可以在数字空间中进行虚拟调试、预测、优化和自动化决策，从而在更短的时间内跨越时间和空间，使用数字孪生构建数字世界如图 8-1 所示。

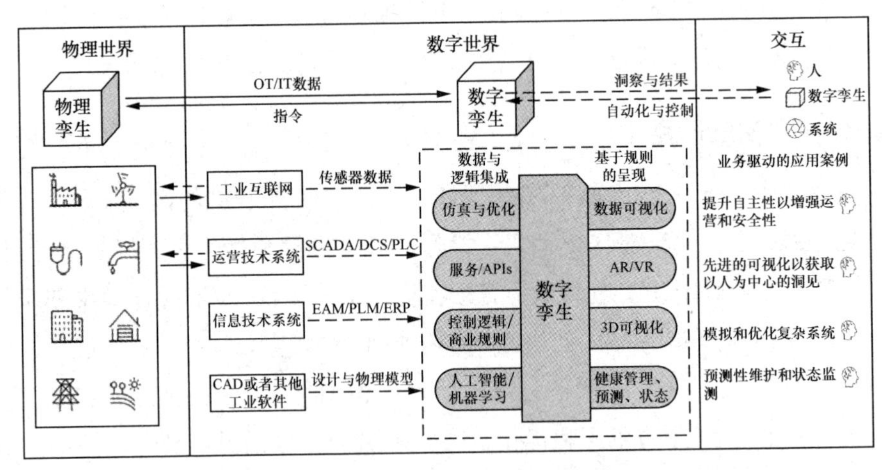

图 8-1　使用数字孪生构建数字世界

数字孪生的建模方法主要有两种。一种是基于学科的建模方法，这种方法使用物理学原理和工程方程式来构建高保真度的机械模型，如机器人的机械部分，以及运动控制轨迹等。另一种是基于数据驱动的建模，它侧重于从物理对象的输入和输出数据中学习关系，使用机器学习或深度学习技术构建模型。这两种方法都有其用途，可以根据具体情况选择最合适的方法。

数字孪生技术与工业软件的结合，是实现数字孪生的关键。工业软件用于在数字空间中创建、模拟和优化物理对象、工艺流程和制造操作流程。

数字孪生技术结合 CAD、CAE、CAM 等工业软件，提供了一个全面的数字化环境，使企业能够更好地理解和优化其物理实体和生产流程，以实现更高效的决策制定和业务性能。

• CAD 软件用于创建高保真度的物体模型，如机械部件、产品设计和工程结构。这些模型构成了数字孪生的基础，使用户能够在数字空间中看到和操作物理实体。

• CAE 软件用于工程仿真，以评估物理对象的性能和行为。这有助于确保数字孪生模型的精确性，以便进行虚拟测试和分析。

• CAM 软件用于生成制造指令，将数字孪生应用于制造领域可以模拟生产过程、优化加工路径和提高生产效率。

MES、ERP、PLM 等软件结合数字孪生技术，企业能够创建全面的数字化生态系统，实现实时数据交换、跨部门协作和全面的业务优化。这不仅提高了生产效率，还帮助企业更好地理解其产品和流程，以更好地满足客户需求。

• MES 软件则在制造环境中协调和管理生产操作，与数字孪生互联以实时监控和优化制造过程，以提高生产效率和质量。

• ERP 软件用于企业内部资源管理，这些资源包括供应链、生产、销售和财务等数据。数字孪生可以与 ERP 集成，实现生产计划、库存管理和订单跟踪的实时更新，以提高生产效率和资源利用率。

• PLM 软件用于管理产品的整个生命周期，从设计、开发到制造、维护。数字孪生可以与 PLM 系统集成，使产品设计和制造更加精确，同时允许虚拟测试和模拟，以提前识别和解决问题。

专栏 延伸阅读

信息化技术领域与工业领域的巨头，以及咨询机构也相应发布了自身对数字孪生的定义与价值陈述。

通用电气：数字孪生是工业资产的数字模型，如喷气发动机模型或风力涡轮机模型。它们通过不断收集资产上的物理和虚拟传感器的数据，并分析这些数据以获得关于性能和操作的规律，从而推动业务价值和结果的实现。

SIEMENS：数字孪生是一种表示物理产品或流程的虚拟模型，用于理解和预测物理对应物的性能特征。数字孪生在产品生命周期的各个阶段都可以被使用，应用于物理原型和产品形成之前，用来模拟、预测和优化产品和生产系统。

博世：在物联网中，数字孪生可以提供资产的大多数（如果不是全部）功能的全面视图。这意味着它有助于协调物联网设备的不同功能。通过提供统一的模型和 API，数字孪生使与物联网相关的工作变得非常容易。数字孪生是物体本身的表示，也是访问和使用该物体的不同功能和特性的接触点。

IBM：数字孪生是物体或系统的虚拟表示，贯穿其生命周期，由实时数据更新，并利用模拟、机器学习和推理来辅助决策制定。

PTC：数字孪生是物理产品、流程、人物或地点的虚拟表示，能够理解和预测其物理对应物。数字孪生由 3 部分构成，包括对其对应物的数字定义（如利用 CAD 和 PLM 生成）、对其对应物的运行 / 体验数据（从物联网数据、实际遥测数据等中收集），以及一个信息模型（仪表板、人机界面等），用于将数据关联起来并呈现，以支持决策制定。

Dassault System：当数据通过科学精确的 3D 模型进行通信时，数字孪生也称为虚拟孪生，它是最强大的数字转型创新驱动力之一，用于弥合现实运营和远程工作人员之间的信息鸿沟，通过创建强大的 3D 模型，可以用来理解和准确预测各种战略在实施之前的结果，多方利益相关者（内部和外部）可以相互理解，共同迎接挑战和克服困难。

ANSYS：数字孪生体不仅仅是物理世界的镜像，它也要接受物理世界的实时信息，通过集成化的多学科、多物理场、多尺度、多概率的仿真，让数据更完备、更精确，从而在虚拟空间中完成映射，实现实体装备的全生命周期过程。

数字孪生联盟：数字孪生是现实世界实体和流程的虚拟表示，以指定的频率和精确度同步信息。数字孪生系统通过加速全面理解、优化决策制定和有效行动，来改变业务模式。数字孪生利用实时和历史数据来表示过去和现在，并模拟、预测未来。数字孪生建立在数据基础上，以结果为动力，根据使用案例，依托集成，以领域知识为指导，在信息技术和运营技术系统中实施。

工业互联网联盟：数字孪生是某个资产、流程或系统的数字表示，可以捕该实体的属性和行为。数字孪生信息包括但不限于基于物理的模型和数据、分析模型和数据、时间序列数据和历史数据、事务数据、主数据以及可视化模型和计算数据。

埃森哲：数字孪生的核心概念是一个物理世界中存在（或可能存在）的物体、系统或过程的数字模型。企业可以使用数字孪生来监测、分析和模拟它们的物理对应物。

德勤：数字孪生可以被定义为一个物理对象的历史和当前行为的不断演变的数字化过程的描述，有助于优化业务性能。数字孪生可在各个维度上进行大规模、累积的、实时的、真实世界的数据测量。

题 8-5：元宇宙在工业软件中有什么应用？

元宇宙是一个比虚拟游戏更广泛的概念，它使用了 VR、AR、MR、区块链 Web3 等多种技术。Gartner 将元宇宙定义为通过虚拟技术增强的物理和数字现实融合而成的虚拟集体共享空间。这个空间具有持久性，能够提供增强沉浸式体验。Gartner 预测，到 2027 年，全球超过 40% 的大型企业或机构将在基于元宇宙的项目中使用 Web3、AR 云和数字孪生的技术组合来增加收入。

VR（虚拟现实）通过计算机生成的 3D 虚拟环境，用于复制真实环境或生成想象的世界，可通过 VR 耳机 / 头盔、手套和配备有感应探测器的设备来让人们沉浸其中。VR 早已在游戏、教育、培训等领域有了较为普遍的应用。在工业领域，近几年随着制造业转型升级的加速推进，VR 技术也逐步得到了广泛应用，包括 VR 装配、VR 工厂、VR 培训和维修等。

AR（增强现实）将通过数字传感器获得的数据（如文字、声音、图形、视频等）叠加到物理环境中，从而获得一个增强的实时视图。如今，随着智能手机、平板计算机和 AR 眼镜的普及，这项技术已经很普遍，在工业领域也有了很多应用场景，包括 AR 产品选配、AR 远程协作、AR 培训、AR 设备巡检、AR 装配 / 维修操作指导等。例如，宝马开发了一款名为 BMW Individual AR 应用程序，让客户可以根据自己的喜好设计 BMW Individual 7 系，体现个人风格。然后客户可以在平板计算机或手机中以 1：1 的比例三维查看自己选配的车辆，甚至可以查看车辆的所有细节。目前，AR 技术的广泛应用还受限于 AR 智能眼镜，因为 AR 智能眼镜必须将超低功耗处理器与包括深度感知和跟踪功能在内的多个传感器结合在一起，在保证轻巧舒适的同时，还要能够支撑足够的时长。

MR 介于 AR 和 VR 之间，因为它将虚拟世界和物理世界融合在一起，以产生一个新的环境，在这个环境中，虚拟世界和物理世界之间可以实时交互。产品的数字孪生是 MR 非常典型的一个应用，通过实时、持续收集物理世界中产

本篇作者：施战备

品运行的工况数据，在数字世界进行重构，然后在此基础上进行仿真分析，以优化产品运行效率，并将优化后的控制参数等传回现实世界中的产品，实现闭环交互。

如上所述，当前绝大多数的 XR（扩展现实）技术依赖于屏幕和传统的控制系统，即使某些设备也可以使用触觉和嗅觉传感器。试想一下，我们到工厂车间用眼光扫一圈，现场所有设备及相关信息尽收眼底，需要进行的调整和优化操作也可瞬间完成。然而，这项技术尚处于研究阶段，还有很多不确定性，未来可期，但其工业应用还为时尚早。

综上所述，XR 技术，除脑机接口外，已经开始在工业领域得到应用，正在通过移动终端、智能穿戴设备等改变人们的生活方式，在解放双手的同时，将存放在不同系统和设备的数据更加实时、精准推送到相关人员的眼前。这些应用前景正在吸引工业软件企业纷纷投资 AR 技术，一方面基于 AR 技术可对现有的工业软件进行相应的技术改造，使其产生的 3D 模型、业务数据等都可以通过 AR 技术进行直观呈现，另一方面基于 AR 技术为前端用户打造全新的应用体验。以 PTC 为例，自 2015 年收购 Vuforia AR 平台后，基于 Windchill 和 ThingWorx 构建的产品数字主线，打造了 AR 营销、AR 设计协作、AR 质检、AR 操作指导、AR 远程指导等一系列创新应用场景，得到行业内一致认可。

因此，XR、元宇宙等技术的不断成熟，一定程度上可以改变我们传统的工业软件的应用体验方式。

题 8-6：区块链可以在工业软件中有什么作用？

区块链是新一代信息技术的重要组成部分，是分布式网络、加密技术、智能合约等多种技术集成的新型应用范式，因其数据透明、不易篡改、可追溯技术特性，不仅可以保护工业软件的数据，简化工业软件产品开发过程，还可以解决工业软件的版权保护、信任和安全问题，促进工业软件版权交易，为工业软件带来范式转变，重构工业软件产业体系。

假设我们创建一个基于区块链的工业软件生态系统，工业软件端到端流程的价值将被最大化。下面将从以下几个方面来分析其为工业软件带来的变化。

一是质量管理问题。工业软件的质量管理一直是工业生产中比较重要的问题，涉及工业软件产品的生产、销售等各个环节。针对在工业软件规划设计、软件开发与测试、软件发布与运维等阶段，存在需求多次变更、工业软件研发过程数据的不透明、不完备、不安全等风险问题。利用区块链技术，可以将工业软件产品生产环节和销售环节及工业软件研发全生命周期的过程数据都存储在链上，并保证数据的不可篡改和安全性。这样可以增强工业软件开发的敏捷性、加快软件的应用反馈与修正的速度，实现产业链上的质量监控和工业软件产品全生命周期信息追溯和管理，提高工业软件产品的质量和市场的竞争力。

二是数据管理问题。在传统 IT 系统建设的过程中，通常是按照流程分段建设，如系统设计、软件开发、单板开发、硬件开发等阶段。当需要使用数据的时候，就对各流程系统进行集成。因此，不同系统存放着各种异构数据，导致集成的成本高昂、代价巨大，效率极其之低。而在工业软件的开发与应用过程中，同样会涉及大量的数据处理和管理工作，数据只有被工业软件利用，才能发挥更大的价值。利用区块链技术可以实现数据的存储、传输和保护，并且保证数据的不可篡改性和安全性。这样可以让企业在工业软件系统建设的过程中，同步完成数据的可信管理与集成，帮助企业更好的管理数据和应用数据，并提高工业软件研发与应用的效率，有助于推动工业数据管理的新范式，构建新一

本篇作者：相里朋、卞孟春

代工业软件生态。

三是全生命周期数据协同问题。10 年前我们就已经有仿真、建模、制造相关的软件模型，随着 3D 仿真、工业 4.0、虚拟工厂等技术的发展和产业协同应用需求的提升，需要实现工业软件应用领域全生命周期的数据协同，即在设计时就要考虑仿真是否能实现，是否能够模拟现实的部分以进行修正。工业领域可以通过工业软件把所有的数据信息导通，实现系统化、体系化、平台化。在这个过程中可以利用区块链技术，将所有产业链上的数据信息上链，利用区块链技术对数据进行加密，保证数据真实且不可篡改，能够保障工业软件在工业领域全生命周期数据协同应用中数据的准确性，促进工业软件的应用推广，提高工业应用领域全生命周期数据的协调效率。

四是开源问题。软件创新的源泉在于开源，正是有 GitHub 这样的因热爱而不计酬劳地贡献代码的开源生态，才会不断推动互联网的创新发展。工业软件的创新发展，也需要开源软件生态的构建。但问题是，在现有开源体系下，开源工业软件所产生的价值，并未分配给开源参与者，开源的价值未形成正反馈。通过区块链重构一个正反馈的工业软件开源生态，利用合约来记录工业软件每个项目的开源贡献，自动完成利益分配，通过通证最终实现价值变现，开源社区的价值将进一步提升。

五是版权保护问题。随着我国工业技术革命的进一步深化和工业互联网的广泛使用，越来越多的企业开始重视工业软件在传统工业领域中的应用，然而工业软件的交易流通及工业知识产权保护机制尚未健全。通过区块链搭建的可信流转公共服务平台，对于汇聚工业软件及工业数据应用的培育、交易、推广等相关资源，规范工业软件版本迭代、质量管理模式，构建工业软件的质量第三方检测、溯源机制，并探索工业软件交易的商业模式，培育和健全工业软件生态，有较好的促进作用。

六是外包问题。工业软件外包是传统工业软件领域一个巨大的产业。一直以来，工业软件外包行业都有一个无法调和的矛盾：即外包公司追求的是最短时间、最少人力成本、收最多的钱；而项目方追求的是用最少的钱，获得质量高、长期可维护的工业软件产品。这个矛盾的存在，让双方有一个共同的目标几乎是不可能的。区块链能够使项目方与外包公司成为一个整体，项目方与外包公司的合约会直接通过通证进行签订，因为通证价值与工业软件质量直接相关，所以外包公司与项目方会更容易在目标上达成一致。而通过智能合约锁定逐步释放通证，则可以解决长期性问题。

区块链与工业软件的结合具有先天优势，区块链所带入的个体激励机制以及协作共享可以使得更多的工业设计人员参与其中，通过有效的组织，工业软件的设计、研发及应用会更快速，工业软件各协作环节的商流、物流、信息流和资金流将透明可信，从而提高工业制造效率。

题 8-7：
工业大数据和人工智能对工业软件有什么作用？

工业大数据和人工智能不会改变工业软件的本质，但会给工业软件的形态、过程（研发、应用过程）和生态带来深刻变化。本质上，工业软件是工业知识和数据要素的载体，并通过知识要素的优化及配置，通过物理世界中的某种过程释放强大的生产力。工业大数据和人工智能（针对统计学习路线）遵循的是数据思维范式，数据思维是对逻辑思维、实证思维和构造思维三大思维范式的补充。数据思维给工业企业研发、制造、运维和经营等业务流程带来了很多新的变化。

一、工业数据形态的转变：数据驱动是一种新的知识获取方式，工业软件从功能工具转变为协同知识服务

工业软件的内涵是将单纯的机理驱动、流程驱动，扩展融入数据驱动。工业领域强调的是实用性、真实性和自适应性，需要物理世界的验证与闭环反馈。经典机理方法通常基于一些假设或简化，然而实际生产系统中存在很多不可预测的因素（如材料性能衰退、环境干扰、物料不均匀性等），模型参数也存在误差，这些未建模因素在数据中有一定的表现，通过人工智能分析，有可能将这些隐性问题显性化，将定性认识沉淀为定量知识，更真实地反映物理世界运行规律。数据的价值已经从原来支撑流程的输入 / 输出的载体，转变为驱动认知提升、决策优化的生产力要素。将大数据、人工智能技术融入工业软件之中，以统计模型为驱动，挖掘数据隐形价值，加速设计研发、生产制造、运营维护等全价值链数字化转型。

工业软件的价值也将从功能提供或领域内容提供，转变为知识提供。工业软件逐渐转变为“先咨询，后实施，再数字化”的服务模式，工业软件的价值体现为基于数据平台的协同服务，而不再作为单一的工具软件。

本篇作者：田春华

二、工业软件研发模式：数据提升了研发与使用的高频互动

经典的工业软件研发模式在宏观层面是一种直线型流程（从设计、开发、交付到运维），虽然软件开发中采用用户设计、敏捷开发等新兴开发模式，但软件开发者与用户仅有有限的互动。而工业大数据可以为工业软件研发带来更多的现场反馈，让研发与使用过程保持高频互动，很多创新可以及时得到检验，从而支撑跨组织协同研发模式。

三、工业软件应用模式：数据支撑了跨领域协同优化

在应用过程上，工业大数据打通了不同工业软件之间的数据逻辑关系，实现异构工业软件、数据和模型的集成，方便一体化流程。例如，在产品研发阶段，工业大数据可以将制造阶段、使用阶段的问题反馈到设计阶段，实现参数优选、工艺优化、失效分析，并提供针对性的设计知识图谱服务，减低工业企业的研发成本；在生产制造领域，人工智能算法可以实现异常识别、智能控制等自动化处理，减少人工干预带来的不确定性，并通过统计学习，将专家经验定量化与持续优化，减少人工决策托底的比例。在经营管理方面，工业大数据和人工智能可以帮助企业实现供应链协同优化，突破局部优化的限制。

四、工业软件生态：数据要素细化了服务需求，触发了服务能力重构

在工业软件生态系统上，工业大数据提供了软件企业、工业客户、合作伙伴、终端用户凝聚的数据基础，不断将行业领域知识和经验转化成可复用的算法模型资产。工业软件供应商不再局限于软件产品销售，还提供工业数字化能力建设、开发工程服务、模型服务等服务型产品。

最后，工业软件自身也正在经历轻量化、集成化和服务化转型，工业大数据和人工智能是支撑转型的关键。很多工业软件以更轻量的工业 APP 形式呈现，通过各类工业软件的互联互通实现跨领域决策优化，并通过二次开发、模型服务等满足工业企业个性化需求。工业大数据尝试打破不同工业软件的数据孤岛壁垒，实现人与机器、机器与机器的互联互通，为工业数据的自由汇聚奠定基础，降低软件协同与切换成本。

题 8-8：工业软件在机器人开发与应用中有什么作用？

一、在机器人本体设计中需要用工业软件进行设计仿真、力学分析、本体机械设计

目前机器人本体设计开发的主要方式是基于市场要求，定制开发满足需求的机器人本体。传统设计与开发流程为“垂直式”流程，便捷、易于实现。但随着功能的丰富，需求的增加，软件开发量剧增，控制算法和软硬件之间的耦合关系越来越复杂，因此在软件设计结束之后用硬件产品进行验证的开发模式给产品的开发周期带来了极大的考验，并且由于高度依赖硬件，随之产生的打样和试验成本也有了巨大提升。在开发前期人力、物力等资源的投入给开发商带来了巨大压力。

利用工业软件建立机器人的模块化模型，可以对模型进行阶段性测试、实时交互与改进，可视化的模型与实时的用例验证与测试使控制算法逻辑更容易理解，减少误差，也可以更早地规避不必要的错误产生。此外，不同的开发人员可以根据各自的设计任务快速修改模型，使产品模块迭代更加直观、响应更加迅速。

下面举一个例子，说明工业软件在机器人本体设计中的应用。

（1）通过运用基于模型设计的方法，利用 ADAMS 进行运动学计算，确定机器人各轴的基本参数，进行局部仿真。仿真界面如图 8-2 所示。

（2）确定 D-H 参数后，利用 SOLIDWORKS 设计机器人概念原型机，构思传动方式，绘制简图。

（3）简图完成后，开始进行建模，同步进行选型计算，其中 SOLIDWORKS 可以帮助设计人员进行转动惯量计算，根据电机和减速机的尺寸绘制结构图。开发的机器人模型如图 8-3 所示。

本篇作者：石金博、陈诗雨

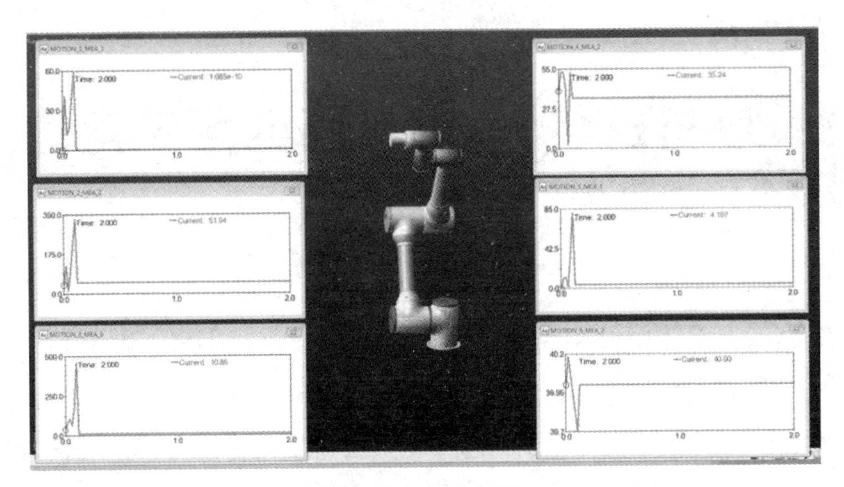

图 8-2　仿真界面

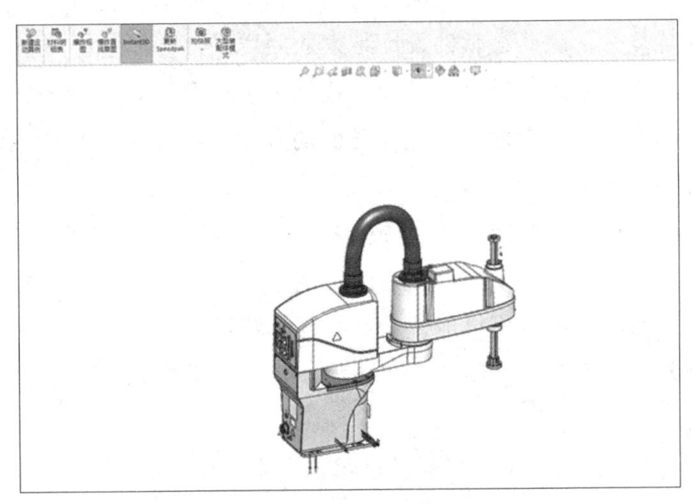

图 8-3　开发的机器人模型

（4）待大致模型搭建完成后，开始进行力学分析和减重优化，利用 Ansys 求解计算，达到减速机、电机等的速度、重量等参数的最优化。局部零件分析如图 8-4 所示。

（5）利用 SOLIDWORKS 进行细节优化，校核，出图，资料整理。

以上 SOLIDWORKS、ADAMS、Ansys 均服务于机器人开发，通过基于模型的设计，将理论模型可视化并在软件中进行仿真和模拟，避免重复打样，缩短开发周期，减少机器人开发成本。

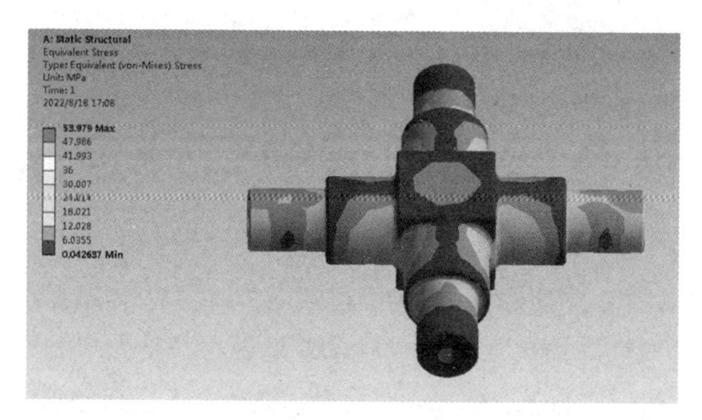

图 8-4　局部零件分析

二、需要基于机器人软件操作系统来进行机器人应用开发

在人工智能、计算机、传感器等技术不断发展的今天，机器人软件技术迎来了快速发展时期，出现了众多机器人操作系统。在国外，基于 Linux 等大型系统再封装的机器人操作系统（如 ROS）较多，存在缺乏对物理外设实时性的保障、强烈依赖高算力芯片等问题。同时，国外 ROS 在系统安全性、机器人的异常保护及时性也存在着巨大的漏洞和缺陷。在国内，ROS 应用场景窄，扩展性差，大多是单一品牌的专用系统，不依赖于单一芯片算力，可实现实时拓展，进而形成硬软件通用方案。成熟的机器人软件操作系统提供了以下功能。

（1）应用开发和集成。工业软件提供了应用开发和集成的平台和工具，使开发人员能够开发机器人的特定应用程序，并将机器人与其他系统和设备进行集成。这可以实现机器人在不同工业场景中的应用，如物料搬运、装配操作、仓储管理等。

（2）机器视觉和感知。工业软件提供了机器视觉和感知的库和工具包，用于处理机器人的视觉和感知数据。这些软件可以进行图像处理、目标检测与识别、姿态估计等。

（3）人机交互和界面。工业软件提供了人机交互和界面设计的工具和框架，使机器人能够与操作员和用户进行交互，通过图形界面、语音命令或手势识别等方式，实现人机沟通和指导。

（4）数据管理和分析。工业软件提供了数据管理和分析的功能，用于存储、处理和分析机器人的运行数据和传感器数据。这些软件可以帮助开发人员监测机器人的性能、优化算法，并提供数据支持以进行决策和改进。

题 8-9：
工业软件在增材制造中有什么作用?

制造技术从制造原理上可以分为等材制造（如铸造）、减材制造（如机加）、增材制造 3 种。增材制造以其全数字化的制造属性（是先产生数字虚体再产生物理实物）、微积分式的制造模式（在材料、设计、工艺部分微分以实现体素与像素层级的设计目标，在制造过程中以积分方式实现）、全新的材料及能量与信息融合方式、颠覆性的制造效率，代表了制造技术的新范式，成为智能制造、工业互联网的物理引擎。

增材制造的数字化属性决定着从材料研发、设计、工艺、仿真、优化，到打印装备全新的工业控制系统、制造过程控制及质量保证，产品全生命周期管理都需要工业软件先导性的支撑，并会随着应用与技术的发展实现软件产品与产业的升级。下面简要介绍在增材制造过程中工业软件的应用情况。

一、材料计算

材料研发行业正在形成以材料计算、高通量材料制备、高通量材料表征、材料信息大数据采集、机器学习、材料数据库为支撑的全新材料科学、材料工程新研究范式，需要形成一套从材料设计到数据反馈的全闭环研发工具。其在软件方面采用了 Material Studio、Thermo-Calc、ANSYS 等多种计算、仿真软件，包括第一性原理计算软件、相图相场计算软件、多物理场计算软件、通用有限元软件、流体计算软件、增材 / 焊接 / 腐蚀 / 疲劳等特殊工况模拟软件、机器学习软件等，覆盖纳观、微观、介观、宏观的全尺度计算资源，具备材料设计、组织性能预测、工艺模拟、服役仿真全流程计算能力。

二、增材设计

增材制造打破了传统制造工艺对人类工业产品制造能力的枷锁，人们可以按照想象设计、制造产品，实现更加复杂或一体化的设计，同时也从传统设计

本篇作者：邢军

软件 CAD 的单一产品设计逐渐走向了类设计、生成式设计、基因设计。比较常用的软件如犀牛 Grasshopper、Ntopology、Genesis 等，它们可以生成参数化类设计，经过参数修改后可以得到一类不同的产品设计，减少产品设计工作量，满足个性化需求；可以实现生成式设计、复杂晶格结构设计、表面纹理设计、拓扑优化、自动化设计、驱动式设计及有限元分析等，增材制造的可实现性释放了人类对产品的想象空间，从而在材料和设计阶段实现产品在微观、介观层面的微分控制。

三、工艺设计

增材制造通过积分式制造实现材料与设计的微分控制，是产品成型与成性同时发生且伴随产出大数据包的加工过程，这使得工艺设计极为关键，是否能规划出正确、合理的加工工艺将直接关系产品的成败。它具有在种类与数据量上远超传统制造几个数量级的庞大工艺数据包，只能依靠工业软件（如 CAM）帮助完成加工数据的准备。增材制造工艺数据包含了加工数字模型的修复、相对增材制造装备的位置摆放、模型加工的辅助支撑、加工路径规划（CAM）等。目前在增材制造工艺设计领域中，已经形成了以 Materialise（玛瑞斯）为主流的 Magics、E-stage、Magics BP 软件，同时在国内外也有如 Oqton 开发的 3DXpert 软件、上海漫格科技开发的 Voxeldance Tango 软件、杭州德迪智能科技有限公司开发的 AMEngine 软件。增材制造工艺设计软件目前还处于早期的发展阶段，行业主要软件实现了加工路径规划的数据处理，在加工工艺上实现 AI 工艺计算和自动加工路径规划是未来的发展趋势，同时这些软件也会逐渐融入企业的 MES、云平台中。

四、仿真

增材制造全过程包含了产品设计仿真、试验模拟仿真、增材制造加工过程仿真等，准确的仿真模拟计算可以有效帮助工程师设计性能更加优良的产品，减少增材制造过程的加工失败次数。常见专业主流仿真模拟计算工业软件有 Ansys、Abaqus、Nastran 等，近些年各大 CAD 软件也逐渐引入相关仿真计算求解器，实现 CAD、CAE 融合设计。在增材制造加工过程仿真方面，目前主流工业软件有 Ansys Additive、MSC Simufact，国内有安世亚太公司开发的增材工艺仿真分析系统 AMProSim-DED。

五、增材制造装备

增材制造装备是将前面全过程逐渐累加的数字化文件转换为产品物理实体的关键设备，这种全新数字化制造装备必须配置数字化传感硬件、控制系统、控制软件、交互软件、在线监控、数据采集、机器学习等功能，才能保证增材制造全过程可控、可知、可追溯、可分析优化。而这些面向增材制造的软件、硬件工具目前还没有对应的标准软件，需要根据不同工艺、不同需求专项定制，具体如工业控制软件、制造控制软件、制造过程监控软件、制造过程数据采集与分析软件、机器视觉软件、过程实时闭环控制软件、机器学习软件、边缘计算软件等，以及装备集群管理软件、控制软件、增材制造 MES、云平台等，这些软件、硬件共同组建了增材制造可跨地区、跨装备的分布式集群数字孪生制造系统，确保了增材制造过程一致性、重复性、可靠性，目前这一领域的软件产品和产业发展刚刚起步，未来大有可期。

题 8-10：工业软件在节能减排中有什么作用？

企业在产品研发、生产、运维中不可避免地会消耗能源，产生污染物和碳排放，在对环境保护的关注度越来越高的背景下，污染和碳排放不仅会影响企业效益，还会直接影响企业的生存。工业软件在企业节能减排中能够起到全方位的、巨大的作用，主要体现在以下几个方面。

一、产品的设计过程

利用工业软件中的研发设计和仿真软件，可以帮助产品工程师更好地洞察设计核心，为设计改进指明方向，验证产品设计改进成效，可以减少产品实验原型加工次数，从而减少物料浪费以及产生的污染物排放；减少试验次数，将基于试验的设计改进和调试转变为一次或少数几次的结果验证，从而减少实验过程的能耗和污染物排放。

利用工业软件，能够完全实现无纸化设计，所有的设计和装配完全在软件中进行，不仅带来存储、复制、传输和管理的巨大便利，节省了大量纸张，还提供全面的虚拟装配、虚拟加工等功能，减少人为失误，实现产品全生命周期的管理，并在管理中减少物料消耗，实现节能减排。

二、产品本身

工业软件提供了强大的材料库管理能力，可以帮助工程师更好地选择材料，采用更轻、更节能、更绿色的材料代替传统的材料，或者在产品规划早期就充分考虑产品的环保性，如通过可拆卸设计来实现报废产品的回收再利用等。

利用工业软件提供的优化设计功能，能够帮助产品工程师优化产品的性能，减少产品本身的物料消耗，降低产品运行过程中的能源消耗。以厂房通风空调系统设计为例，通过电磁场仿真和优化设计，可以在保证电动机性能的同时，减少电机永磁材料、硅钢片、导线的用量，提高电机的效率；通过流体仿

本篇作者：丁海强、施战备、李书玮

真，优化通风叶片的形状，提高叶片效率，用更小的功率达到更好的压气效果；通过优化通风管路的配置，减少压力损失，通风更均匀、更快速。

三、产品的生产过程

利用工业软件，实现产品数据管理和生命周期管理，有效组织产品生产过程的物料变更，减少浪费，在节约生产成本的同时，实现节能减排。

通过工艺软件对新材料、工艺的支持，甚至可以引入 AI 技术来支持创新的设计模式，对产品全生命周期碳排放 / 碳足迹进行分析，帮助企业深入理解碳排放的要点和关键，实现双碳目标。

从设计、制造、供应链等维度考虑，采用创成式设计技术，减少产品零件数量，降低产品复杂度和减少重量；采用 3D 打印等增材制造技术代替传统的减材制造，减少材料浪费；通过工艺优化，提升制造效率，降低制造过程能耗。

工业软件可以集成智能控制系统，通过对生产设备和系统的智能化监控和控制，实现能源的高效利用和减少废弃物的产生。智能控制系统可以根据实时数据和优化算法，自动调整设备参数和工艺流程，最大程度减少能源消耗和废弃物的产生。

四、对产品的运行和维护

利用工业软件对设备进行高精度、自适应控制，根据设备运行场景设定控制参数，减少能源消耗。还是以厂房通风空调系统为例，新一代产品可以根据外部环境、厂房内人数、设备运行情况，以及不同区域、不同人员、不同设备的需求，自动精确控制空调和通风系统，降低整个系统的能耗。

通过基于数据的数字孪生建模，可以搭建一个数字化的虚拟设备，对设备的状况进行可预测性维护，避免设备出现严重故障，延长设备使用寿命，从而达到节能减排的目的。

工业软件可以帮助企业建立环境监测系统，实时监测环境指标，如空气质量、水质等，并提供预测和预警功能。通过准确掌握环境数据，企业可以采取相应的措施，降低对环境的负面影响。

五、环保设备和减碳设备的研发

除了在产品的研发、生产、运维中实现节能减排，工业软件可直接用于环保设备、节能设备和新能源设备的设计与制造，直接产生节能减排效益。通过设计，可以降低风能、氢能、太阳能、潮汐能等新能源设备的成本，提高系统稳定性，更好地替代传统能源。通过碳捕获设备，以及废水、废气、废渣处理设备的设计优化，减少设备使用成本，实现节能减排。

题 8-11：
工业软件在企业数字化转型中有什么作用？

工业软件作为支撑制造强国发展和创新的“国之重器”，在推进工业数字化转型和升级智能制造的过程中发挥着关键作用，在企业数字化转型中扮演着重要的角色。它们为企业提供了各种工具和解决方案，用于改进和优化生产流程、增强生产效率、提高产品质量等，从而加速产品开发模式的创新转型，乃至企业运营模式的转型。

一、企业数字化转型的重要性和必要性

在了解工业软件与数字化转型的关系前，需要理解什么是信息化，什么是数字化，以及它们之间的区别。

信息化是指业务信息的数据化，这能提升企业内各业务部门或业务环节的工作效率。信息化建设的成果就是在企业内建立了一系列的数据记录系统。自20世纪末以来，制造业开始全面推进信息化建设，在研、产、供、销、服等业务领域建立了PLM、ERP、MES、CRM、SLM等数据记录系统。经过多年的信息化建设，大多数企业取得了一定成效，但同时也形成了一座座烟囱式信息孤岛。这些信息孤岛正在给企业内、外价值链的各个环节带来诸多问题和挑战，阻碍了产品数据在各个业务环节之间的流转，使得企业无法敏捷响应市场环境的变化和用户需求的快速迭代。

数字化是在信息化的基础上，利用数字化技术实现信息/数据的业务化，以产品业务为核心构建端到端的数据链路，实现业务的创新。数字化的目标就是为企业消除信息孤岛、打破组织壁垒，实现全生命周期、全价值链的互联互通，驱动产业链上下游和整个生态的创新。企业在数字化建设过程中，往往会借助以物联网、AR、AI、云计算等为代表的新一代数字技术。

企业由信息化向数字化转变的过程就是数字化转型。数字化转型是一段只有

本篇作者：施战备、陈平

起点没有终点的旅程，是一个持续迭代、螺旋上升、不断自我颠覆的过程。数字化转型的核心不是数字技术，而是利用数字技术作为手段和工具对企业业务进行重构，为实现业务敏捷化和快速创新提供支撑，从而快速响应市场和用户需求的变化。

数字化转型的核心是数字主线和数字孪生。数字主线是在物理世界和数字世界之间构建一个跨越整个产品生命周期的闭环链路，确保在正确的时间、将准确的产品和流程信息推送到正确的人面前。通过数字主线，企业可以便捷地往前或往后追溯产品各阶段数据。例如，设计工程师可以实时在线获取已交付产品的运行状态及故障数据，从而在设计环境中进行仿真分析，实现产品快速迭代和质量问题闭环；服务工程师在服务现场可通过移动终端快速追溯该实物产品在研制过程中的数据，包括产品结构、设计模型、生产设备履历、超差偏离记录及备件信息等。数字孪生体是物理产品或系统的数字化表达，能实时、动态地反映物理产品或系统的运行状态，用于进一步的仿真、分析和优化等。物理产品或系统持续运行，其状态和运行环境不断变化，而产品或系统的数字孪生体也伴随着数据的流入而不断反映物理产品或系统的状态。

二、工业软件在企业数字化转型中的作用

工业软件是企业信息化和数字化的核心，在企业数字化转型过程中起到决定性作用，这主要体现在以下 3 个方面。

首先，工业软件可以优化企业的生产流程，通过实时数据监测和分析，识别和解决潜在的生产瓶颈和效率低下问题。这有助于提高生产效率、降低成本，并加速产品上市时间；工业软件可以实时监控设备和生产线的运行状态，检测异常情况并发出警报，它们还能够利用机器学习和预测分析技术，预测设备故障和维护需求，帮助企业采取预防性维护措施，减少停机时间和维修成本；工业软件可以整合企业内部和外部的供应链信息，帮助企业实现供应链的可见和协同，通过实时数据共享和协作工具，企业可以更好地管理供应商关系、预测需求、优化库存和物流，从而降低成本并提高交付效率。

其次，传统工业软件正在进行转型升级，通过引入新的数字化技术，以更好地支持企业创新转型。如在 CAD 系统中引入 AI 技术，实现创成式设计能力，可根据给定的约束和载荷信息自动计算出多种设计方案，并通过设计 - 仿真一体化技术进行验证，供设计师选择确认。还可以将创成式设计与增材制造技术结合起来，

将 AI 生成的仿生曲面模型处理成 3D 打印机可识别的模型，直接发送给打印机进行 3D 打印。同时，很多工业软件正在向平台化转型，解决了特定业务领域内的横向贯通问题，如通过需求管理和产品数据的结合，实现需求驱动的产品设计和关联追溯。另外，平台型工业软件向 SaaS 化转型，将进一步打破组织壁垒和信息孤岛，加速产品开发模式的创新转型，乃至企业运营模式的转型。

再次，随着第四次工业革命和智能制造的全面推进，诸如工业互联网平台等数字化创新平台型工业软件正在不断涌现。这类平台的价值不在于解决纵向专业领域的业务问题，而是要解决产品全生命周期、全价值链横向贯通的问题，从而为前端创新应用提供敏捷的数据和服务支撑，即数字主线平台。数字主线的核心是数据的业务化，将存储在各个业务系统中离散的产品全生命周期数据通过业务模型进行聚合，再通过建立模型之间的关联来构建产品数据链路。然后将这些模型以服务形式发布，以便前端应用开发调用。基于这样的数字主线平台，还会衍生出一系列创新应用型工业软件，如智能设计导航、数字孪生、工业 APP、综合数据分析、AR 等软件。

相关名词缩略语

AI：人工智能（Artificial Intelligence）
ALM：应用生命周期管理（Application Lifecycle Management ）
APC：先进过程控制（Advanced Process Control）
APM：资产性能管理（Asset Performance Management）
APS：高级计划与排程（Advanced Planning and Scheduling）
BI：商业智能（Business Intelligence）
BIM：建筑信息模型（Building Information Model）
BOM：物料清单（Bill of Material）
CAD：计算机辅助设计（Computer Aided Design）
CAE：计算机辅助工程（Computer Aided Engineering）
CAM：计算机辅助制造（Computer Aided Manufacturing）
CAPP：计算机辅助工艺设计（Computer Aided Process Planning）
CAT：计算机辅助测试（Computer Aided Testing）
CEM：客户体验管理（Customer Experience Management）
CMS：成本管理系统（Cost Management System）
CRM：客户关系管理（Customer Relationship Management）
DCS：分散控制系统（Distributed Control System）
DNC：分布式数字控制（Distribute Numerical Control）
EAM：企业资产管理（Enterprise Asset Management）
EDA：电子设计自动化（Electronic Design Automation）
EMS：设备管理软件（Equipment Management Software）
ERP：企业资源计划（Enterprise Resource Planning）
FMS：财务管理系统（Financial Management System）
GUI：图形用户界面（Graphical User Interface）
HRM：人力资源管理（Human Resources Management）
IaaS：基础设施即服务（Infrastructure as a Service）
Know-how：诀窍（Know-how）
LIMS：化验室信息管理系统（Laboratory Information Management System）
MBSE：基于模型的系统工程（Model-Based System Engineering）

MES：制造执行系统（Manufacturing Execution System）
MM：市场管理（Market Management）
MOM：制造运行管理（Manufacturing Operation Management）
MRO：维护、维修与运营（Maintenance、Repair and Operations）
OA：办公自动化（Office Automation）
OTS：操作员培训系统（Operator Training System）
PaaS：平台即服务（Platform as a Service）
PCB：印制电路板（Printed Circuit Board）
PDM：产品数据管理（Product Data Management）
PHM：故障预测与健康管理（Prognostics and Health Management）
PLC：可编程逻辑控制器（Programmable Logic Controller）
PLM：产品生命周期管理（Product Lifecycle Management）
PMS：采购管理系统（Procurement Management System）
QMS：质量管理体系（Quality Management System）
RA：需求分析（Requirements Analysis）
RE：需求工程（Requirements Engineering）
RM：需求管理（Requirements Management）
SaaS：软件即服务（Software as a Service）
SBOM：软件物料清单（Software Bill of Materials）
SCADA：监控与数据采集系统（Supervisory Control And Data Acquisition）
SCM：供应链管理（Supply Chain Management）
SDM：仿真数据管理（Simulation Data Management）
SO：卖场运行（Store Operations）
SysA：系统分析（Systems Analysis）
SysM：系统建模（Systems Modeling）
TDM：试验数据管理（Test Data Management）
WMS：仓库管理系统（Warehouse Management System）

参考文献

[1] 中国工业技术软件化产业联盟. 中国工业软件产业白皮书（2020）[R]. 2021.

[2] 中国工业技术软件化产业联盟和工业互联网产业联盟.工业APP白皮书[R]. 2021.

[3] 工业互联网产业联盟.工业互联网平台白皮书（2017）[R]. 2017.

[4] 中国工业技术软件化产业联盟.工业互联网APP发展白皮书（2018）[R]. 2018.

[5] 中国电子技术标准研究院.工业大数据白皮书（2019版）[R]. 2019.

[6] 工业信息安全产业发展联盟.工业信息安全标准化白皮书（2019版）[R]. 2019.

[7] 赵敏，宁振波. 铸魂：软件定义制造[M]. 北京：机械工业出版社，2020.

[8] 田锋. 智能制造时代的研发智慧：知识工程2.0[M]. 北京：机械工业出版社,2017.

[9] 孙家广. 高端工业软件打破国外垄断，抢占竞争制高点[J]. 科学中国人，2019(7): 2.

[10] 林雪萍. 工业软件简史[M]. 上海：上海社会科学院出版社，2021.

[11] 马玉山. 智能制造工程理论与实践 [M]. 北京：机械工业出版社，2021.

[12] 刘飞，罗振璧，张晓冬. 先进制造系统[M]. 北京：中国科学技术出版社，2005.

[13] 王健君，余蕊，宫超. 工业软件之忧[J]. 瞭望，2019(47): 28-34.

[14] 赵敏，朱铎先，刘俊艳. 人本：从工业互联网走向数字文明[M]. 北京：机械工业出版社，2023.

[15] 田锋. 工业软件沉思录[M]. 北京：人民邮电出版社，2023.

[16] 胡伟武. 龙芯指令系统架构技术[J]. 计算机研究与发展. 2023，60(1):11.

[17] 胡向东，柯希明，尹飞，等. 高性能众核处理器申威26010[J]. 计算机研究与发展，2021，58(06):11.

[18] 李海英. RISC-V指令集全球研究趋势及主题分析[J].高科技与产业化，2022，28(10):6.

[19] 宋婧. 云计算为工业软件开启新赛道[J]. 中国电子报，2021-10-22.

[20] 田锋.苦旅寻真：求索中国仿真解困之道[M]. 北京：机械工业出版社, 2020.

[21] 廉明. 基于工业互联网安全的可信应急平台[J]. 新型工业化，2021, 11(10):155-156.

[22] 刘越山. 筑牢工业信息安全 应急管理重要防线 访国家工信安全中心监测应急所所长汪礼俊[J]. 经济，2022(7):3.

[23] 丁丽.做好关键信息基础设施监测预警和应急响应——《关键信息基础设施安全保护条例》解读[J]. 网络传播，2021(9):33-35.

[24] 王新霞，陈意，胡谦，等. 工业信息安全监测预警平台自身防护能力认证体系研究[J].新型工业化，2021, 11(10):3.

[25] 王珂.信息网络安全监测预警机制分析[J]. 移动信息，2020(9):123-124.

[26] 杨博，王振东，彭磊. 工业互联网数据安全监测平台建设实践探索[J]. 工业信息安全，2022(2):6.

[27] 孙利民. 工业互联网安全首要任务是建立安全检查和风险识别能力[J]. 中国战略新兴产业, 2019(19):3.

[28] 邵珠峰，赵云，王晨，等. 新时期我国工业软件产业发展路径研究[J].中国工程科学，2022,24(2):86-95.

[29] 顾基发，唐锡普. 物理-事理-人理系统方法论：理论与应用[M]. 上海：上海教育出版社，2006.

[30] INCOSE. 系统工程手册[M]. 张新国，译. 北京：机械工业出版社，2013.

[31] Van Haren. TOGAF标准9.1版[M]. 张新国，译. 北京：机械工业出版社，2022.

[32] 郭朝先，苗雨菲，许婷婷. 全球工业软件产业生态与中国工业软件产业竞争力评估[J]. 西安交通大学学报：社会科学版，2022,42(3):9.

[33] 梅清晨. 本科高校国产工业软件人才培养路径研究[J]. 智能制造，2023(3): 54-56.

[34] 李丽洁、韩启龙、丁彤彤. 新工科船舶工业软件人才培养机制探索与实践[J]. 黑龙江教育：高教研究与评估，2022(8): 63-65.

[35] 王菲. 破解我国工业软件人才三大“造血”难题[J]. 数字经济，2022(1):23-25.

[36] 杨春晖，于敏，林军，等. 工业软件标准体系构建研究[J]. 中国标准化，2022(22):42-50.

[37] 田春华，李闯，刘家扬，等. 工业大数据分析实践[M]. 北京：电子工业出版社，2021.

[38] 施战备，秦成，张锦存，刘丽兰. 数物融合：工业互联网重构数字企业[M]. 北京：人民邮电出版社，2020.